“十二五”职业教育国家规划教材
经全国职业教育教材审定委员会审定

新形态立体化
精品系列教材

Photoshop 图像处理立体化教程

Photoshop CC 2018

全彩微课版

兰和平 孙海婴 / 主编

PHOTOSHOP

人民邮电出版社
北京

图书在版编目（CIP）数据

Photoshop图像处理立体化教程 : Photoshop CC 2018 : 全彩微课版 / 兰和平，孙海婴主编. -- 北京 : 人民邮电出版社，2023.6
新形态立体化精品系列教材
ISBN 978-7-115-61509-1

Ⅰ. ①P… Ⅱ. ①兰… ②孙… Ⅲ. ①图像处理软件－教材 Ⅳ. ①TP391.413

中国国家版本馆CIP数据核字(2023)第055290号

内 容 提 要

本书采用项目教学法介绍使用 Photoshop 进行图像处理的相关知识。全书共 13 个项目，前 12 个项目分别对 Photoshop CC 2018 基础知识、使用选区、绘制和编辑图像、使用图层、图层的高级操作、使用文字、通道与蒙版、使用滤镜、矢量工具和路径、调整图像颜色、使用 3D 工具、批处理与打印图像等知识进行讲解；最后一个项目为综合案例，以进一步提高学生对 Photoshop CC 2018 的应用能力。

本书中的每个项目（除项目十三）都分解为若干个任务，每个任务由"任务目标""相关知识""任务实施"3 个部分组成，任务完成后进行强化实训。每个项目最后还以问答的形式进行常见疑难解析，并安排了相应的拓展知识介绍和练习。本书着重于对学生实际应用能力的培养，将职业场景引入课堂教学，让学生提前进入工作角色，达到做中学的目的。

本书可以作为职业院校计算机图像处理相关课程的教材，也可以作为教育培训机构的教学用书，还可供计算机图像处理初学者参考学习。

◆ 主　　编　兰和平　孙海婴
责任编辑　马　媛
责任印制　王　郁　焦志炜

◆ 人民邮电出版社出版发行　　北京市丰台区成寿寺路 11 号
邮编　100164　　电子邮件　315@ptpress.com.cn
网址　https://www.ptpress.com.cn
雅迪云印（天津）科技有限公司印刷

◆ 开本：787×1092　1/16
印张：14.75　　2023 年 6 月第 1 版
字数：363 千字　　2023 年 6 月天津第 1 次印刷

定价：79.80 元

读者服务热线：(010)81055256　印装质量热线：(010)81055316
反盗版热线：(010)81055315
广告经营许可证：京东市监广登字 20170147 号

前言　PREFACE

本书全面贯彻落实党的二十大精神，以社会主义核心价值观为引领，传承中华优秀传统文化，坚定文化自信，使本书内容更好体现时代性、把握规律性、富于创造性。

近年来，随着职业教育课程改革的不断深化、计算机软硬件日新月异的升级，以及教学方式的不断发展，市场上很多教材的软件版本、硬件型号和教学结构等都已无法满足目前的教学需求。

鉴于此，我们认真总结了以往的教材编写经验，用了3年的时间深入调研各地、各类职业学校的教材需求，组织了一批优秀的、具有丰富教学经验和实践经验的作者编写了本套教材。

同时，本着“工学结合”的原则，我们从教学方法、教学内容和教学资源3个方面突出本书的特色。

教学方法

本书精心设计了“情景导入→任务讲解→强化实训→常见疑难解析与拓展知识→课后练习”5段教学法，先将职业场景引入课堂教学，激发学生的学习兴趣；然后在任务的驱动下，贯彻“做中学，做中教”的教学理念；最后有针对性地解答常见问题，并通过课后练习全方位地帮助学生提升专业技能。

- 情景导入：以日常办公的场景引入项目主题，介绍相关知识点在实际工作中的应用，让学生了解学习这些知识点的必要性和重要性。
- 任务讲解：以实践为主，强调应用，每个任务先指出任务目标，然后讲解该任务的相关知识，最后以详细步骤讲解任务的实施过程，讲解过程中穿插“知识提示”“多学一招”“职业素养”3个小栏目。
- 强化实训：结合任务讲解的内容和实际工作需要给出实训要求，提供适当的操作思路及步骤提示作为参考，要求学生独立完成操作，充分锻炼学生的动手能力。
- 常见疑难解析与拓展知识：精选出学生在实际操作和学习中经常遇到的问题并进行解答，通过拓展知识板块，学生可以深入、全面地了解一些高级应用知识。
- 课后练习：结合项目内容给出难度适中的练习题，帮助学生巩固所学知识，达到温故而知新的目的。

教学内容

本书的教学目标是帮助学生掌握使用Photoshop CC 2018处理图像的相关知

识，具体教学内容如下。

- 项目一：主要讲解Photoshop CC 2018的基础知识，包括Photoshop CC 2018的工作界面、文件的基本操作、标尺、参考线、网格等知识。
- 项目二、项目三：主要讲解选区的使用方法，以及图像的绘制和编辑等知识。
- 项目四～项目六：主要讲解图层的一般操作、高级操作，以及输入文字和设置字符格式等知识。
- 项目七～项目十：主要讲解通道、蒙版、滤镜、矢量工具和路径的使用方法，以及调整图像颜色等知识。
- 项目十一、项目十二：主要讲解使用3D工具制作3D文字、为3D对象赋予纹理贴图，以及“动作”面板的使用和文件的打印输出等知识。
- 项目十三：以包装设计为例，进行综合练习，巩固前面所学的知识。

教学资源

本书的教学资源包括以下两方面的内容。

（1）教学资源包

本书的教学资源包中包含书中实例涉及的素材与效果文件、各任务实施和实训部分的操作演示视频、PPT课件、教学教案和模拟试题库等内容。模拟试题库包含丰富的Photoshop图像处理相关试题，题型包括填空题、单项选择题、多项选择题、判断题和操作题等。通过模拟试题库，教师可以自由组合出不同的试卷对学生进行测试，以便顺利开展教学工作。

（2）教学扩展包

教学扩展包中包含各种设计素材等方便教学的拓展资源。

特别提醒：上述教学资源可在人邮教育社区（https://www.ryjiaoyu.com）搜索下载。

编　者

2023年1月

目录 CONTENTS

01 项目一 初识 Photoshop CC 2018

情景导入……1

课堂学习目标……1

任务一 为图像添加水印……2

一、任务目标……2

二、相关知识……2

（一）认识工作界面……2

（二）启动和退出软件……4

（三）打开、新建、置入、存储和关闭图像文件……4

（四）“导航器”面板……5

三、任务实施……5

（一）新建图像文件并输入文字……5

（二）打开并旋转图像……6

（三）调整显示比例并移动画面……7

（四）查看并保存图像……8

任务二 调整工作区……9

一、任务目标……10

二、相关知识……10

（一）设置工作区……10

（二）使用辅助工具……10

（三）位图与矢量图……10

三、任务实施……11

（一）自定义工作区……11

（二）自定义工具快捷键……12

（三）使用标尺、参考线和网格……13

（四）为图像添加注释……14

实训一 为花卉图像添加参考线……15

实训二 查看手表图像文件……15

目 录

常见疑难解析……16

拓展知识……17

课后练习……19

02 项目二 使用选区

情景导入……21

课堂学习目标……21

任务一 制作浮雕画框……22

一、任务目标……22

二、相关知识……22

（一）认识选区……22

（二）矩形选框工具组和套索工具组……22

（三）选区的基本操作……24

三、任务实施……25

（一）创建选区……25

（二）收缩选区和边界选区……26

（三）存储选区……26

（四）载入选区……27

任务二 快速抠取并合成图像……28

一、任务目标……28

二、相关知识……29

（一）快速蒙版……29

（二）快速选择工具组……29

（三）变换选区……30

三、任务实施……31

（一）快速选择选区……31

（二）使用蒙版精确设置选区范围……31

（三）羽化选区……32

（四）变换选区……33

实训一 制作环保公益广告……33

实训二 合成夏荷图像……34

常见疑难解析……35

拓展知识……35
课后练习……37

项目三 绘制和编辑图像

情景导入……38
课堂学习目标……38
任务一 绘制雪中梅花图像……39
一、任务目标……39
二、相关知识……39
（一）画笔工具组和“画笔工具”工具属性栏……39
（二）渐变工具组……41
（三）复制与粘贴图像……42
（四）变换图像……42
三、任务实施……43
（一）绘制图像……43
（二）填充图像……44
（三）编辑图像……45
（四）设置与应用画笔样式……46
任务二 美化人物图像……47
一、任务目标……47
二、相关知识……48
（一）污点修复画笔工具组……48
（二）模糊工具组……50
（三）减淡工具组……50
（四）仿制图章工具组……51
（五）橡皮擦工具组……51
三、任务实施……53
（一）美化人物图像……53
（二）修复头发细节……54
实训一 制作美妆企业 Logo……55
实训二 制作葡萄主图……55
常见疑难解析……56

目录

拓展知识……57
课后练习……58

项目四 使用图层

情景导入……60
课堂学习目标……60
任务一 制作手机创意合成图像……61
一、任务目标……61
二、相关知识……61
（一）图层的原理……61
（二）认识“图层”面板……61
（三）图层类型……62
三、任务实施……63
（一）新建图层……63
（二）复制、隐藏和显示图层……64
（三）更改图层名称并调整堆叠顺序……66
（四）链接图层……67
任务二 制作回忆图像……68
一、任务目标……68
二、相关知识……68
（一）管理图层……68
（二）使用图层组管理图层……70
（三）剪贴蒙版……71
三、任务实施……71
（一）合并图层……71
（二）栅格化图层……72
（三）创建剪贴蒙版……73
（四）盖印图层并创建图层组……73
实训一 制作星空下的熊图像……74
实训二 制作快乐童年图像……75
常见疑难解析……75
拓展知识……76
课后练习……77

CONTENTS

05 项目五 图层的高级操作

情景导入······78
课堂学习目标······78
任务一　制作浮雕文字······79
一、任务目标······79
二、相关知识······79
（一）“图层样式”对话框······79
（二）认识图层样式······80
三、任务实施······82
（一）添加图层样式······82
（二）复制和粘贴图层样式······83
任务二　制作手机壁纸······85
一、任务目标······85
二、相关知识······85
（一）图层混合模式······85
（二）填充图层······87
（三）调整图层······88
三、任务实施······89
（一）创建调整图层······89
（二）调整填充图层和图层混合模式······91
实训一　制作鲸和女孩图像······92
实训二　制作艺术边框效果······93
常见疑难解析······93
拓展知识······94
课后练习······95

06 项目六 使用文字

情景导入······96
课堂学习目标······96
任务一　制作儿童游玩区示意图······97

一、任务目标……97
二、相关知识……97
（一）横排文字工具组……97
（二）“横排文字工具”工具属性栏……97
（三）认识“字符”面板……98
三、任务实施……99
（一）新建文件并输入文字……99
（二）设置文字格式……100
（三）制作变形文字……101
任务二 制作美食画册内页……102
一、任务目标……102
二、相关知识……103
（一）“段落”面板……103
（二）转换点文字与段落文字……103
（三）改变文字方向……104
（四）文字蒙版……104
三、任务实施……104
（一）规划版面……104
（二）创建文字蒙版……106
（三）创建段落文字……106
（四）格式化段落……107
实训一 制作怀旧往事明信片……109
实训二 制作个人名片……110
常见疑难解析……110
拓展知识……111
课后练习……111

07 项目七 通道与蒙版

情景导入……113
课堂学习目标……113
任务一 调整人像图像……114
一、任务目标……114

二、相关知识……114
（一）认识通道……114
（二）“通道”面板……114
（三）通道的类型……115
三、任务实施……115
（一）分离图像通道……115
（二）合并通道……117
（三）复制通道……118
（四）计算通道……118
任务二　合成瓶中的风景图像……120
一、任务目标……120
二、相关知识……120
（一）蒙版的类型与作用……120
（二）蒙版“属性”面板……121
三、任务实施……122
（一）添加图层蒙版……122
（二）创建剪贴蒙版……123
实训一　使用通道校正图像颜色……125
实训二　制作海市蜃楼图像效果……125
常见疑难解析……126
拓展知识……127
课后练习……127

08 项目八　使用滤镜

情景导入……129
课堂学习目标……129
任务一　制作装饰画图像……130
一、任务目标……130
二、相关知识……130
（一）认识滤镜……130
（二）滤镜库的设置与应用……131
（三）“液化”滤镜的设置与应用……131

目录

（四）“消失点”滤镜的设置与应用……132
（五）“镜头校正”滤镜的设置与应用……134
三、任务实施……134
（一）使用“液化”滤镜修饰人物……134
（二）使用“消失点”滤镜制作装饰画……136
（三）使用滤镜库……136
任务二　制作油画和画框……137
一、任务目标……137
二、相关知识……137
（一）“风格化”滤镜组……138
（二）“模糊”滤镜组……138
（三）“扭曲”滤镜组……139
（四）“锐化”滤镜组……139
（五）“像素化”滤镜组……140
（六）“渲染”滤镜组……140
（七）“杂色”滤镜组……141
三、任务实施……141
（一）使用“彩块化”滤镜……141
（二）使用“喷溅”滤镜……142
（三）使用“纹理化”滤镜……143
实训一　制作液体巧克力特效……144
实训二　制作透明水泡……145
常见疑难解析……145
拓展知识……146
课后练习……146

09 项目九　矢量工具和路径

情景导入……148
课堂学习目标……148
任务一　制作房地产标志……149
一、任务目标……149
二、相关知识……149

（一）认识路径……149
（二）使用“钢笔工具”……149
（三）“钢笔工具”使用技巧……150
（四）认识“路径”面板……150
三、任务实施……151
（一）描边路径……151
（二）使用“钢笔工具”绘制图形……152
（三）转换和添加锚点……153
任务二 制作网店价格标签……154
一、任务目标……154
二、相关知识……155
（一）矩形工具组……155
（二）编辑路径……156
三、任务实施……156
（一）使用“圆角矩形工具”绘制图形……156
（二）使用“多边形工具”绘制图形……157
（三）绘制圆点路径图形……157
实训一 制作网页按钮……158
实训二 绘制信封图标……159
常见疑难解析……159
拓展知识……160
课后练习……161

10 项目十 调整图像颜色

情景导入……163
课堂学习目标……163
任务一 调整风景照颜色……164
一、任务目标……164
二、相关知识……164
（一）颜色的基本知识……164
（二）调整命令的分类和作用……164
（三）快速调整图像……165

三、任务实施 165
（一）添加渐变映射效果 165
（二）调整色相和饱和度 167
（三）调整曝光度 168
（四）增加图像的饱和度 168
任务二　调整立冬图的颜色 169
一、任务目标 169
二、相关知识 169
（一）直方图 169
（二）色阶 169
（三）曲线 170
三、任务实施 170
（一）降低图像饱和度 170
（二）调整图像曲线 171
（三）精确调整色阶 172
实训一　调出照片温暖色调 173
实训二　校正偏色图像 174
常见疑难解析 175
拓展知识 175
课后练习 176

11 项目十一　使用 3D 工具

情景导入 177
课堂学习目标 177
任务一　制作炫酷 3D 文字 178
一、任务目标 178
二、相关知识 178
（一）3D 功能概述 178
（二）3D 工具 179
三、任务实施 180
（一）创建 3D 文字 180
（二）调整 3D 文字的形状和位置 181

（三）添加 3D 材质 182

任务二　制作 3D 酒瓶 182

一、任务目标 183

二、相关知识 183

（一）"3D"面板 183

（二）渲染 3D 模型 184

三、任务实施 184

（一）创建 3D 酒瓶 184

（二）设置酒瓶材质 185

（三）渲染文件 187

实训一　制作金属 3D 文字 187

实训二　制作心墙 3D 图像 188

常见疑难解析 189

拓展知识 189

课后练习 190

12 项目十二　批处理与打印图像

情景导入 191

课堂学习目标 191

任务一　批处理图像 192

一、任务目标 192

二、相关知识 192

（一）"动作"面板 192

（二）动作的创建与保存 193

（三）使用"批处理"命令 194

三、任务实施 195

（一）创建动作 195

（二）应用动作 196

（三）设置批处理文件 197

任务二　打印婚礼签到墙广告 198

一、任务目标 199

二、相关知识 199

（一）打印图像……199
（二）设置打印页面……200
三、任务实施……200
（一）将图像转换为 CMYK 颜色模式……200
（二）打印设置……201
（三）打印选区……202
实训一　批处理婚纱图像……202
实训二　打印入场券图像……203
常见疑难解析……204
拓展知识……204
课后练习……205

13 项目十三　综合案例

情景导入……206
课堂学习目标……206
一、任务目标……207
二、专业背景……207
（一）平面设计的概念……207
（二）平面设计的种类……207
三、制作思路分析……208
四、任务实施……209
（一）创建背景图像……209
（二）制作产品主图……210
（三）添加包装文字信息……212
（四）制作包装立体效果图……215
实训一　制作汽车广告……217
实训二　制作房地产广告……218
常见疑难解析……219
拓展知识……219
课后练习……220

01 项目一

初识 Photoshop CC 2018

情景导入

米拉想用 Photoshop CC 2018 处理图像，但她不太熟悉这款软件，于是去请教老洪。老洪告诉米拉要先掌握 Photoshop CC 2018 的基本操作，在学习过程中还要勤练习，积累经验，这样才能制作出富有创意的图像作品。米拉在老洪的帮助下，开始了 Photoshop CC 2018 的学习之旅。

课堂学习目标

- 掌握为图像添加水印的方法。

如新建图像文件并输入文字、打开并旋转图像、调整显示比例并移动画面、查看并保存图像等。

- 掌握调整工作区的方法。

如自定义工作区，自定义工具快捷键，使用标尺、参考线和网格，为图像添加注释等。

▲为图像添加水印

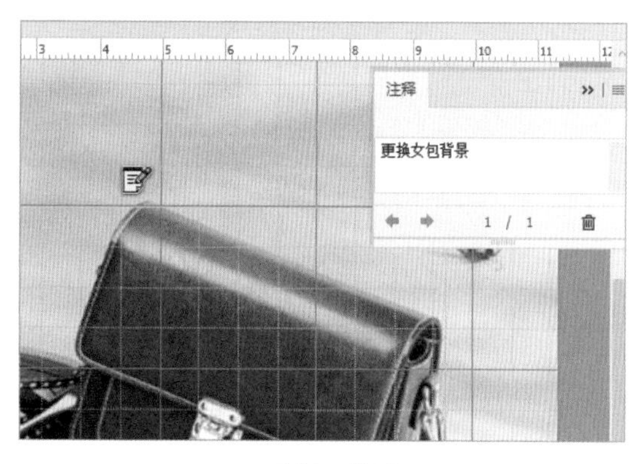

▲调整工作区

任务一　为图像添加水印

Photoshop CC 2018 是一款功能强大的图像处理软件，在使用前需要了解它的相关知识，这样在处理图像时才能得心应手。下面通过介绍 Photoshop CC 2018 的工作界面，帮助用户掌握打开、关闭、新建和存储文件等基本操作。

一、任务目标

本任务将通过为家具图像添加水印，帮助用户掌握启动和退出 Photoshop CC 2018、新建和打开图像文件、查看和移动图像等操作。本任务完成后的效果如图 1-1 所示。

图1-1　为图像添加水印效果

素材所在位置　素材文件 \ 项目一 \ 任务一 \ 家具 .jpg

效果所在位置　效果文件 \ 项目一 \ 任务一 \ 为图像添加水印 .psd

二、相关知识

Photoshop CC 2018 的应用十分广泛，包括图像编辑、图像合成、图像颜色调整及特效制作等。在使用 Photoshop CC 2018 编辑图像之前，需要先认识其工作界面，并掌握一些基本操作。

（一）认识工作界面

启动 Photoshop CC 2018，即可看到图1-2所示的工作界面，其主要由标题栏、菜单栏、工具箱、工具属性栏、图像窗口、面板、状态栏等组成， 下面分别进行介绍。

图1-2　Photoshop CC 2018工作界面

1. 标题栏

标题栏位于图像窗口的上方，用于显示当前文件的名称、格式、显示比例、颜色模式、所属通道和图层状态。如果文件未存储，则标题栏以“未命名”加上连续的数字作为文件的名称。

2. 菜单栏

菜单栏由“文件”“编辑”“图像”“图层”“文字”“选择”“滤镜”“3D”“视图”“窗口”“帮助”11个菜单组成，每个菜单下内置了多个菜单命令。当菜单命令右侧有三角符号▶时，表示该菜单命令下还有子菜单命令，图 1-3 所示为“图像”菜单。

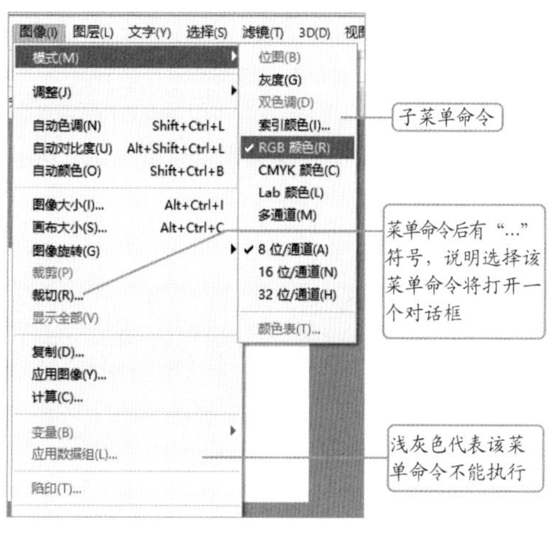

图1-3 “图像”菜单

3. 工具箱

工具箱中集合了在图像处理过程中使用较频繁的工具，使用它们可以绘制图像、修饰图像、创建选区和调整图像显示比例等。工具箱的默认位置在工作界面左侧，将鼠标指针移动到工具箱顶部，按住鼠标左键并拖曳可将其移动到其他位置。

单击工具箱顶部的 « 按钮，可以将工具箱中的工具紧凑排列。单击工具箱中对应的工具按钮，即可选择该工具。工具按钮右下角有黑色小三角形，表示该工具位于一个工具组中，其下还有隐藏的工具。在该按钮上按住鼠标左键或单击鼠标右键，可显示该工具组中隐藏的工具，Photoshop CC 2018的工具箱如图1-4所示。

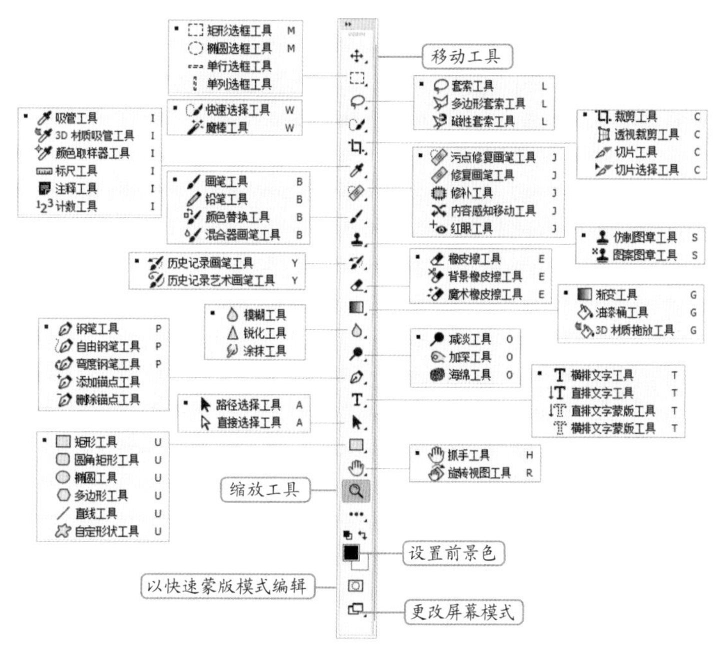

图1-4 工具箱

4. 工具属性栏

在工具箱中选择工具后，工具属性栏会显示当前工具的属性和参数，通过设置这些参数可以调整工具的属性。

5. 图像窗口

图像窗口相当于Photoshop CC 2018的工作区域，用户可以在图像窗口中自由添加或处理图像，所有的图像处理操作都是在图像窗口中进行的。

6. 面板

在Photoshop CC 2018中，面板是非常重要的组成部分，用于进行选择颜色、编辑图层、新建通道、编辑路径和撤销编辑等操作。在Photoshop CC 2018中可通过按住鼠标左键并拖曳的方法来调整面板的位置。

7. 状态栏

状态栏位于图像窗口的底部，其最左端显示当前图像的显示比例，在文本框中输入数值并按【Enter】键可改变图像的显示比例，状态栏中间部分显示当前图像文件的大小。

（二）启动和退出软件

要使用Photoshop CC 2018处理图像，必须先启动软件。使用以下任意一种方法都可启动Photoshop CC 2018。

- 双击桌面上的 Photoshop CC 2018 快捷方式图标Ps。
- 选择【开始】/【Adobe Photoshop CC 2018】菜单命令。
- 双击计算机中已经保存的任意一个扩展名为 .psd 的文件。

退出Photoshop CC 2018主要有以下3种方法。

- 单击菜单栏右侧的“关闭” 按钮×。
- 选择【文件】/【退出】菜单命令。
- 按【Alt+F4】组合键，或按【Ctrl+Q】组合键。

（三）打开、新建、置入、存储和关闭图像文件

在Photoshop CC 2018中，可以先打开已有的图像文件，再对图像文件进行编辑；也可以先新建图像文件，然后对图像文件进行编辑。

1. 打开图像文件

使用以下任一方法均可打开图像文件。

- 选择【文件】/【打开】菜单命令，在打开的“打开”对话框中选择需要打开的图像文件，然后单击打开(O)按钮。
- 按【Ctrl+O】组合键，在打开的“打开”对话框中选择需要的文件。
- 在图像窗口的空白部分双击，打开“打开”对话框，选择图像文件将其打开。

2. 新建图像文件

使用以下任一方法均可新建图像文件。

- 选择【文件】/【新建】菜单命令，打开“新建”对话框，在其中设置图像文件参数，然后单击创建按钮。
- 按【Ctrl+N】组合键，在打开的“新建”对话框中进行相应设置，即可创建图像文件。

3. 置入图像文件

在Photoshop CC 2018中，可通过置入的方式，将其他图像文件在已打开的图像文件中显示，其方法为：选择【文件】/【置入嵌入对象】菜单命令，在打开的“置入”对话框中选择需要置入的图像文件，然后单击置入(P)按钮。

4. 存储和关闭图像文件

存储和关闭图像文件的方法如下。

- 选择【文件】/【存储】菜单命令，或按【Ctrl+S】组合键，在打开的“另存为”对话框中选择文件存储位置，单击保存(S)按钮进行存储。若要将已经保存的图像文件（或从指定位置打开的图像文件）保存到其他位置，可选择【文件】/【存储为】菜单命令，或按【Shift+Ctrl+S】组合键，打开“另存为”对话框，在其中设置参数进行存储。
- 单击图像窗口上方的“关闭”按钮×。

养成随时存储文件的习惯

在对图像文件进行编辑时，最好养成经常存储文件的好习惯，这样在软件出错或图像文件损坏时，可以及时调用存储的图像文件，以避免重复工作。

（四）“导航器”面板

使用“导航器”面板可快速查看和更改图像的视图。当图像被放大时，“导航器”面板中红色框（即代理视图框）内的部分即为图像窗口中的当前可查看区域。选择【窗口】/【导航器】菜单命令，即可打开“导航器”面板，如图1–5所示。

图1–5 “导航器”面板

在“导航器”面板中可执行以下3种操作。

- 缩放：要更改显示比例，可在面板左下角的文本框中输入一个值，也可以单击“缩小”按钮或“放大”按钮，或拖曳缩放滑块。
- 移动：要移动图像的视图，可拖曳图像缩览图中的代理视图框，也可以直接在图像缩览图中单击来指定可查看区域。
- 设置代理视图框的颜色：要更改缩览图中代理视图框的颜色，可单击“导航器”面板右上方的≡按钮，在打开的下拉列表中选择“面板选项”选项，在打开的“面板选项”对话框的“颜色”下拉列表中选择一种预设的颜色，或单击颜色块，在打开的“拾色器”对话框中自定义颜色。

三、任务实施

（一）新建图像文件并输入文字

微课视频

新建图像文件并输入文字

要绘制一个新的图像，可以从新建图像文件开始，具体操作如下。

（1）在桌面上双击 Photoshop CC 2018 快捷方式图标，启动软件。

（2）选择【文件】/【新建】菜单命令，打开“新建文档”对话框。在对话框右侧“预设详细信息”栏的文本框中输入名称“水印”，并设置宽度为“10 厘米”、高度为“5 厘米”、分辨率为“150 像素 / 英寸”、颜色模式为“RGB 颜色，8 位”、背景内容为“透明”；单击创建按钮，如图 1–6 所示。

（3）在工具箱中选择“横排文字工具”T，在图像中单击定位插入点，分别输入“禅”“意家具”“CHANYIJIAJU”。然后在工具属性栏中设置中文字体为“华文行楷”、英文字体为“Arial”、文字颜色为黑色，并适当调整文字大小，如图 1-7 所示。

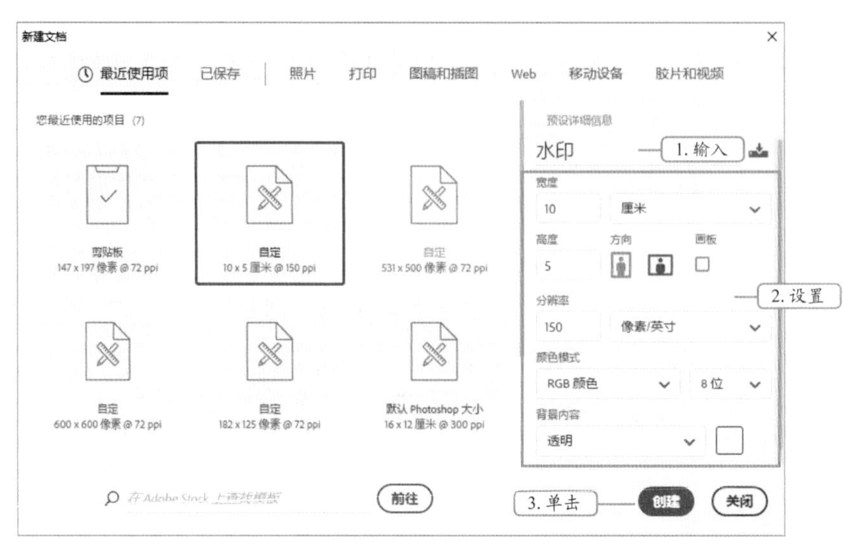

图1-6　新建图像文件

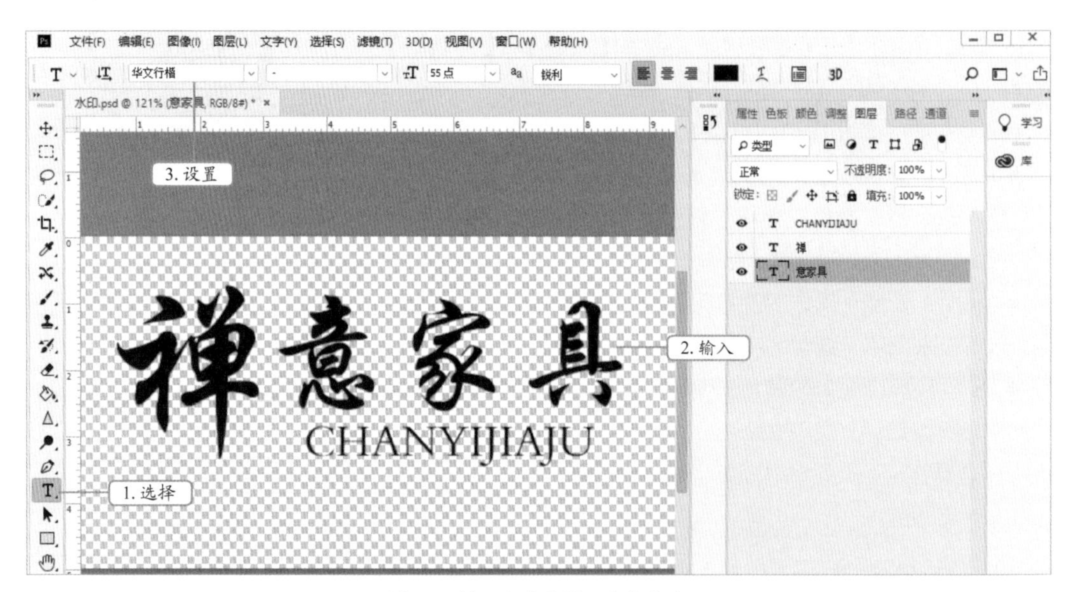

图1-7　输入文字并设置字体格式

（二）打开并旋转图像

打开图像后，如果画面角度不合适，可以对图像进行旋转。在编辑图像时，旋转图像可以调整图像的角度，得到合适的画面，具体操作如下。

（1）选择【文件】/【打开】菜单命令，打开“打开”对话框，在其中打开需要的文件夹，选择“家具 .jpg”图像文件，如图 1-8 所示。单击 打开(O) 按钮打开图像文件，效果如图 1-9 所示。

（2）选择【图像】/【图像旋转】/【逆时针 90 度】菜单命令，如图 1-10 所示。得到旋转后的图像，效果如图 1-11 所示。

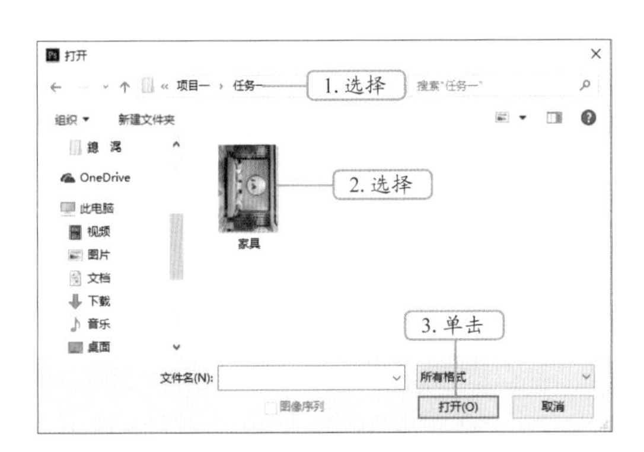

图1-8　选择要打开的图像文件

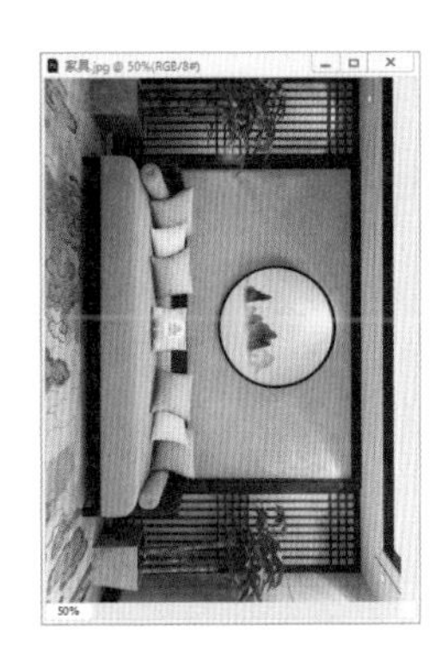

图1-9　打开的图像文件

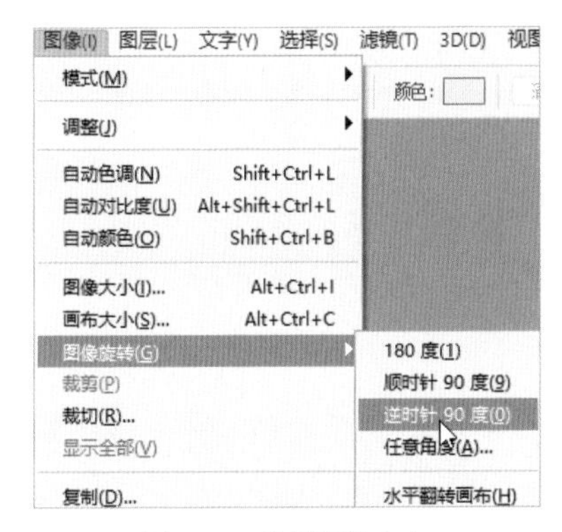

图1-10　选择菜单命令

图1-11　旋转后的图像

（3）打开水印图像，使用“移动工具”将其拖曳到家具图像中，并设置文字颜色为白色，效果如图 1-12 所示。在“图层”面板中选择文字图层，设置其不透明度为“40%”，如图 1-13 所示。

图1-12　移动文字

图1-13　设置文字图层的不透明度

（三）调整显示比例并移动画面

在对图像进行编辑时，经常需要放大图像的某一部分，并对该部分进行精确的调整。因此经常需要使用“缩放工具”对图像进行放大或缩小操作，具体操作如下。

（1）在工具箱中选择“缩放工具”，将鼠标指针移至图像窗口中，此时鼠标指针呈形状。在“家具”图像中单击，显示比例由原来的 66.67% 增至 150%，如图 1-14 所示。

（2）在图像窗口左下角状态栏的文本框中输入“150%”，按【Enter】键，此时图像以 150% 的比例显示，如图 1-15 所示。

图1-14　增大显示比例

图1-15　继续增大显示比例

多学一招

使用快捷键将“放大工具”切换为“缩小工具”

“缩放工具”默认情况下为“放大工具”，在其被选中的情况下，按住【Alt】键，可将“放大工具”切换为“缩小工具”。

（3）在工具箱中选择“抓手工具”，将鼠标指针移至图像窗口中，此时鼠标指针呈形状。

（4）在图像窗口按住鼠标左键并拖曳，将图中的文字拖曳到适当的位置后释放鼠标左键，即可完成画面的移动操作，如图 1-16 所示。

图1-16　移动画面

多学一招

使用快捷键移动图像

除了使用“抓手工具”移动图像外，还可使用【↑】、【↓】、【←】和【→】方向键对图像进行微调，每按一次方向键可使图像向相应方向移动 1 像素的距离。

（四）查看并保存图像

通过“导航器”面板可以直观地观察图像的显示情况，从而快速调整图像，具体操作如下。

（1）选择【窗口】/【导航器】菜单命令，即可打开“导航器”面板。

（2）在面板底部左侧的文本框中输入“33.29%”，按【Enter】键，将图像缩小，如图 1-17 所示。

（3）向左拖曳“导航器”面板下方的三角形滑块，可以缩小图像，反之则放大图像，如图 1-18 所示。

微课视频

查看并保存图像

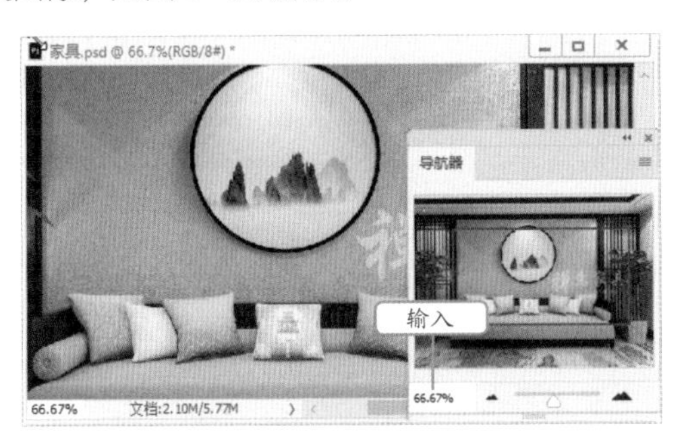

图1-17 缩小图像

图1-18 通过滑块缩小或放大图像

（4）选择【文件】/【存储为】菜单命令，打开“另存为”对话框，选择文件保存位置，在“文件名”文本框中输入“为图像添加水印”，在“保存类型”下拉列表中选择“Photoshop(*.PSD;*.PDD;*.PSDT)”选项，然后单击保存(S)按钮，如图 1-19 所示。

（5）在打开的对话框中选中“不再显示”复选框，单击确定按钮，如图 1-20 所示，完成图像的保存操作。

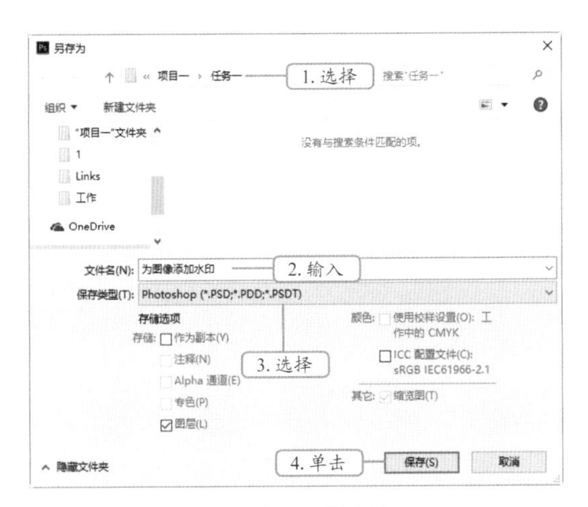

图1-19 保存图像文件

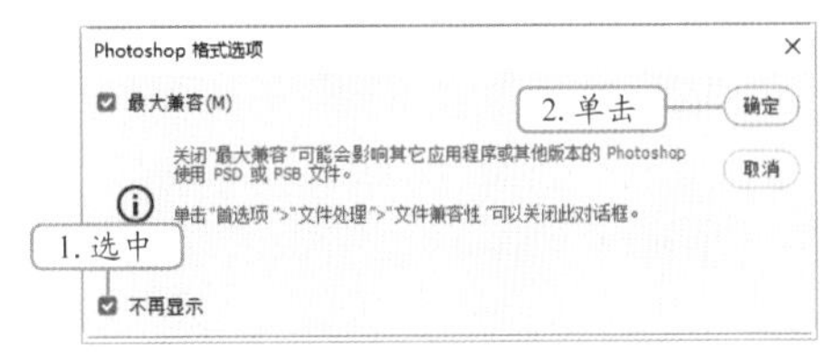

图1-20 选中“不再显示”复选框

任务二 调整工作区

工作区是指整个Photoshop CC 2018的工作界面，创建符合用户使用习惯的工作区，能使图像制作更加得心应手，再结合辅助工具，便能达到事半功倍的效果。

一、任务目标

要完成本任务，首先需要自定义工作区和工具快捷键，然后使用标尺、参考线和网格等辅助工具，最后为图像添加注释。通过对本任务的学习，用户可以掌握工作区的设置方法和辅助工具的使用方法。本任务完成后的效果如图1-21所示。

图1-21　任务完成后的效果

素材所在位置　素材文件\项目一\实训一\任务二\女包.png
效果所在位置　效果文件\项目一\实训一\任务二\女包.psd

二、相关知识

本任务主要讲解设置工作区、使用辅助工具，以及位图与矢量图等知识点。

（一）设置工作区

Photoshop CC 2018提供了不同的预设工作区，包括“3D”“图形和Web”“动感”“绘画”“摄影”等。不同的工作区适合不同的操作，例如，要在 Photoshop CC 2018中制作 GIF 动画，可切换到“动感”工作区。另外，用户也可以自定义工作区。

1. 预设工作区

选择【窗口】/【工作区】菜单命令，在其子菜单中可选择一种预设工作区，或单击工具属性栏右侧的 按钮，在打开的下拉列表中选择一种预设工作区，如图1-22所示。

图1-22　选择预设工作区

2. 自定义工作区

用户可以自由调整工作区，使其符合自己的使用习惯，然后存储调整后的工作区，在下次使用时可直接调用。调整好工作区后，选择【窗口】/【工作区】/【新建工作区】菜单命令，打开“新建工作区”对话框，在其中进行设置即可保存自定义工作区。

（二）使用辅助工具

使用辅助工具可帮助用户快速、高效地完成工作，达到事半功倍的效果。下面介绍Photoshop CC 2018中常用的辅助工具。

- 标尺：利用标尺可精确定位图像或元素；选择【视图】/【标尺】菜单命令，或按【Ctrl+R】组合键，即可调用标尺；标尺会出现在现有图像窗口的顶部和左侧，移动鼠标指针时，标尺上的标记会显示鼠标指针的位置。
- 参考线：参考线显示为浮动在图像上方的不会打印出来的线条，用于精确定位图像或元素；用户可以移动和删除参考线，也可以锁定参考线，使其不会被意外移动。
- 网格：网格的作用也是精确定位图像或元素，选择【视图】/【显示】/【网格】菜单命令，即可将其显示出来。

（三）位图与矢量图

位图与矢量图是关于图像的基本概念，理解相关概念并明确其区别有助于更好地学习和使用Photoshop CC 2018，下面分别进行介绍。

- 位图：位图也称为点阵图或像素图，由多个像素点构成；位图能将灯光、透明度和深度等逼真地表现出来，将位图放大到一定程度，可看到位图由一个个小方块组成，这些小方块就是像素；位图图像的质量由分辨率决定，单位面积内的像素越多，分辨率越高，图像效果就越好；图1-23所示为位图放大前后的效果对比。

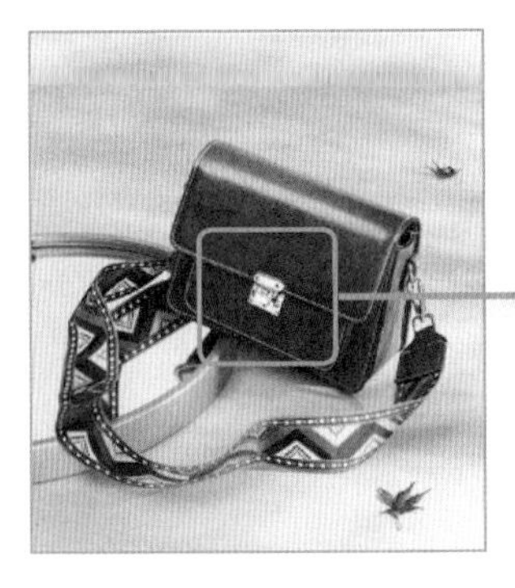

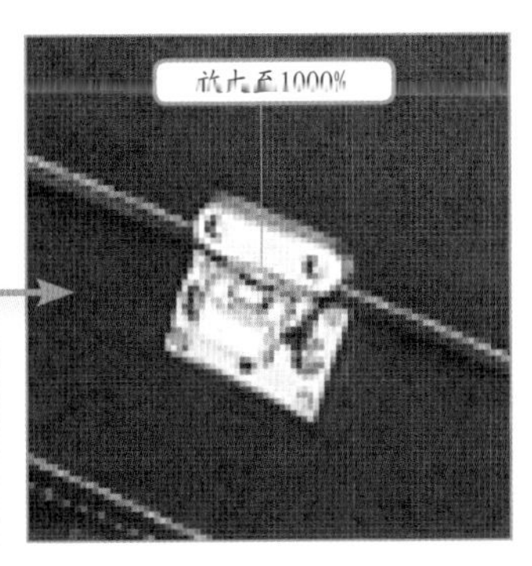

图1-23 位图放大前后的效果对比

- 矢量图：矢量图又称向量图，通过数学公式计算获得，其基本组成单元是锚点和路径；无论将矢量图放大多少倍，图像都具有同样平滑的边缘和清晰的视觉效果，但聚焦和灯光的质量很难从一幅矢量图中获得，通常也不能很好地表现出图像的立体感；图1-24所示为矢量图放大前后的效果对比。

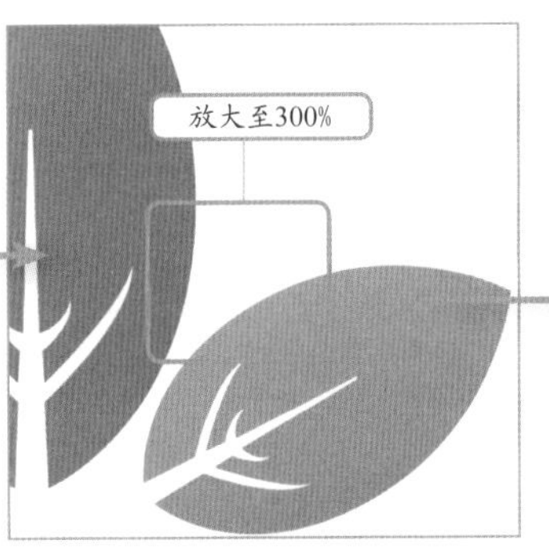

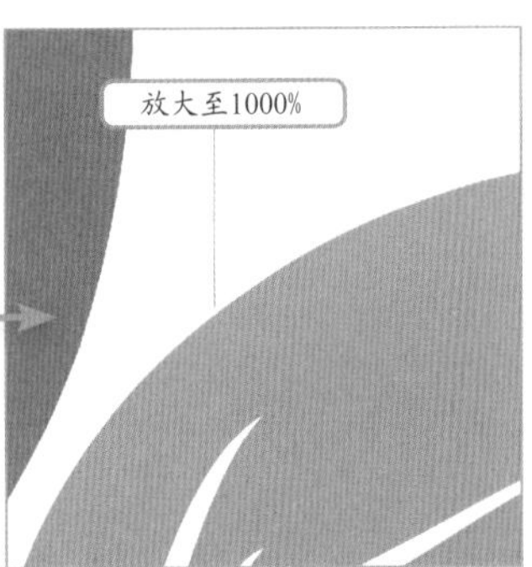

图1-24 矢量图放大前后的效果对比

知识提示

矢量图的用途

矢量图常用于制作企业标志或插画，还可用于制作商业信纸或招贴广告。矢量图可随意缩放而清晰度不变的特点使其可在任何打印设备上以高分辨率输出。

三、任务实施

（一）自定义工作区

微课视频

自定义工作区

启动Photoshop CC 2018，用户可以根据需要调整工作区中面板的位置和显示状态，以及工具箱的显示和面板的分类组合等，具体操作如下。

（1）启动 Photoshop CC 2018，在工具箱上方单击 ▸▸ 按钮，双列显示工具箱。

（2）选择【窗口】/【色板】菜单命令，打开“色板”面板。在“色板”面板标题右侧的空白部分按住鼠标左键，将其拖曳到“属性”面板标题右侧。

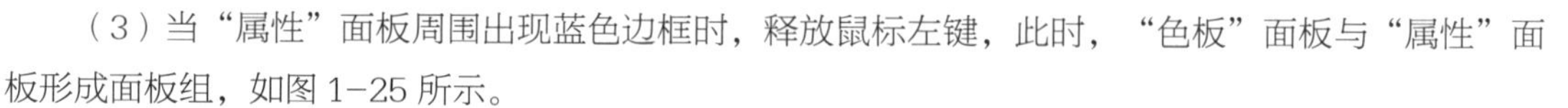

（3）当“属性”面板周围出现蓝色边框时，释放鼠标左键，此时，“色板”面板与“属性”面板形成面板组，如图 1-25 所示。

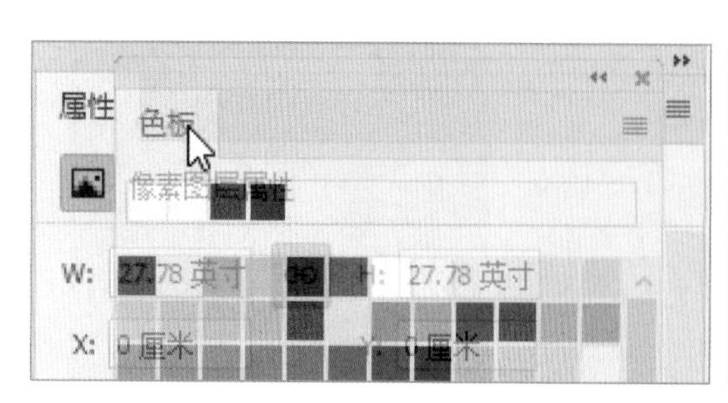

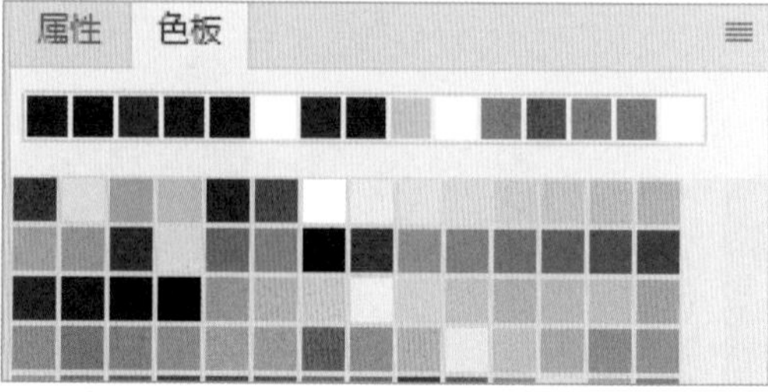

图1-25　移动面板

（4）单击“3D”面板右侧的≡按钮，在打开的下拉列表中选择“关闭”选项，关闭“3D”面板，如图 1-26 所示。

（5）选择【窗口】/【工作区】/【新建工作区】菜单命令，打开“新建工作区”对话框，在“名称”文本框中输入“自定义”，单击 存储 按钮，如图 1-27 所示。要想删除工作区，可以选择【窗口】/【工作区】/【删除工作区】菜单命令，在打开的对话框中将不需要的工作区删除。

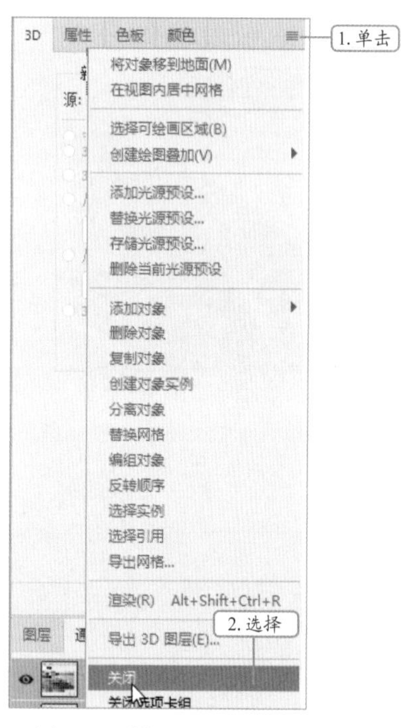

图1-26　关闭“3D”面板

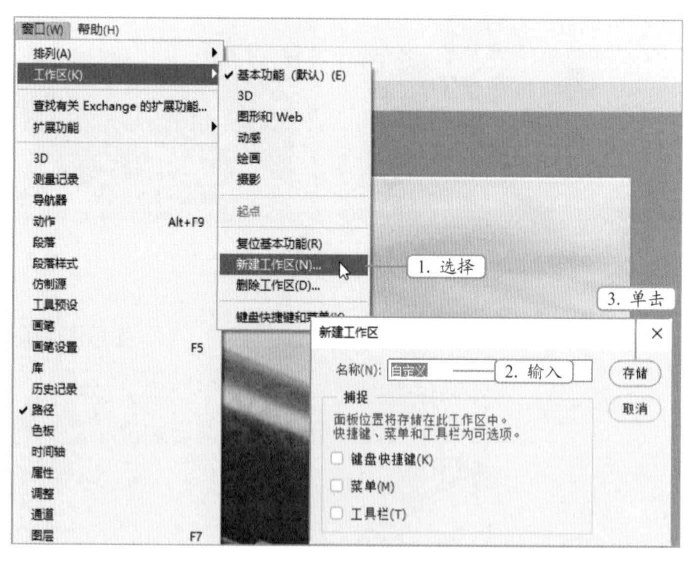

图1-27　新建工作区

（二）自定义工具快捷键

在Photoshop CC 2018中，使用工具快捷键可以提高工作效率，用户可以自定义工具快捷键，使其方便记忆，具体操作如下。

（1）按【Ctrl+N】组合键，打开“新建文档”对话框，新建大小、分辨率分别为“1024 像素 ×768 像素”“300 像素 / 英寸”的图像文件。

（2）选择【编辑】/【键盘快捷键】菜单命令，打开“键盘快捷键和菜单”对话框，单击“快捷键用于”右侧的下拉按钮，在打开的下拉列表中选择“工具”选项。

（3）在下方的工具列表框中选择“移动工具”选项，此时其对应的“快捷键”字段呈可编辑状态，在键盘上按想要设置的快捷键，这里按【K】键，“快捷键”字段中会输入“K”，单击 接受 按钮，单击 确定 按钮，确认新设置的快捷键，如图 1-28 所示。

多学一招

修改菜单的快捷键

选择【窗口】/【工作区】/【键盘快捷键和菜单】菜单命令，也可打开“键盘快捷键和菜单”对话框。在该对话框中修改菜单的快捷键，则需要在“快捷键用于”下拉列表中选择“应用程序菜单”选项。

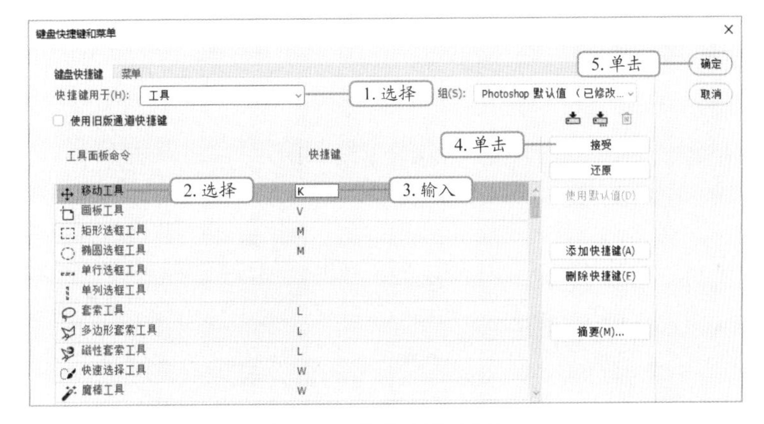

图1-28　设置工具快捷键

（三）使用标尺、参考线和网格

使用标尺、参考线和网格，可以快速设置图像中的各个对象的位置，提高工作效率，具体操作如下。

（1）打开“女包.png”图像文件，选择【视图】/【显示】/【网格】菜单命令，在图像窗口中显示网格；选择【视图】/【标尺】菜单命令，在图像窗口中显示标尺，效果如图 1-29 所示。

（2）将鼠标指针移至图像窗口左侧的标尺上，按住鼠标左键并向右拖曳，在女包边缘处拖曳出一条垂直参考线，如图 1-30 所示。释放鼠标左键，此时的垂直参考线变为青色。

（3）选择【视图】/【新建参考线】菜单命令，打开“新建参考线”对话框，在“取向”栏中选中“水平”单选项，在“位置”文本框中输入“2.5 厘米”，然后单击 确定 按钮，如图 1-31 所示。

多学一招

使用快捷键显示或隐藏标尺与网格

按【Ctrl+R】组合键，可快速显示或隐藏标尺；按【Ctrl+'】组合键，可快速显示或隐藏网格。

图1–29　显示网格与标尺

图1–30　拖曳出参考线

（4）选择【编辑】/【首选项】/【参考线、网格和切片】菜单命令，打开“首选项”对话框，其中显示出参考线、网格和切片的相应内容。

（5）在“参考线”栏的“画布”下拉列表中选择“浅红色”选项，然后单击 确定 按钮，如图 1–32 所示，即可设置参考线颜色。

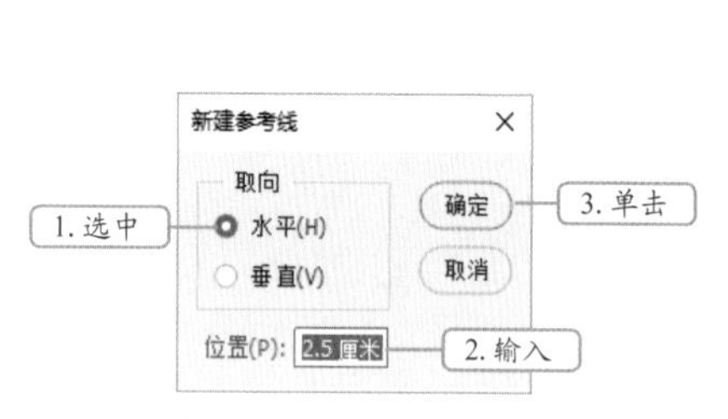

图1–31　新建水平参考线

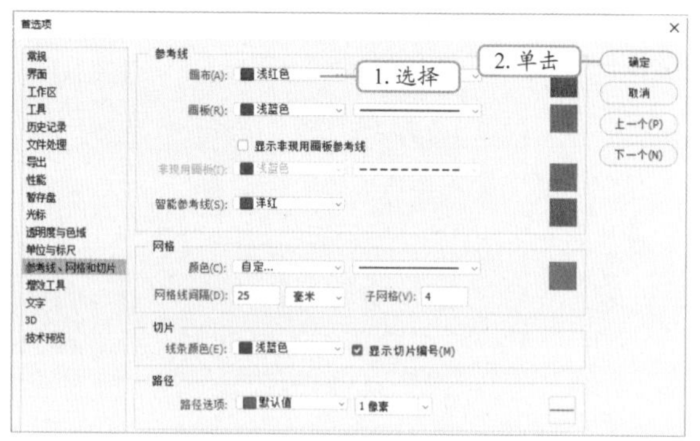

图1–32　设置参考线的颜色

（四）为图像添加注释

在处理图像过程中，有时需要为设计的某个元素添加说明文字，以便更好地完成制作，这时就可以为图像添加注释，具体操作如下。

微课视频

添加注释

（1）在工具箱中的“吸管工具” 上按住鼠标左键，在打开的列表中选择“注释工具” ，如图 1–33 所示。

（2）在需要添加注释的位置上单击，该位置会出现一个注释图标，并打开“注释”面板，在该面板中输入注释内容“更换女包背景”，如图 1–34 所示。

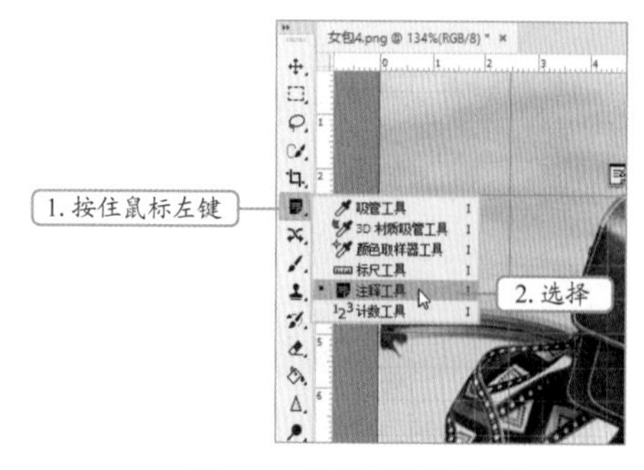

图1–33　选择“注释工具”

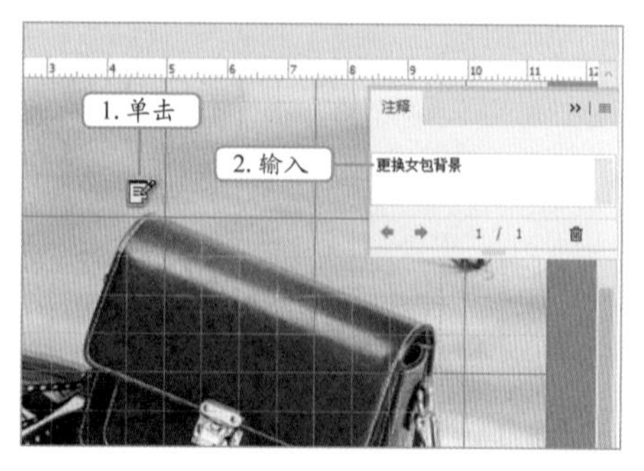

图1–34　添加注释

（3）按【Shift+Ctrl+S】组合键，打开“另存为”对话框，在其中设置文件的保存位置，设置文件名为“女包”、“保存类型”为“Photoshop(*.PSD;*.PPD;*.PSDT)”，单击 保存(S) 按钮。

实训一 为花卉图像添加参考线

【实训要求】

本实训要求为花卉图像添加参考线，以方便后期输入文字时，可以通过标尺和参考线来调整文字大小和位置。

【操作思路】

根据实训要求，需先打开花卉图像文件，然后添加参考线，参考线应刚好能把图像窗口分割成9部分，完成效果如图1-35所示。

素材所在位置 素材文件\项目一\实训一\花卉.jpg
效果所在位置 效果文件\项目一\实训一\为花卉图像添加参考线.psd

【步骤提示】

（1）选择【文件】/【打开】菜单命令，打开“打开”对话框，选择“花卉.jpg”图像文件，单击 打开(O) 按钮，打开该图像文件。

（2）选择【视图】/【标尺】菜单命令，显示标尺。

（3）选择【视图】/【新建参考线】菜单命令，在打开的“新建参考线”对话框中创建方向为“水平”、位置为“10厘米”的参考线，单击 确定 按钮。再次打开该对话框，创建方向为“水平”、位置为“17厘米”的参考线。

（4）使用同样的方法，新建两条方向为“垂直”、位置分别为“7厘米”和“20厘米”的参考线。

（5）使用“横排文字工具” T，在参考线内部相应位置输入文字。文字不超出参考线。

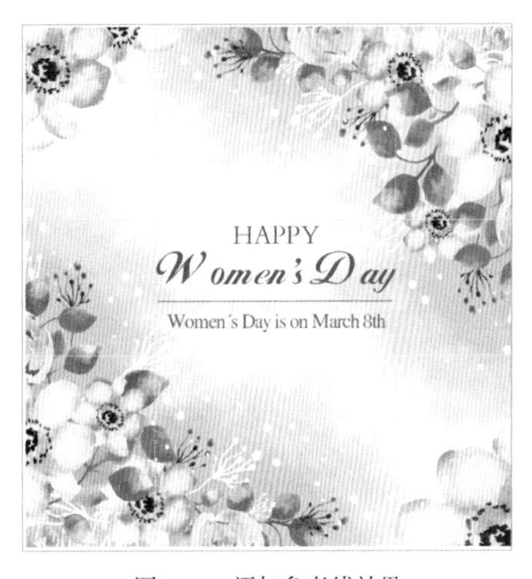

图1-35 添加参考线效果

（6）使用“直线工具” ，在文字区域绘制直线，最后保存文件。

实训二 查看手表图像文件

【实训要求】

本实训要求打开“手表.jpg”图像文件，然后利用“缩放工具” 和“抓手工具” 查看图像，并为图像添加注释。

【操作思路】

根据实训要求，需要打开图像文件，然后利用“缩放工具” 和“抓手工具” 查看图像，最后添加注释并保存，完成效果如图1-36所示。

图1-36 手表图像文件效果

素材所在位置 素材文件\项目一\实训二\手表.jpg
效果所在位置 效果文件\项目一\实训二\手表.psd

【步骤提示】

（1）选择【文件】/【打开】菜单命令，在打开的对话框中选择图像文件，将其打开。

（2）在工具箱中选择“缩放工具”，对图像进行缩放，在缩放过程中，结合“抓手工具”移动图像，查看不同位置的图像。

（3）将图像缩放到合适的大小，然后选择“注释工具”，在图像左侧空白处单击，然后添加注释内容“为手表添加尺寸介绍”，最后以“Photoshop(*.PSD;*.PDD;*.PSDT)”格式保存文件。

常见疑难解析

问：使用“网格”命令添加的网格可以直接用于作品中的网格制作吗？

答：网格在图像中的功能是辅助精确作图，当使用其他软件打开图像或者打印图像时，网格不会显示。如果要制作网格效果图，就要使用绘制工具沿网格绘制直线，这样保存或者打印图像时，才有网格显示。

问：在打开图像文件时，为什么有的图像文件要很长的时间才能打开？

答：这是因为要打开的图像文件太大。一般情况下创建的图像文件只有几十KB或几百KB，而有的图像文件（如建筑效果图、园林效果图等）可能有几百MB，所以计算机在打开这类图像文件时花费的时间比较长。

问：Photoshop CC 2018 有多少种屏幕模式？

答：Photoshop CC 2018提供了3种屏幕模式，分别是标准屏幕模式、带有菜单栏的全屏模式和全屏模式。根据设计过程中的需要，用户可以改变屏幕模式，在工具箱中的“更改屏幕模式”按钮上按住鼠标左键，在打开的列表中选择相应的模式即可。

- 标准屏幕模式：默认的屏幕模式，可以显示菜单栏、工具属性栏、滚动条、其他屏幕元素。
- 带有菜单栏的全屏模式：显示菜单栏和50%灰色背景，无“缩小”“放大”“关闭”按钮和滚动条的全屏窗口。

- 全屏模式：显示黑色背景的图像窗口，无菜单栏、滚动条等其他屏幕元素的全屏窗口。

拓展知识

本项目主要介绍了Photoshop CC 2018的工作界面和该软件的一些基本操作。用户在学习Photoshop CC 2018的过程中还需要了解一些图像处理的基本概念。下面对像素、分辨率、设置多图像窗口和颜色模式的知识进行讲解。

1. 像素

像素由英文单词“pixel”翻译而来，它是构成位图图像的最小单位，是一个小方格。可以将一幅位图图像看成是由无数个点组成的，一个点就表示一个像素。同样大小的一幅位图图像，像素越多，图像越清晰，效果越逼真。

2. 分辨率

分辨率是指单位长度中的像素数目。单位长度中像素越多，分辨率越高，图像就越清晰，所需的存储空间也就越大。分辨率可分为图像分辨率、打印分辨率和屏幕分辨率。

- 图像分辨率：图像分辨率可以用于确定图像的像素数目，其单位有“像素/英寸”和“像素/厘米”两种；若一幅图像的分辨率为300像素/英寸，表示该图像中每平方英寸包含300×300个像素。
- 打印分辨率：打印分辨率又叫输出分辨率，是指绘图仪和激光打印机等输出设备在输出图像时每英寸产生的油墨点数；如果使用与打印分辨率成正比的图像分辨率，就能得到较好的输出效果。
- 屏幕分辨率：屏幕分辨率是指显示器屏幕每单位长度显示的像素或点的数目，单位为“点/英寸”，如80点/英寸表示显示器屏幕每英寸包含80个点；普通显示器的典型屏幕分辨率约为96点/英寸。

3. 设置多图像窗口

若在Photoshop CC 2018中同时打开了多个图像文件，可选择【窗口】/【排列】菜单命令，在打开的子菜单中选择图像窗口的排列方式，如图1-37所示。下面对一些常用的排列方式进行讲解。

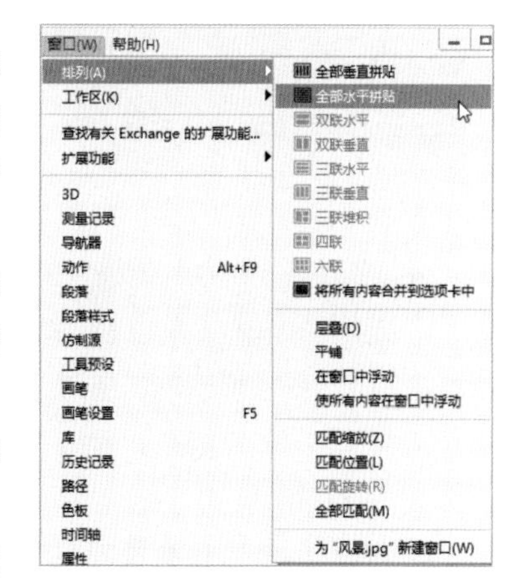

图1-37　“排列”子菜单

- 将所有内容合并到选项卡中：该方式是Photoshop CC 2018默认的图像窗口排列方式，即全屏显示一个图像窗口，其他图像文件以选项卡的形式排列在图像窗口中。
- 层叠：从屏幕的左上角向右下角以堆叠和层叠的方式排列图像窗口。
- 平铺：以边靠边的方式排列图像窗口，关闭其中一个图像窗口，其他图像窗口会随之调整并自动填满空间。
- 在窗口中浮动：允许图像窗口自由浮动，可拖曳移动图像窗口。
- 使所有内容在窗口中浮动：使所有图像窗口都可浮动。
- 匹配缩放：将所有图像窗口都匹配到与当前图像窗口相同的缩放比例。

- 匹配位置：将所有图像窗口的图像显示位置都匹配到与当前图像窗口相同。
- 匹配旋转：将所有图像窗口的画布的旋转角度都匹配到与当前图像窗口相同。
- 全部匹配：将所有图像窗口的缩放比例、图像显示位置、画布旋转角度都匹配到与当前图像窗口相同。
- 为“（文件名）”新建窗口：为当前文件新建一个图像窗口，新建图像窗口与原来的图像窗口互相影响，在其中一个图像窗口中执行某一操作，另一个图像窗口中会执行同样的操作。

4. 认识颜色模式

颜色模式是数字世界中表示颜色的方法，常用的颜色模式有位图模式、灰度模式、双色调模式、索引颜色模式、RGB颜色模式、CMYK颜色模式、Lab颜色模式和多通道模式。

颜色模式影响图像通道的多少和文件的大小，每个图像具有一个或多个通道，通道用于存放图像中颜色元素的信息。图像中默认的颜色通道数目取决于颜色模式。在Photoshop CC 2018中选择【图像】/【模式】菜单命令，在弹出的子菜单中可以查看所有颜色模式，如图1-38所示。选择相应的命令可在不同的颜色模式之间相互转换。下面分别对各个颜色模式进行介绍。

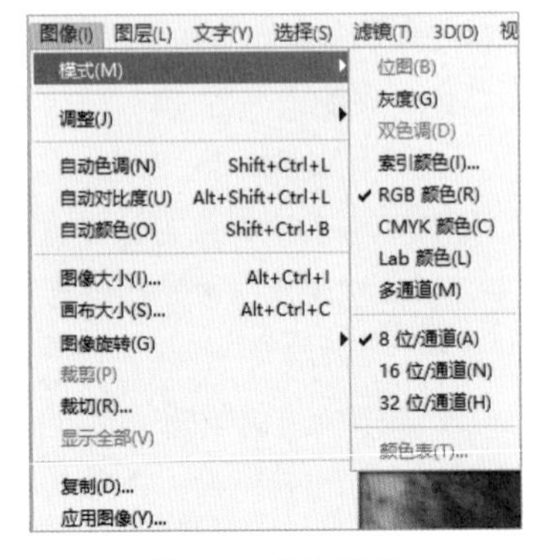

图1-38 颜色模式

- 位图模式：位图模式是只用黑白两种像素表示图像的颜色模式，适合制作艺术样式或单色图像；彩色模式的图像转换为该模式后，颜色信息会丢失，只保留亮度信息；只有灰度模式或多通道模式的图像才能转化为位图模式；将图像转换为灰度或多通道模式后，选择【图像】/【模式】/【位图】菜单命令，打开“位图”对话框，在其中进行相应的设置，然后单击 确定 按钮，即可将图像转换为位图模式，如图1-39所示。

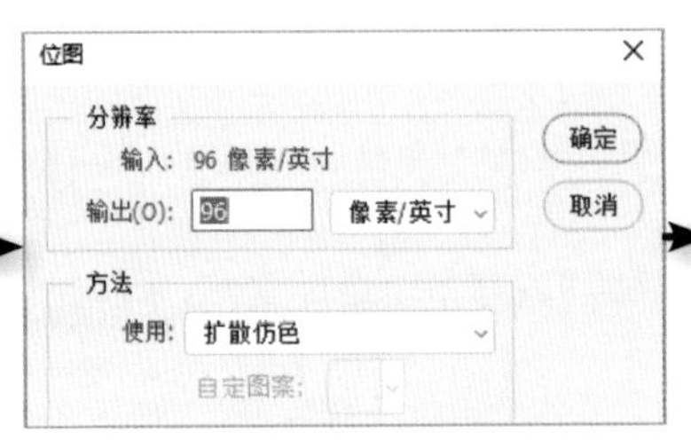

图1-39 位图模式图像效果

- 灰度模式：在灰度模式的图像中，每个像素都有一个0（黑色）~255（白色）的亮度值；当一个彩色模式的图像转换为灰度模式的图像时，图像中的色相及饱和度等有关颜色的信息会消失，只留下亮度信息；灰度模式的图像如图1-40所示。
- 双色调模式：双色调模式是用灰度油墨或彩色油墨渲染灰度模式图像的模式；双色调模式采用两种彩色油墨创建由双色调、三色调、四色调混合色阶组成的图像；在此模式中，最多可向图像中添加4种颜色，图1-41所示为双色调、三色调和四色调模式图像效果。

图1-40 灰度模式图像效果

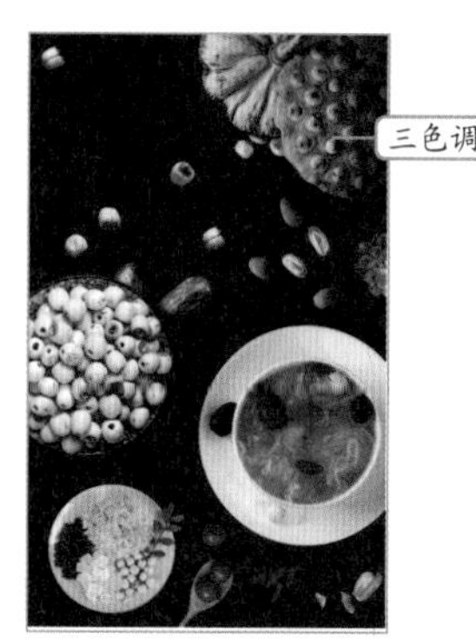

图1-41 双色调、三色调和四色调模式图像效果

- 索引颜色模式：系统预先定义好含有256种典型颜色的颜色对照表，当图像转换为索引颜色模式时，系统会将图像的所有颜色映射到颜色对照表中，图像的所有颜色都将在它的图像文件中定义；当打开该图像文件时，构成该图像的具体颜色的索引值都将被装载，然后根据颜色对照表找到对应的颜色值。
- RGB颜色模式：RGB颜色模式是Red（红）、Green（绿）、Blue（蓝）3种颜色按不同比例混合而成的，也称真彩色模式，是Photoshop CC 2018默认的颜色模式，也是最常见的一种颜色模式。
- CMYK颜色模式：CMYK颜色模式是印刷时使用的一种颜色模式，由Cyan（青）、Magenta（洋红）、Yellow（黄）和Black（黑）4种颜色组成；为了避免和RGB颜色模式中的Blue（蓝）混淆，其中的黑色用K来表示，若在RGB颜色模式下制作的图像需要印刷，则必须将其转换为CMYK颜色模式。
- Lab颜色模式：Lab颜色模式是国际照明委员会发布的一种颜色模式，由RGB颜色模式转换而来；它用一个亮度分量和两个颜色分量表示颜色的模式，其中L分量表示颜色的亮度，a分量表示由绿色到红色的光谱变化，b分量表示由蓝色到黄色的光谱变化。
- 多通道模式：多通道模式图像包含了多个灰阶通道颜色将图像转换为多通道模式后，系统将根据原图像产生相同数目的新通道，每个通道均由256级灰阶组成，常用于特殊印刷。

优先使用 RGB 颜色模式

在 Photoshop CC 2018 中，除非有特殊要求使用某种颜色模式，否则一般都采用 RGB 颜色模式。在这种模式下可使用 Photoshop CC 2018 中的所有工具和命令，在其他颜色模式下则会受到各种限制。

课后练习

（1）本练习要求放大查看图像效果。分别使用“抓手工具”、“导航器”面板和“缩放工具”查看“风景.jpg”图像文件，可将图像放大查看细节，如图1-42所示，也可将图像缩小观察整体。

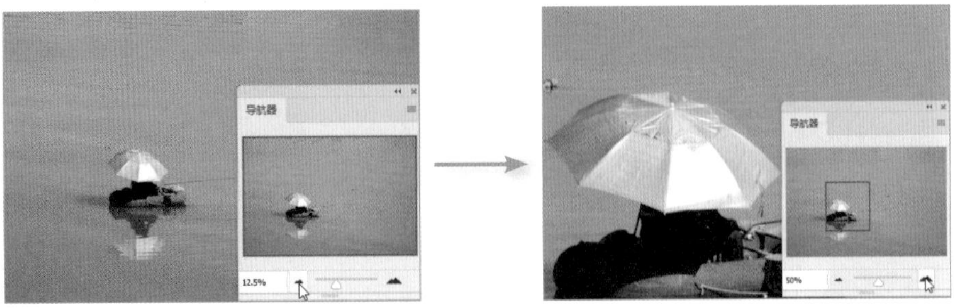

图1-42　放大查看图像细节

素材所在位置　素材文件\项目一\课后练习\风景.jpg

（2）本练习要求为图像添加参考线，设置工作界面，并使用“导航器”面板查看图像。打开“景色.jpg”图像文件，如图1-43所示。分别在垂直和水平方向上的中心位置添加参考线，然后设置工作界面，并在“导航器”面板中查看图像。工作界面设置要求为：对“图层”面板组进行拆分，将拆分后的3个面板分别组合到“导航器”“历史记录”“颜色”3个面板组中，保存设置后的工作界面。

图1-43　“景色.jpg”图像文件

素材所在位置　素材文件\项目一\课后练习\景色.jpg

02 项目二

使用选区

情景导入

在米拉熟悉了 Photoshop CC 2018 的工作界面，并掌握了一些基础操作后，老洪告诉她接下来应该学习选区的操作，因为通过选区可以只对图像的某一部分进行修改，还可以合成图像。米拉知道选区的作用后，下决心要熟练掌握选区的使用方法。

课堂学习目标

- 掌握制作浮雕画框的方法。

如使用基本选择工具创建选区、通过收缩选区和边界选区更改选区范围、存储选区、载入选区等。

- 掌握快速抠取并合成图像的方法。

如快速选择选区、使用蒙版精确选择选区、羽化选区、变换选区等。

▲制作浮雕画框

▲快速抠取并合成图像

任务一　制作浮雕画框

对于一张漂亮的风景图，除了调整它的色调和高度外，还可以为其添加画框效果。首先选择一张已经处理好的风景图，然后使用合适的选框工具绘制出矩形选区进行编辑，下面具体介绍浮雕画框的制作方法。

一、任务目标

本任务将使用 Photoshop CC 2018 的各种选框工具制作浮雕画框，在制作时可先创建选区，然后编辑选区。通过对本任务的学习，用户可以掌握选区的创建方法，了解选区的编辑操作。本任务完成后的最终效果如图 2-1 所示。

图2-1　浮雕画框效果

素材所在位置　素材文件 \ 项目二 \ 任务一 \ 风景 .jpg
效果所在位置　效果文件 \ 项目二 \ 任务一 \ 制作浮雕画框 .psd

二、相关知识

在Photoshop CC 2018中，可通过各种选框工具创建选区，同时可在工具属性栏中设置相关参数。下面简单介绍各种选框工具及其对应的工具属性栏。

（一）认识选区

在Photoshop CC 2018中处理局部图像时，首先要指定编辑操作的有效区域，即创建选区。图2-2所示的虚线以内即为选区，在对图像进行编辑时，编辑只会作用于选区内的图像，不会对其他区域造成影响。

图2-2　选区

（二）矩形选框工具组和套索工具组

要创建选区，必须使用相应的选框工具，如工具箱中的矩形选框工具组和套索工具组。下面分别对其进行介绍。

1. 矩形选框工具组

在工具箱中的“矩形选框工具” 上按住鼠标左键，可以打开工具列表，其中包括“矩形选框工具” 、“椭圆选框工具” 、“单行选框工具” 和“单列选框工具” ，如图2-3所示，下面具体进行介绍。

图2-3　矩形选框工具组

- 矩形选框工具：使用“矩形选框”工具可以创建规则的矩形选区。
- 椭圆选框工具：使用“椭圆选框工具”可以创建椭圆形选区。
- 单行选框工具：使用“单行选框工具”可以在图像上创建1像素宽的水平选区。
- 单列选框工具：使用“单列选框工具”可以在图像上创建1像素宽的垂直选区。

2. “矩形选框工具”工具属性栏

在使用“矩形选框工具”创建选区时，可对工具属性栏中的选项进行设置，从而控制选区的形状和样式。图2-4所示为“矩形选框工具”工具属性栏，各选项的含义如下。

图2-4　“矩形选框工具”工具属性栏

- 按钮组：单击相应的按钮，可以控制选区的增减；“新选区”按钮用于创建一个新的选区；“添加到选区”按钮用于将创建的选区与已有选区合并；“从选区中减去”按钮用于从原选区中减去重叠部分成为新的选区；“与选区交叉”按钮用于将创建的选区与原选区的重叠部分作为新的选区。
- 羽化：在该文本框中输入数值后，创建的选区具有边缘平滑的效果；图2-5所示为羽化20像素后的矩形选区。
- 消除锯齿：用于消除选区锯齿边缘，该复选框只有在选择“椭圆选框工具”后才会激活。
- 样式：用于设置选区的形状；“样式”下拉列表中的“正常”选项用于创建不同大小和形状的选区；“固定长宽比”选项用于设置选区宽度和高度的比例，图2-6所示为长宽比为2：1的矩形选区；“固定大小”选项用于锁定选区大小，在其右侧激活的“宽度”和“高度”文本框中可输入具体值，图2-7所示为宽度为“15像素”、高度为“17像素”的矩形选区。

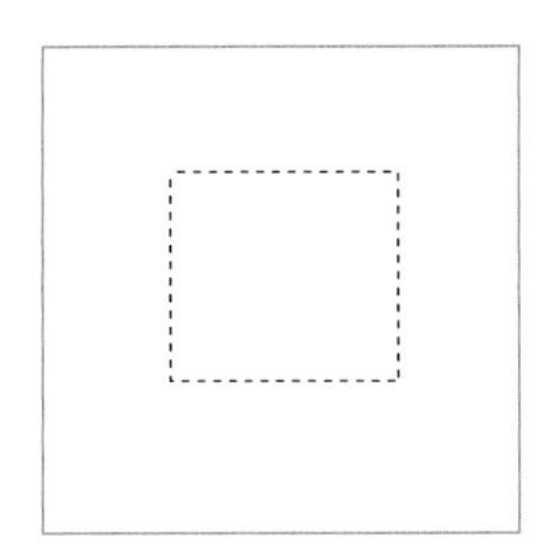

图2-5　羽化20像素后的矩形选区

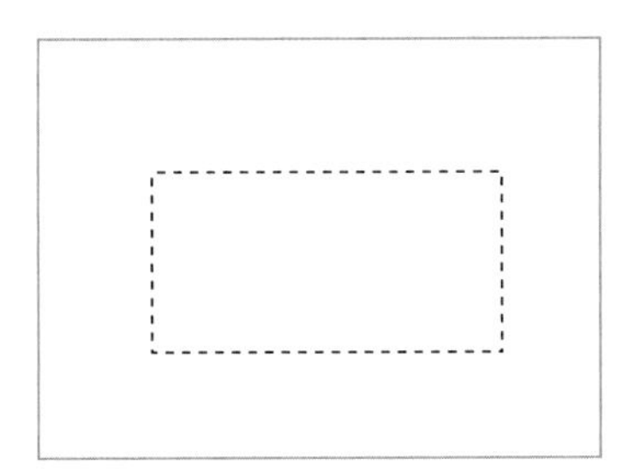

图2-6　长宽比为2：1的矩形选区

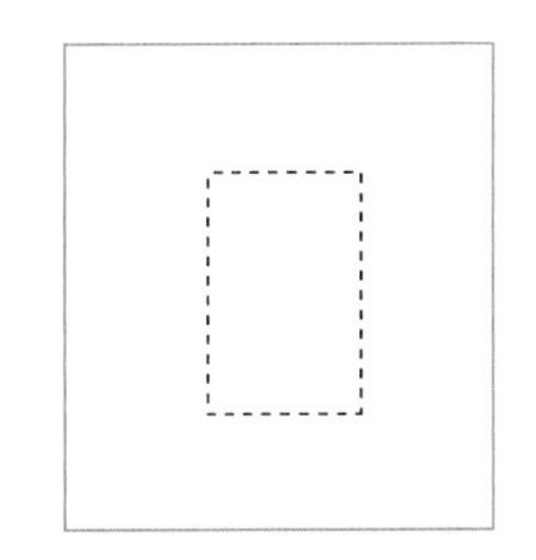

图2-7　固定大小的矩形选区

- 选择并遮住... 按钮：单击该按钮，在打开的“属性”面板中可选择显示模式，还可调整边缘检测半径，也可全局调整平滑、羽化、对比度及移动边缘等参数。

3. 套索工具组

套索工具组由“套索工具”、“多边形套索工具”和“磁性套索工具”组成，在工具箱的“套索工具”上单击鼠标右键，打开图2-8所示的套索工具组列表，下面分别进行介绍。

图2-8　套索工具组

- 套索工具：使用“套索工具”可以像使用画笔在图纸上绘制线条一样创建手绘的不规则选区，如图2-9所示。
- 多边形套索工具：使用“多边形套索工具”可以选择较精确的不规则图像作为选区，尤其适用于选择边界为直线或边界曲折的复杂图像，如图2-10所示。

- 磁性套索工具：使用“磁性套索工具”可以自动捕捉图像中对比度较大的图像作为选区，从而快速、准确地选择图像，如图2-11所示。

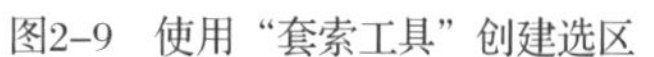

图2-9　使用“套索工具”创建选区

图2-10　使用“多边形套索工具”创建选区

图2-11　使用“磁性套索工具”创建选区

4. “磁性套索工具”工具属性栏

“套索工具”与“多边形套索工具”工具属性栏中的选项相同，这里不再详细介绍。而“磁性套索工具”工具属性栏中的选项比前两个工具多，其对应的工具属性栏如图2-12所示，其中个别选项的含义如下。

图2-12　“磁性套索工具”工具属性栏

- 宽度：用于设置套索线能够检测的边缘宽度，其范围为0～40像素；对于颜色对比度较小的图像，应设置较小的宽度。
- 对比度：用于设置选择时图像边缘的对比度，取值范围为1%～100%；设置的数值越大，选择的范围就越精确。
- 频率：用于设置选择时产生的节点数，取值范围为0～100。

（三）选区的基本操作

在创建选区时，可通过命令或组合键使选择更方便。在创建选区后，还可对选区进行编辑，使选择的范围更精确。下面对选区的基本操作进行介绍。

- 全选与反选：若要为整个图像创建选区，可选择【选择】/【全部】菜单命令，或按【Ctrl+A】组合键；创建选区后，选择【选择】/【反向】菜单命令或按【Ctrl+Shift+I】组合键可反选选区，即选择选区以外的区域。
- 取消与重新选择：创建选区后，选择【选择】/【取消选择】菜单命令或按【Ctrl+D】组合键可取消选择选区；选择【选择】/【重新选择】菜单命令，可恢复上一步取消的选区。
- 移动选区：创建选区时，在释放鼠标前，按住【Space】键并拖曳鼠标，可移动选区；创建选区后，在工具属性栏中的“新选区”按钮被选中的情况下，将鼠标指针移动到选区内，按住鼠标左键并拖曳，可移动选区。
- 隐藏或显示选区：创建选区后，选择【视图】/【显示】/【选区边缘】菜单命令或按【Ctrl+H】组合键可隐藏选区；再次选择该命令或按该组合键，可显示选区。
- 存储和载入选区：创建选区后，选择【选择】/【存储选区】菜单命令，在打开的对话框中进行相应设置可存储选区；在该文件中，可选择【选择】/【载入选区】菜单命令，将存储的选区重新载入。

- 修改选区：创建选区后，选择【选择】/【修改】菜单命令，在弹出的子菜单中可选择相应的修改命令，如图2-13所示，在打开的对话框中可对选区进行修改。

图2-13　“修改”菜单及子菜单

三、任务实施

（一）创建选区

下面利用“矩形选框工具”创建矩形选区，制作透明外框，具体操作如下。

（1）启动 Photoshop CC 2018，选择【文件】/【打开】菜单命令，打开“风景.jpg”图像文件，如图 2-14 所示。

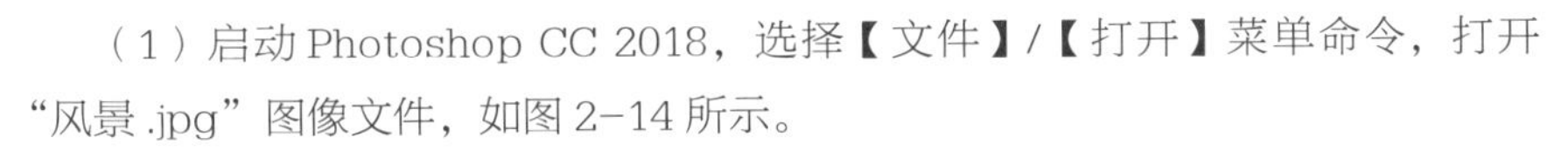

（2）在工具箱中选择“矩形选框工具”。

（3）在工具属性栏中单击“新选区”按钮，在图像左上方按住鼠标左键并向右下方拖曳，绘制一个矩形选区，如图 2-15 所示。

图2-14　打开图像文件

图2-15　绘制矩形选区

（4）新建“图层 1”图层，设置前景色为白色。选择【选择】/【反向】菜单命令，得到反向选择的选区，按【Alt+Delete】组合键填充选区，如图 2-16 所示。

（5）在“图层”面板中设置“图层 1”的不透明度为“48%”，得到透明边框，如图 2-17 所示。

图2-16　填充选区

图2-17　设置不透明度

多学一招

创建选区的其他方法

按住【Alt】键和鼠标左键并拖曳，可以从中心创建选区，按住【Shift】键和鼠标左键并拖曳，可以创建圆形选区。

（二）收缩选区和边界选区

在创建选区的过程中，若选区范围不符合预期效果，还可通过“收缩选区”和“边界选区”对话框更改选区的范围，具体操作如下。

（1）保持选区的选择状态，选择【选择】/【修改】/【收缩】菜单命令，打开“收缩选区”对话框。

（2）在“收缩量”文本框中输入“15”，单击确定按钮，如图 2-18 所示。

（3）选择【选择】/【修改】/【边界】菜单命令，打开“边界选区”对话框。

（4）在“宽度”文本框中输入“15”，单击确定按钮，如图 2-19 所示。新建一个图层，将选区填充为白色，填充选区后的图像效果如图 2-20 所示。

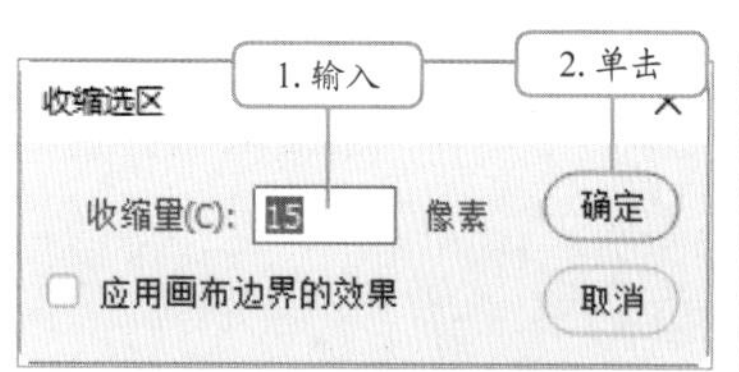

图2-18 收缩选区设置

图2-19 边界选区设置

图2-20 图像效果

（5）选择【滤镜】/【杂色】/【添加杂色】菜单命令，打开“添加杂色”对话框。在“数量”文本框中输入“30”，选中“高斯分布”单选项和“单色”复选框，单击确定按钮，如图 2-21 所示。添加杂色后的图像效果如图 2-22 所示。

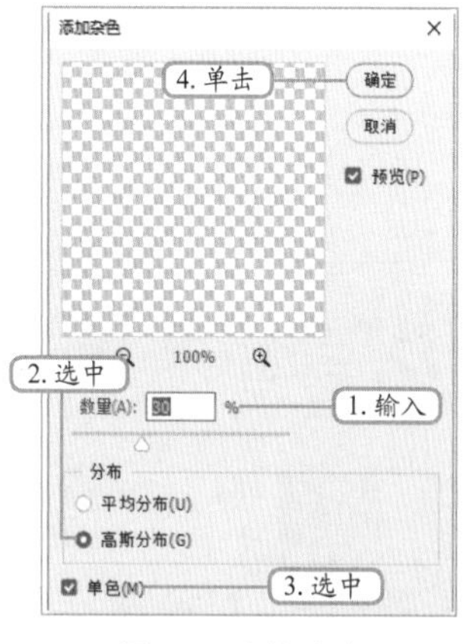

图2-21 添加杂色

图2-22 图像效果

（三）存储选区

创建好选区后，可将其存储到图像文件中，以便下次使用，具体操作如下。

（1）选择【选择】/【存储选区】菜单命令，打开“存储选区”对话框。

（2）在“名称”文本框中输入“边框”，其他设置保持默认，单击确定按钮，如图 2-23 所示。

（3）按【Ctrl+D】组合键，取消选择选区。

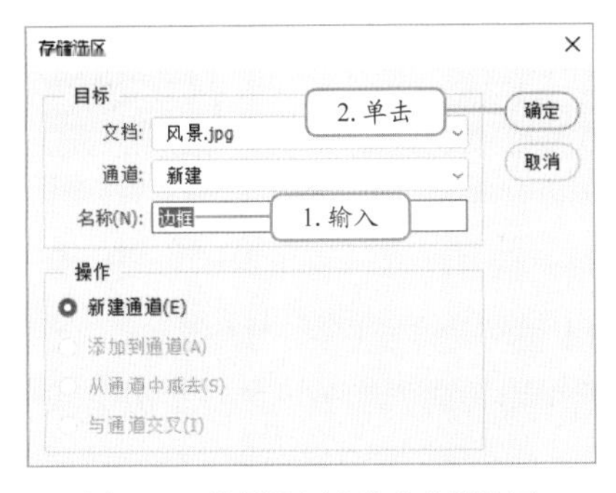

图2-23 设置选区名称并存储选区

（四）载入选区

设置好选区后，即可在图像中载入选区，用于制作内层边框，具体操作如下。

（1）新建一个图层，选择【选择】/【载入选区】菜单命令，打开“载入选区”对话框。在“通道”下拉列表中选择“边框”选项，单击确定按钮，如图 2-24 所示。

（2）载入选区后，选择【选择】/【变换选区】菜单命令，将鼠标指针放到定界框的任意一角上，按住鼠标左键向定界框内侧拖曳，适当缩小选区，如图 2-25 所示。

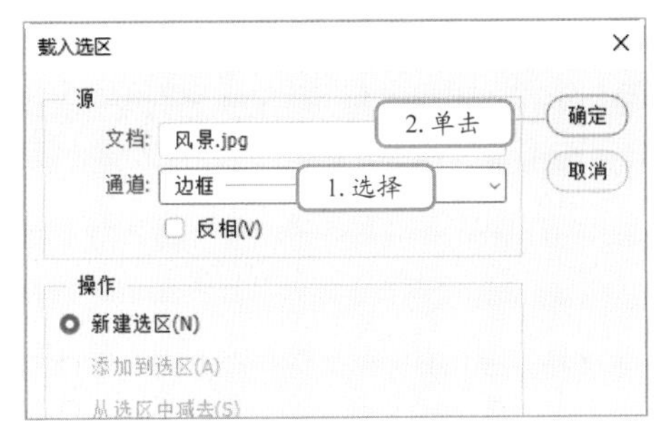

图2-24 载入选区

图2-25 缩小选区

精确移动选区的方法

使用键盘上的【→】、【↓】、【←】、【↑】键可精确控制选区的移动，每按一次将使选区向指定方向移动 1 像素的距离，结合【Shift】键一次可以移动 10 像素的距离。

（3）按【Enter】键确认选区，然后新建一个图层，设置前景色为白色。按【Alt+Delete】组合键填充选区，如图 2-26 所示。按【Ctrl+D】组合键，取消选择选区。

（4）在“图层”面板中设置“图层 3”的不透明度为“70%”，得到透明的边框，如图 2-27 所示。

图2-26　填充选区

图2-27　设置图层的不透明度

（5）选择【编辑】/【描边】菜单命令，打开“描边”对话框。在“宽度”文本框中输入“10像素”，单击“颜色”右侧的色块设置描边颜色，打开“拾色器（描边颜色）”对话框，在其中选择黄色（R255,G240,B0），在“位置”栏中选中“居外”单选项，单击确定按钮，如图 2-28 所示。

（6）完成本任务的制作，效果如图 2-29 所示。

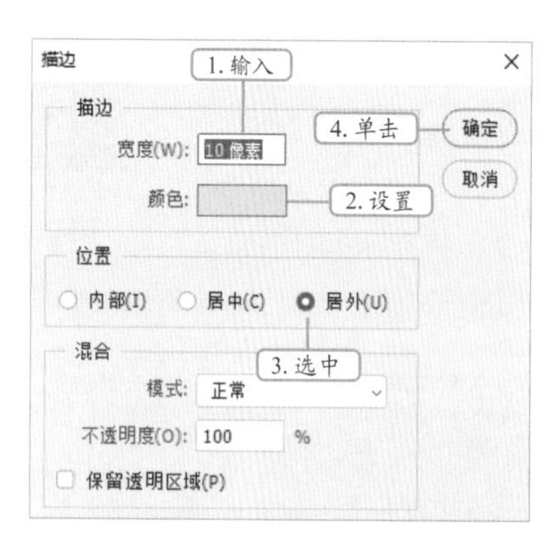

图2-28　设置描边

图2-29　完成效果

任务二　快速抠取并合成图像

快速抠取图像并将图像与其他图像进行合成是Photoshop CC 2018的一大特色功能。在抠取图像时，需要先创建选区，并对选区进行编辑，得到柔和的图像边界。下面介绍利用选区快速抠取图像的方法。

一、任务目标

本任务使用 Photoshop CC 2018 的选区功能快速抠取图像，并将其合成到其他图像中。要完成本任务，需先在素材图像上创建选区，然后羽化选区，最后将素材图像移动到其他图像中。通过对本任务的学习，用户可以掌握使用快速选择工具组创建选区、羽化选区、变换选区的方法。本任务完成后的最终效果如图 2-30 所示。

图2-30　抠取并合成图像效果

素材所在位置　素材文件\项目二\任务二\水晶球.jpg、飞鸟.psd、蓝天.jpg
效果所在位置　效果文件\项目二\任务二\快速抠取图像.psd

二、相关知识

本任务需要使用选区进行操作，涉及快速蒙版和快速选择工具组的使用，以及选区的变换操作，下面对相关知识进行讲解。

（一）快速蒙版

快速蒙版可用于创建临时选区，在工具箱下方单击“以快速蒙版模式编辑”按钮，进入快速蒙版的编辑模式。此时使用画笔工具组中的工具在图像中进行绘制，未被绘制区域覆盖的区域即为选区选择的区域。绘制完成后，再次单击“以快速蒙版模式编辑”按钮，可退出快速蒙版编辑模式，并且出现用虚线表示的选区，如图 2-31 所示。

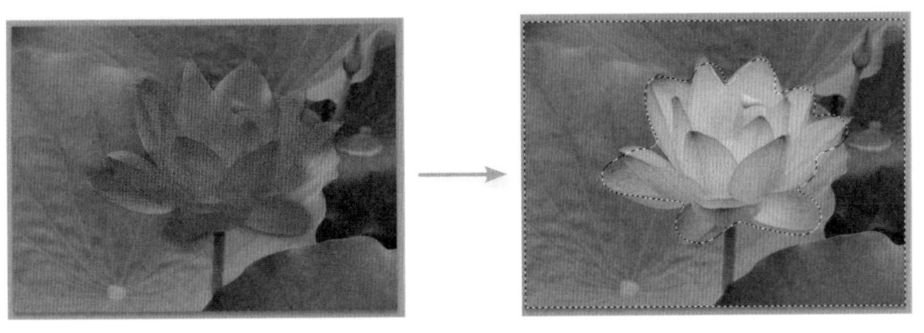

图2-31　使用快速蒙版

（二）快速选择工具组

快速选择工具组由“快速选择工具”和“魔棒工具”组成，主要用于快速选择图像中颜色相近的图像区域，如图 2-32 所示。

图2-32　快速选择工具组

1. 快速选择工具

使用“快速选择工具”可以在具有强烈颜色反差的图像中快速绘制选区，其方法为：在工具箱中选择“快速选择工具”，在图像窗口中需要选择的区域按住鼠标左键并拖曳，如图 2-33 所示。

2. 魔棒工具

使用“魔棒工具”可以快速选择具有相似颜色的图像区域，其方法为：在工具箱中选择“魔棒工具”，在工具属性栏的“容差”文本框中输入相应的值（该值越大，选择的图像颜色范围也越大），在图像窗口中需要选择的区域单击，如图 2-34 所示。

图2-33 使用“快速选择工具”

图2-34 使用“魔棒工具”

选择“魔棒工具”后，对应的工具属性栏如图 2-35 所示，其中一些特有选项的含义如下。

图2-35 “魔棒工具”工具属性栏

- 连续：选中该复选框表示只选择颜色相同的连续区域，撤销选中该复选框会选择颜色相同的所有区域。
- 对所有图层取样：当选中该复选框时，使用“魔棒工具”在任意一个图层上单击，此时会选择所有图层上与单击处颜色相似的区域。

利用快捷键选择快速选择工具组

按【W】键可快速选择“魔棒工具”，按【Shift+W】组合键可在“魔棒工具”和“快速选择工具”间进行切换。

（三）变换选区

在选择图像时，若绘制的选区不能满足需要，可通过变换选区的方法改变选区，得到需要的选区。

选择【选择】/【变换选区】菜单命令，即可进行变换选区操作。若要变换选区内的图像，可以选择【编辑】/【自由变换】菜单命令，然后拖曳定界框四周的控制点，或在【编辑】/【变换】子菜单中选择相应的菜单命令。其他变换操作介绍如下。

- 斜切：斜切是以选区的一边作为基线进行变换；选择【编辑】/【斜切】菜单命令，将鼠标指针移动到控制点旁边，当鼠标指针变为或形状时，按住鼠标左键并拖曳，即可实现斜切变换，如图 2-36 所示。
- 扭曲：扭曲是通过移动选区的各个控制点进行选区的变换；选择【编辑】/【扭曲】菜单命令，将鼠标指针移动到选区的任意控制点上，按住鼠标左键并拖曳，即可实现扭曲变换，如图 2-37 所示。
- 透视：透视一般用来调整选区与周围环境间的平衡关系，使图像从不同的角度观察都具有一定的透视效果；选择【编辑】/【透视】菜单命令，将鼠标指针移动到定界框的任意控制点上，按住鼠标左键并水平或垂直拖曳，即可实现透视变换，如图 2-38 所示。
- 变形：选择【编辑】/【变形】菜单命令，定界框内将出现网格线，此时在网格内按住鼠标左键并拖曳即可变形图像；另外，可按住鼠标左键并拖曳网格线两端的黑色实心点，此时实心点处出现一个控制手柄，如图 2-39 所示，拖曳控制手柄即可实现图像的精确变形。

图2-36　斜切

图2-37　扭曲

图2-38　透视

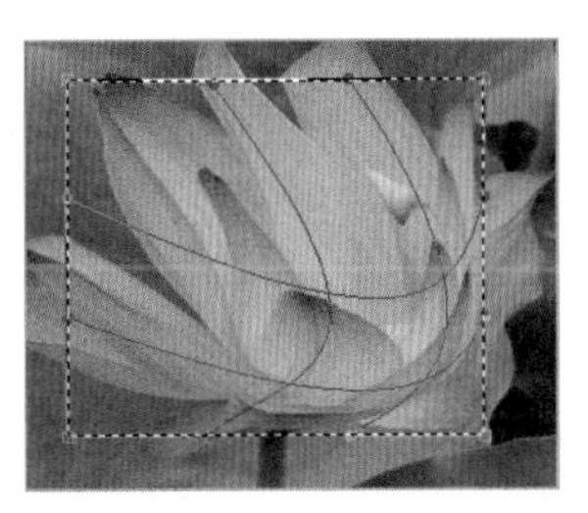
图2-39　变形

知识提示

确认选区的变换

选区变换完成后，要单击工具属性栏中的✓按钮或按【Enter】键确认变换，才可以继续进行接下来的操作。若要撤销该次的变换操作，可单击⊘按钮。

三、任务实施

（一）快速选择选区

使用“快速选择工具”可快速选择图像中具有相似颜色的区域，下面使用“快速选择工具”选择手托水晶球图像，具体操作如下。

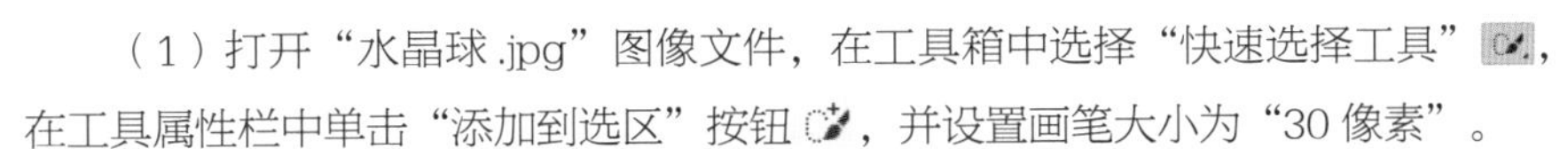

（1）打开“水晶球.jpg”图像文件，在工具箱中选择“快速选择工具”，在工具属性栏中单击“添加到选区”按钮，并设置画笔大小为“30 像素”。

（2）在背景图像中按住鼠标左键并拖曳，开始绘制选区，如图 2-40 所示。在背景图像中继续按住鼠标左键并拖曳，将选区范围扩大到整个背景图像，如图 2-41 所示。

图2-40　开始绘制选区

图2-41　选择背景图像

（二）使用蒙版精确设置选区范围

使用快速蒙版可将选区以不同颜色显示，通过“画笔工具”更改颜色范围，可对选区范围进行更改，从而达到细化选区的目的，具体操作如下。

（1）在工具箱中单击“以快速蒙版模式编辑”按钮，进入快速蒙版的编辑模式，然后选择“缩放工具”，单击图像中未被红色覆盖的部分，将该部分放大。

（2）选择“画笔工具”，在图像中对手托水晶球图像边缘进行细致的涂抹，确认红色区域覆盖该部分图像，如 2-42 所示。

（3）单击工具箱中的“以快速蒙版模式编辑”按钮，退出快速蒙版编辑模式。选择【选择】/【反选】菜单命令，反选选区，得到手托水晶球图像选区，如图 2-43 所示。

图2-42　使用蒙版细化选区

图2-43　反选选区

（三）羽化选区

羽化可以使选区边缘变得柔和、平滑，从而使主体图像与背景图像间的过渡更加自然，该操作常用于合成图像。除了在创建选区前设置羽化值外，也可在创建选区后对选区进行羽化设置，具体操作如下。

（1）载入选区后，选择【选择】/【修改】/【羽化】菜单命令，打开“羽化选区”对话框，在“羽化半径”文本框中输入“2”，单击确定按钮，如图 2-44 所示。

（2）打开“蓝天.jpg”图像文件。在工具箱中选择“移动工具”，选择“水晶球.jpg”图像文件，将鼠标指针移至该图像中的选区内，按住鼠标左键，将手托水晶球选区拖曳到“蓝天.jpg”图像文件中，如图 2-45 所示，图像周围出现过渡的效果。

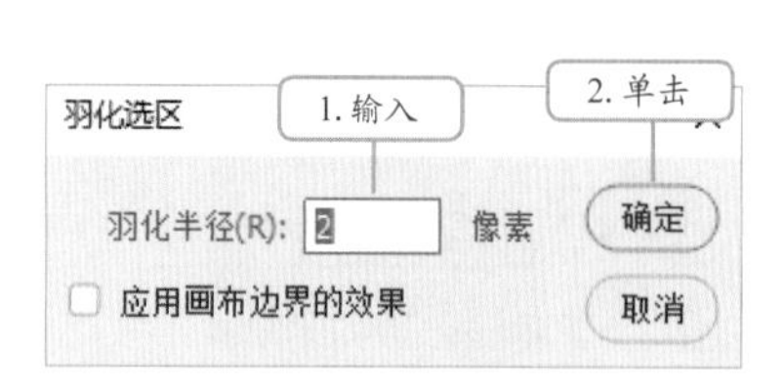

图2-44　设置羽化值

图2-45　拖曳手托水晶球选区到“蓝天.jpg”图像文件中

多学一招

打开“羽化选区”对话框的其他方法

在选区上单击鼠标右键，在弹出的快捷菜单中选择“羽化”命令，或按【Ctrl+Alt+D】组合键，也可以打开“羽化选区”对话框。

知识提示

羽化选区的注意事项

当选区较小而羽化半径的值设置得比较大时，会弹出一个羽化警告提示框，单击 确定 按钮，表示确认当前设置的羽化半径。此时，羽化区域将变得很模糊，甚至不能看清楚，但选区仍然存在。

（四）变换选区

下面在图像中添加一只飞鸟，并通过变换选区调整图像大小，具体操作如下。

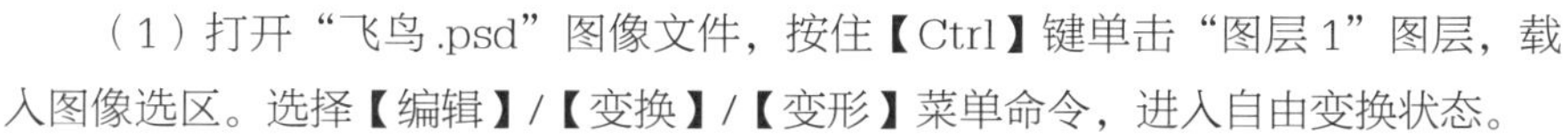

（1）打开“飞鸟.psd”图像文件，按住【Ctrl】键单击“图层1”图层，载入图像选区。选择【编辑】/【变换】/【变形】菜单命令，进入自由变换状态。

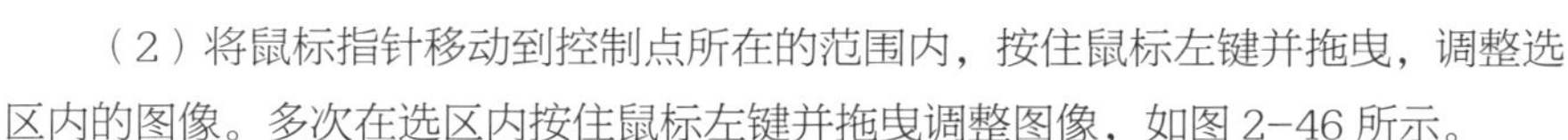

（2）将鼠标指针移动到控制点所在的范围内，按住鼠标左键并拖曳，调整选区内的图像。多次在选区内按住鼠标左键并拖曳调整图像，如图2-46所示。

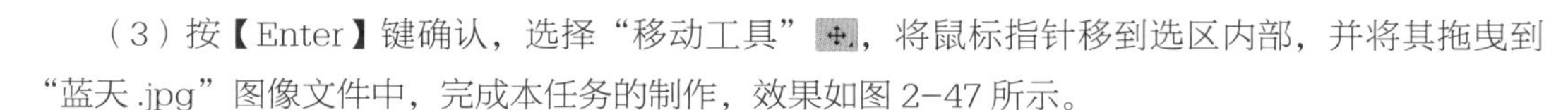

（3）按【Enter】键确认，选择“移动工具”，将鼠标指针移到选区内部，并将其拖曳到“蓝天.jpg”图像文件中，完成本任务的制作，效果如图2-47所示。

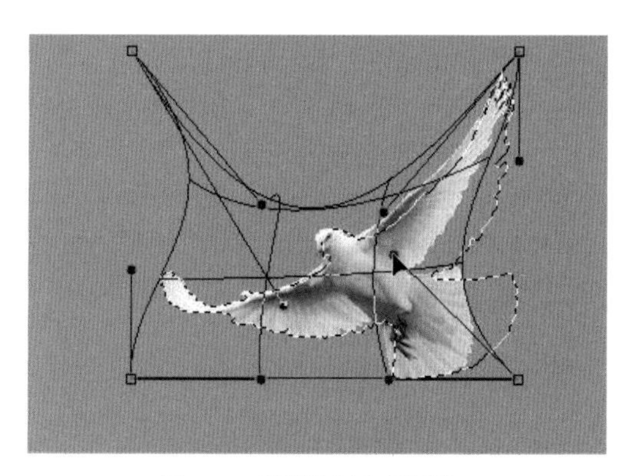

图2-46　调整选区内的图像

图2-47　完成效果

实训一　制作环保公益广告

【实训要求】

本实训要求制作一个环保公益广告，主要利用选区抠取图像，然后合成图像。要求图像合成边缘融合效果恰当，颜色过渡自然，画面整体美观。

【操作思路】

本实训要求图像合成边缘能够融合自然，因此在创建选区后需要羽化选区，得到柔和的图像边缘。除此之外，还要删除选区中的图像，得到镂空图像效果。本实训的完成效果如图2-48所示。

素材所在位置　素材文件\项目二\实训一\沙漠.jpg、手.jpg

效果所在位置　效果文件\项目二\实训一\制作环保公益广告.psd

图2-48 环保公益广告效果

【步骤提示】

（1）启动Photoshop CC 2018，打开“沙漠.jpg”和“手.jpg”图像文件。

（2）选择“魔棒工具”，在其工具属性栏中设置容差为“10”，然后选中“连续”复选框，在“手.jpg”图像文件中选择白色背景图像，创建选区。

（3）按【Crtl+Shift+I】组合键反选选区，然后对选区进行羽化设置，羽化半径为“2”，再将选区内的图像移动到“沙漠.jpg”图像文件中。

（4）按【Ctrl+T】组合键进入选区变换状态，按住【Shift】键调整图像到合适大小。

（5）选择“魔棒工具”，单击黑色小鹿图像，获取黑色小鹿图像选区，然后按【Delete键】删除选区中的图像，得到镂空图像效果。

（6）选择“横排文字工具”，在图像左下方输入文字。

（7）按【Ctrl+S】组合键保存图像文件，完成本实训。

实训二 合成夏荷图像

【实训要求】

本实训要求合成夏荷图像，在制作时可使用提供的素材文件进行合成，完成效果如图2-49所示。

【操作思路】

根据实训要求，可先使用“快速选择工具”选择大致的选区，然后使用“套索工具”对选区进行细化，接着将选择的图像区域移动到目标图像中，最后保存图像文件。

素材所在位置 素材文件\项目二\实训二\荷花.jpg、蜻蜓1.jpg、蜻蜓2.jpg
效果所在位置 效果文件\项目二\实训二\夏荷.psd

图2-49　夏荷图像效果

【步骤提示】

（1）打开“荷花.jpg”“蜻蜓1.jpg”“蜻蜓2.jpg”图像文件。

（2）在“蜻蜓1.jpg”图像文件中，先使用“快速选择工具”选择蜻蜓的大致轮廓，然后使用“套索工具”，结合【Shift】键，增加选择蜻蜓腿部较细的部位。

（3）创建好选区后，选择【选择】/【修改】/【平滑】菜单命令，将取样半径设置为“1”，选择【选择】/【修改】/【羽化】菜单命令，将羽化半径设置为“2”。

（4）使用“移动工具”将选区内的蜻蜓图像移动到“荷花.jpg”图像文件内，调整其位置。使用同样的方法，选择“蜻蜓2.jpg”图像文件中的蜻蜓图像并将其移动到“荷花.jpg”图像文件内，调整其位置。

（5）选择【文件】/【存储为】菜单命令，保存图像文件。

常见疑难解析

问：为什么按【Ctrl+M】组合键无法选择“单行选框工具”或“单列选框工具”？

答：在打开矩形选框工具组时可以看到，只有“矩形选框工具”和“椭圆选框工具”后面有“M”字样，而“单行选框工具”和“单列选框工具”后面没有“M”字样，这表示它们不能通过快捷键切换。因此，按【Ctrl+M】组合键只能在“矩形选框工具”和“椭圆选框工具”之间切换。

问：怎样在“磁性套索工具”和“多边形套索工具”间快速切换？

答：在使用“磁性套索工具”绘制选区时，按住【Alt】键在其他区域单击，可切换为“多边形套索工具”；按住【Alt】键和鼠标左键并拖曳，可切换为“套索工具”。

拓展知识

1. 色彩范围

使用“色彩范围”菜单命令创建选区与使用“魔棒工具”创建选区的原理相同，都是根据指定采样点的颜色来选择相似颜色区域，但其功能比“魔棒工具”更全面，常用来创建复杂选区。

使用“色彩范围”菜单命令创建选区的方法为：选择【选择】/【色彩范围】菜单命令，打开“色彩范围”对话框，如图 2-50 所示；在其中选择“吸管工具” ，然后在图像中需要创建选区的部分单击取样，或在“颜色容差”文本框中输入数值设置选择颜色的范围值，颜色选择完成后单击 确定 按钮。图 2-51 所示为创建的选区效果。

图2-50 “色彩范围”对话框

图2-51 创建的选区效果

2. 快速蒙版

在使用快速蒙版时，可在“快速蒙版选项”对话框中进行设置，使快速蒙版更符合用户的使用习惯。在工具箱中双击“以快速蒙版模式编辑”按钮 ，即可打开“快速蒙版选项”对话框，如图 2-52 所示。“快速蒙版选项”对话框中部分选项介绍如下。

- 被蒙版区域：若将被蒙版区域设置为黑色（不透明），并将选区设置为白色（透明），用黑色绘画可扩大被蒙版区域，用白色绘画可扩大选区；选中此单选项后，工具箱中的“以快速蒙版模式编辑”按钮变为一个带有灰色背景的灰色圆圈 。
- 所选区域：若将被蒙版区域设置为白色（透明），并将选区设置为黑色（不透明），用白色绘画可扩大被蒙版区域，用黑色绘画可扩大选区；选中此单选项后，工具箱中的“以快速蒙版区域”按钮将变为一个带有白色背景的灰色圆圈 。

3. 存储选区

在“存储选区”对话框中，有“文档”和“通道”两个选项，通过这两个选项可实现将选区存储到其他文件，或选择图像的任意现有通道，如图 2-53 所示。下面对这两个选项进行具体介绍。

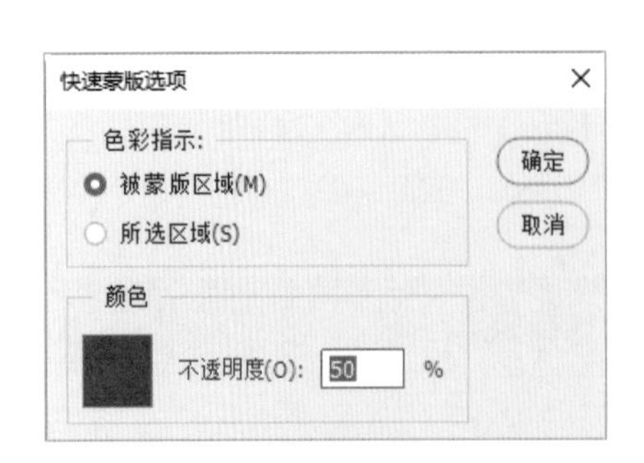

图2-52 “快速蒙版选项”对话框

图2-53 “存储选区”对话框

在被蒙版区域与所选区域间切换

按住【Alt】键单击“以快速蒙版模式编辑”按钮，可在被蒙版区域和选区之间切换。

- 文档：通过该选项可为选区选择一个目标图像；默认情况下，选区存储在现有图像中的通道内，也可以将选区存储到其他打开的且具有相同像素尺寸的图像的通道中，或存储到新建图像中。
- 通道：通过该选项可为选区选择一个目标通道；默认情况下，选区存储在新通道中，也可以将选区存储到选择图像的任意现有通道中，或存储到图层蒙版中（如果图像包含图层）。

课后练习

（1）本练习要求合成灯泡绿洲图像。先利用选区工具选择所需的图像，然后将其与“大树.jpg”图像文件进行合成。制作时，先在“大树.jpg”图像文件中绘制大树和彩虹选区，并对其进行羽化设置，然后将选区中的图像移动到“灯泡.jpg”图像文件中，再对选区中的图像进行缩放变换。完成后的效果如图2-54所示。

素材所在位置　素材文件\项目二\课后练习\灯泡.jpg、大树.jpg
效果所在位置　效果文件\项目二\课后练习\灯泡绿洲.psd

（2）本练习要求制作乡音图像。利用“魔棒工具”选择乐器图像，然后将其移到“背景.jpg”图像文件中，合成后的效果如图2-55所示。

图2-54　灯泡绿洲图像效果

图2-55　乡音图像效果

素材所在位置　素材文件\项目二\课后练习\背景.jpg、乐器.jpg
效果所在位置　效果文件\项目二\课后练习\乡音.psd

03 项目三

绘制和编辑图像

情景导入

老洪看到米拉在Photoshop CC 2018中使用选区绘图比较费劲，就告诉米拉，在Photoshop CC 2018中还可以使用画笔工具、铅笔工具、油漆桶工具和渐变工具等绘图。另外，对于有瑕疵的图像，则可使用修复工具、图章工具和橡皮擦工具等来修饰，使其更加美观。米拉听了后很高兴，开始认真学习起来。

课堂学习目标

- 掌握绘制雪中梅花图像的方法。

如绘制图像、填充图像、编辑图像、设置与应用画笔样式等方法。

- 掌握美化人物图像的方法。

如“污点修复画笔工具”“模糊工具”“减淡工具”“加深工具”“海绵工具”“仿制图章工具”等的使用方法。

▲绘制雪中梅花图像

▲美化人物图像

任务一 绘制雪中梅花图像

Photoshop CC 2018工具箱中提供了多种绘图工具，如“画笔工具”、“铅笔工具”、“渐变工具”等。通过这些工具绘图，再编辑图像，可以制作出精美且有创意的图像。

图3-1 雪中梅花图像效果

一、任务目标

本任务使用画笔工具组绘制梅枝与梅花，并对绘制的梅花进行编辑，再使用渐变工具组填充背景，最后通过设置与应用画笔样式绘制落雪效果。通过对本任务的学习，用户可以掌握设置画笔工具组和填充工具组、编辑图像、设置与应用画笔样式的方法。制作完成后的效果如图 3-1 所示。

效果所在位置 效果文件\项目三\任务一\绘制雪中梅花图像.psd

二、相关知识

本任务涉及画笔工具组、渐变工具组的使用，以及复制、粘贴和变换图像的方法。下面介绍两个工具组和编辑图像的基本方法。

（一）画笔工具组和“画笔工具”工具属性栏

画笔工具组中的工具是常用的图像绘制工具，使用其中的工具可以绘制不同的线条效果，也可绘制具有特殊画笔样式的线条效果。Photoshop CC 2018 使用具有创新侵蚀效果的画笔笔尖，可以绘制出更加自然和逼真的效果。

1. 画笔工具组

画笔工具组由“画笔工具”、“铅笔工具”、“颜色替换工具”、“混合器画笔工具”组成，如图3-2所示。

图3-2 画笔工具组

- 画笔工具：该工具常用来绘制边缘较柔和的线条。
- 铅笔工具：该工具用于绘制较生硬的线条。
- 颜色替换工具：该工具用于替换图像中的颜色。
- 混合器画笔工具：该工具用于模拟真实的绘画技术，如混合画布上的颜色、组合画笔上的颜色以及控制在描边（绘制）过程中使用的湿度等。

2. “画笔工具”工具属性栏

在使用“画笔工具”绘制图像时，通过其工具属性栏可设置画笔的各种选项，如图 3-3 所示。“画笔工具”工具属性栏中相关选项的含义介绍如下。

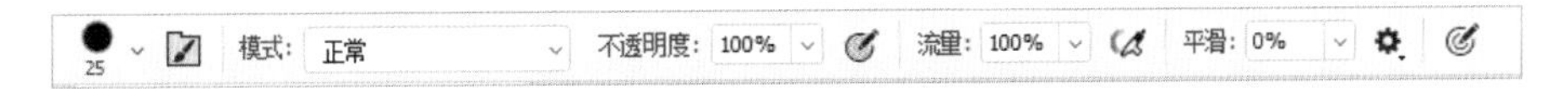

图3-3 “画笔工具”工具属性栏

- 画笔：单击画笔图标右侧的下拉按钮⌄，可打开画笔下拉列表，如图 3-4 所示，在其中可以选择画笔样式，设置画笔的大小和硬度。
- 画笔设置：单击工具属性栏中的“画笔设置”按钮，打开“画笔设置”面板，如图 3-5 所示；在“画笔设置”面板中可以自定义画笔的形状动态、散布、纹理、双重画笔、颜色动态等，在面板左侧选中对应的复选框，可在面板右侧设置具体的属性。

“画笔”面板

“画笔”面板一般与“画笔设置”面板同属于一组，单击面板组中的“画笔”按钮，可打开“画笔”面板，如图 3-6 所示。在“画笔”面板中可选择已经设置好的画笔形状进行绘图，也可更改选择的画笔形状大小。

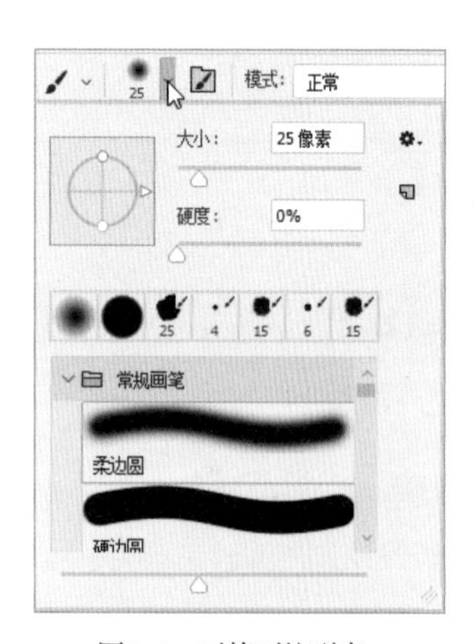

图3-4　画笔下拉列表

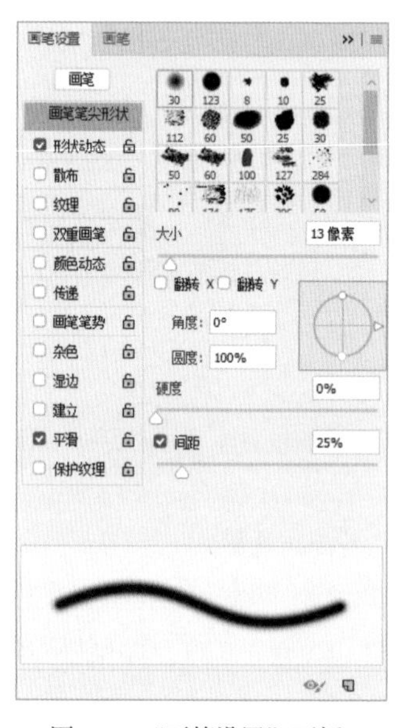

图3-5　“画笔设置”面板

图3-6　“画笔”面板

- 模式：单击“模式”右侧的下拉按钮⌄，可以设置画笔对当前图像中像素的作用，即当前使用的绘图颜色与原有底色之间混合的模式。
- “不透明度”文本框：用于设置画笔颜色的不透明度，数值越小，透明度越高；单击其右侧的下拉按钮⌄，在弹出的滑动条上拖曳滑块也可实现不透明度的调整。
- “不透明度压力控制”按钮：使用数位板绘画时，打开该按钮，可对不透明度使用压力；关闭该按钮，则通过画笔预设控制压力。
- “流量”文本框：用于设置绘制图像时颜色的压力程度，值越大，画笔笔触越浓。
- “喷枪工具”按钮：单击该按钮可以启用喷枪进行绘图。
- “绘图板压力控制”按钮：使用数位板绘画时，打开该按钮，可对画笔的大小使用压力；关闭该按钮，则通过画笔预设控制压力。

"铅笔工具""颜色替换工具""混合器画笔工具"工具属性栏的作用

"铅笔工具"工具属性栏与"画笔工具"工具属性栏类似。在"颜色替换工具"工具属性栏中，可通过"模式"下拉列表设置颜色模式，还可通过单击按钮进行取样。在"混合器画笔工具"工具属性栏中，可自定义画笔组合，并通过"潮湿""载入""混合""流量"下拉列表设置画布与画笔的油彩量。

添加和导入更多画笔

单击"画笔"面板右上角的按钮，在弹出的下拉列表中选择"旧版画笔"选项，在"画笔样式"栏中将添加 Photoshop 旧版的所有画笔样式；选择"导入画笔"选项，可导入外部的画笔样式。

（二）渐变工具组

渐变工具组包括"渐变工具"、"油漆桶工具"和"3D 材质拖放工具"，如图 3-7 所示。

图3-7　渐变工具组

- 渐变工具："渐变工具"用于填充整个图像、填充选区渐变色、填充图案，以及填充图层蒙版和通道；在其工具属性栏中单击渐变色条，在打开的"渐变编辑器"对话框中可设置预设、色标颜色等，如图3-8所示；在"渐变工具"工具属性栏中单击按钮，可设置渐变路径。
- 油漆桶工具："油漆桶工具"主要用来填充前景色和图案；在其工具属性栏中单击按钮，在打开的下拉列表中选择"图案"选项，再单击其右侧图案的下拉按钮，在打开的下拉列表中可选择图案样式，如图3-9所示。

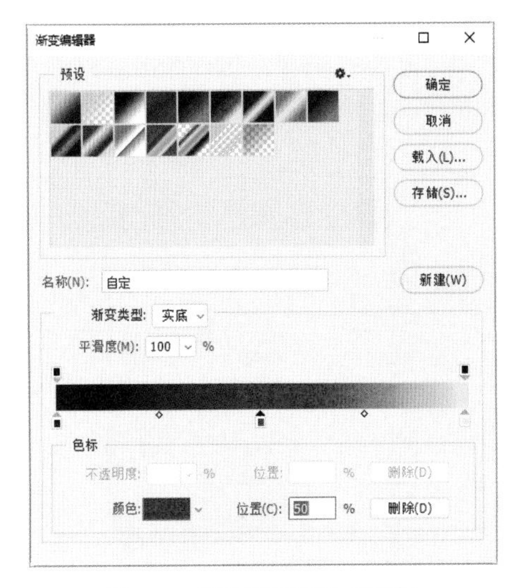

图3-8　"渐变编辑器"对话框

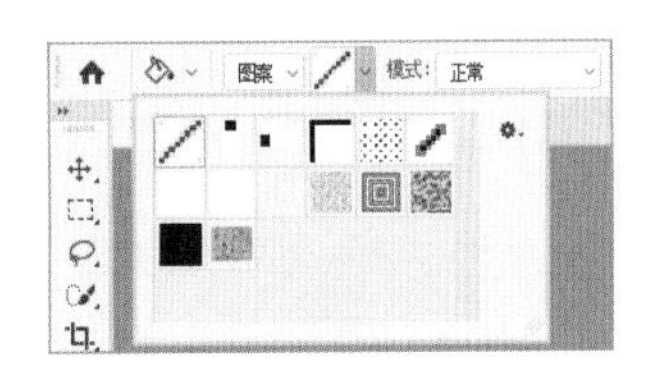

图3-9　可选择的图案样式

- 3D 材质拖放工具："3D 材质拖放工具"不仅可以用来填充 3D 图形表面材质，还可对环境进行渲染，并添加发光效果等；选择需要添加 3D 材质的图形，选择"3D 材质拖放工具”，在其工具属性栏中单击“3D 材质”按钮右侧的下拉按钮，在其中选择需要的材质选项，单击其后的“载入所选材质”按钮即可载入所选材质。

使用“填充”命令填充图像

选择【编辑】/【填充】菜单命令，在打开的“填充”对话框中可以设置填充内容、填充混合模式、不透明度及保留透明区域等，对图像进行填充。

（三）复制与粘贴图像

在 Photoshop CC 2018 中，复制与粘贴图像的方法很简单，使用选择工具选择要复制的对象，再进行复制粘贴操作即可，常用的操作方法如下。

- 使用快捷键：按【Ctrl+C】组合键复制对象，按【Ctrl+V】组合键，将复制的对象粘贴到图像中，此时粘贴的对象位于自动新建的图层中。
- 使用菜单命令：选择【编辑】/【拷贝】菜单命令可复制选择的对象，选择【编辑】/【粘贴】菜单命令，可将复制的对象粘贴到图像自动新建的图层中。
- 快速复制：选择需要复制的对象后，按住【Ctrl+Alt】组合键不放，将对象拖曳至合适位置后释放鼠标左键，此时粘贴的对象与原对象在同一图层中。

（四）变换图像

变换图像可以使图像产生缩放、旋转、斜切、扭曲、透视等效果。选择需要变换的对象，选择【编辑】/【变换】命令，在打开的子菜单中可选择多种变换命令，如图 3-10 所示。通过这些命令可对图层、路径、矢量图形，以及选择的图像进行变换操作。

选择【编辑】/【变换】菜单命令，图像周围会出现一个定界框，如图 3-11 所示。定界框中央有一个中心点，拖曳中心点可调整选区的位置，在变换时，图像以中心点为中心进行变换，定界框四周有 8 个控制点，用于进行变换操作。

另外，按【Ctrl+T】组合键可以快速进入自由变换模式，在显示的定界框上单击鼠标右键，在弹出的快捷菜单中选择相应的命令，也可对选择的图像进行变换操作。

图3-10　选择需要的菜单命令

图3-11　显示定界框

三、任务实施

（一）绘制图像

在绘制梅花前，首先需要绘制梅枝，下面分别使用“画笔工具” 和“铅笔工具” 进行图像的绘制，具体操作如下。

微课视频

绘制图像

（1）启动 Photoshop CC 2018，新建一个名称、大小、分辨率、颜色模式、背景内容分别为“雪中梅花”“800 像素 ×800 像素”“72 像素 / 英寸”“RGB 颜色，16 位”“白色”的图像文件。将前景色设置为“#1d1a13”。

（2）在工具箱中选择“铅笔工具” ，在工具属性栏中单击“画笔”下拉按钮 ，在打开的“画笔”下拉列表中选择“硬边圆”选项，将大小设置为“15 像素”，如图 3-12 所示。

（3）新建“图层 1”图层，按住鼠标左键并拖曳，在图像窗口中绘制梅枝主干，效果如图 3-13 所示。

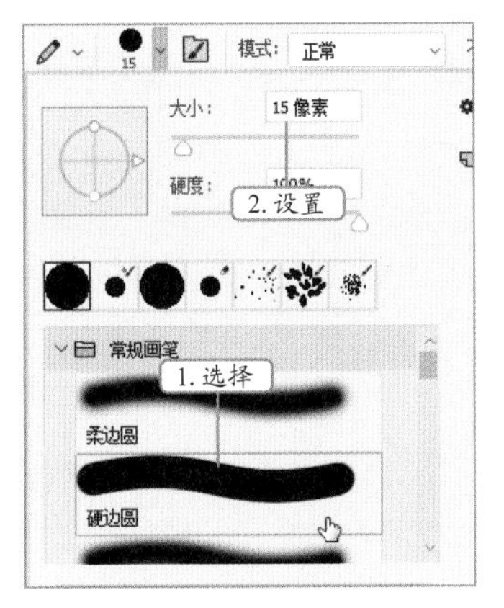

图3-12　设置画笔属性

图3-13　使用“铅笔工具”绘制梅枝主干

（4）在工具箱中选择“画笔工具” ，在工具属性栏中单击“画笔”下拉按钮 ，在打开的“画笔”下拉列表中选择“柔边圆”选项，将画笔大小设置为“6 像素”，绘制梅枝细节，效果如图 3-14 所示。

（5）使用相同的方法分别选择“画笔工具” 和“铅笔工具” ，交替绘制梅枝细节，效果如图 3-15 所示。

图3-14　使用“画笔工具”绘制梅枝细节

图3-15　绘制梅枝细节

（二）填充图像

下面使用“油漆桶工具”填充背景色，再使用“渐变工具”填充花瓣，具体操作如下。

（1）在工具箱的“渐变工具”按钮上单击鼠标右键，在打开的工具列表中选择“油漆桶工具”。在工具属性栏中单击前景按钮，在打开的下拉列表中选择“图案”选项，然后单击其右侧的下拉按钮，在打开的下拉列表中选择“亚麻编织纸”选项，如图 3-16 所示。

（2）选择“背景”图层，在图像窗口的任意位置单击，填充图案，效果如图 3-17 所示。

（3）新建“图层 2”图层，选择“画笔工具”，设置前景色为“#e40540”，在图像窗口中绘制花瓣图形，效果如图 3-18 所示。

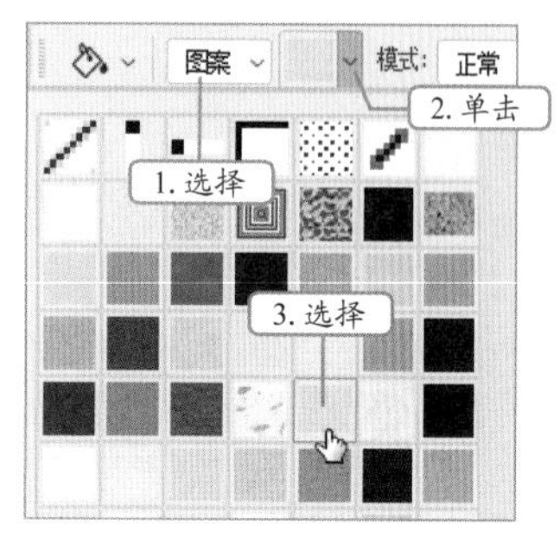

图3-16　选择图案样式

图3-17　填充图案

图3-18　绘制花瓣

（4）按住【Ctrl】键单击“图层 2”缩略图，载入选区。选择“渐变工具”，在其工具属性栏中单击“径向渐变”按钮，然后单击渐变色条，在打开的“渐变编辑器”对话框中单击下方的色标，分别设置色标颜色为“#ffff00”“d10138”“ac0330”“d6073e”“950a2f”，单击按钮，如图 3-19 所示。

（5）返回图像窗口，在花瓣选区上按住鼠标左键，从下至上拖曳到图 3-20 所示的位置，释放鼠标，完成对花瓣的渐变填充。按【Ctrl+D】组合键，取消选择选区，效果如图 3-21 所示。

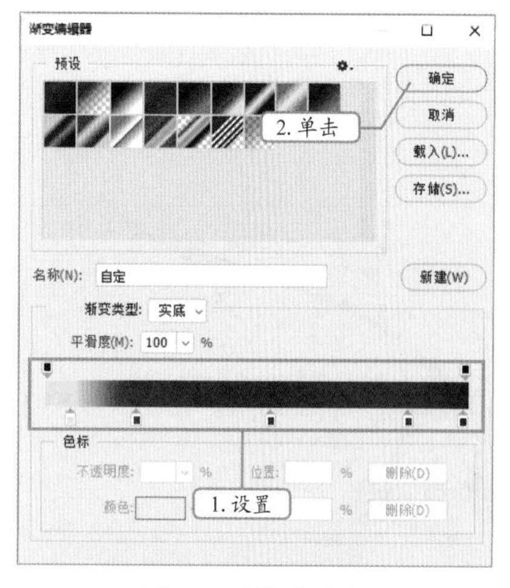

图3-19　设置渐变色

图3-20　填充图案

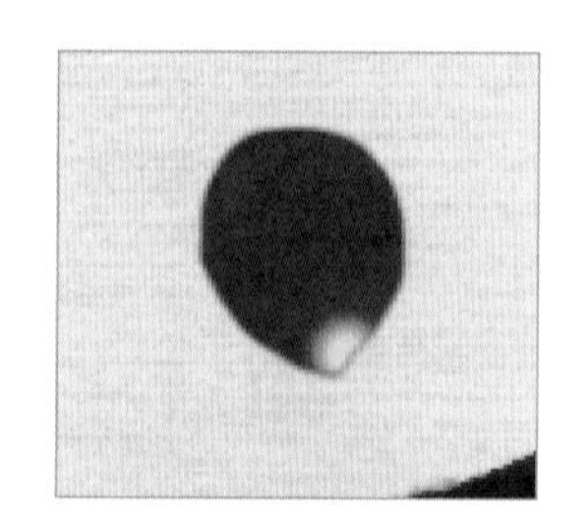

图3-21　取消选择选区

（三）编辑图像

填充完花瓣的颜色后，通过复制粘贴操作，可快速制作多个同样的花瓣，然后通过变换选区快速更改图像，使复制的梅花花瓣组合成完整的梅花，具体操作如下。

（1）在工具箱中选择“快速选择工具”，选择图像中的花瓣。按住【Ctrl+Alt】组合键拖曳选择的图像，即可复制图像，效果如图 3-22 所示。

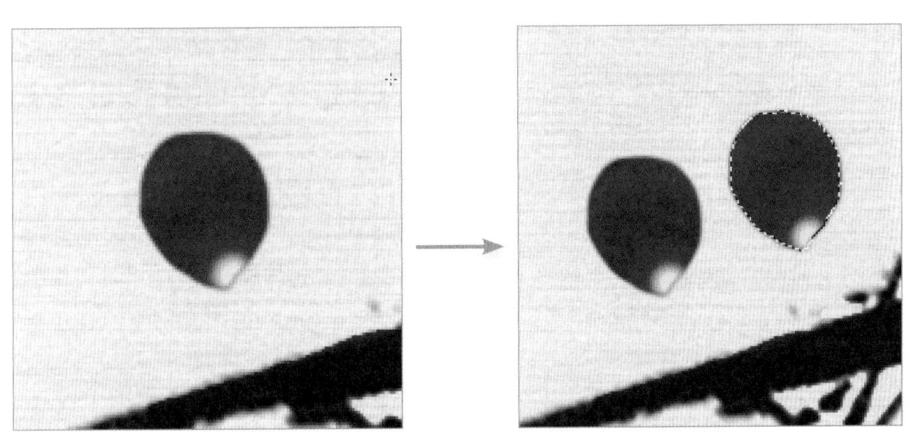

图3-22 复制图像

（2）保持复制图像的选择状态，选择【编辑】/【变换】/【旋转】菜单命令，选择的图像的四周出现定界框。

（3）将鼠标指针移至定界框周围，此时鼠标指针呈↷形状，按住鼠标左键并顺时针拖曳，将图像旋转到合适位置后，释放鼠标，效果如图 3-23 所示。

（4）将鼠标指针移至旋转后的图像上，按住鼠标左键并拖曳，将花瓣图像拖曳到适合位置，释放鼠标，效果如图 3-24 所示。

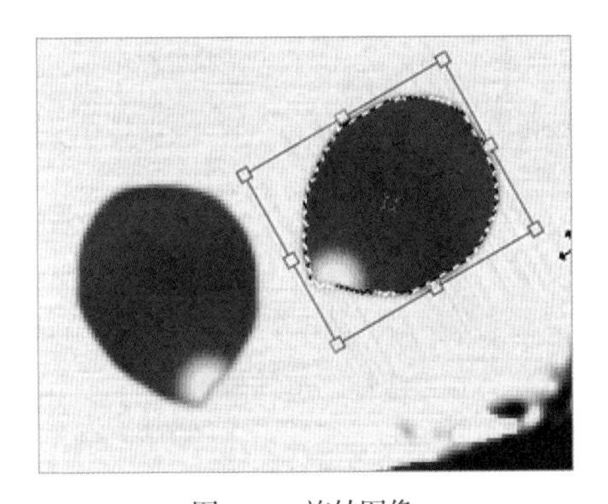

图3-23 旋转图像

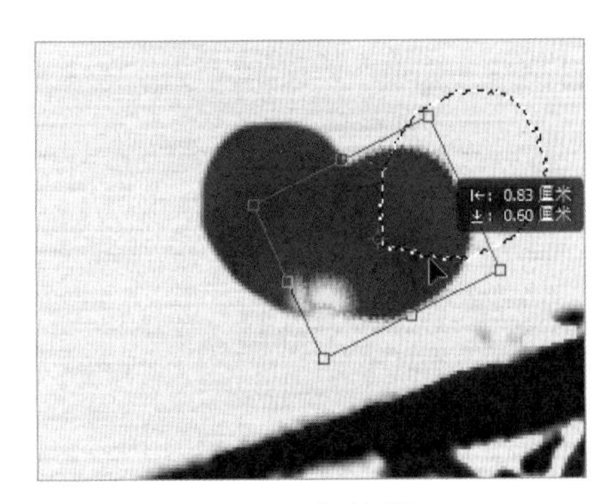

图3-24 移动图像

（5）按【Enter】键确认操作。使用同样的方法复制花瓣图像，然后对其进行旋转和移动，最终组成图 3-25 所示的梅花图像。

（6）选择“快速选择工具”，在其工具属性栏中单击“添加到选区”按钮，使其呈选择状态。然后选择全部花瓣，按住【Ctrl+Alt】组合键不放，拖曳选区中的图像，复制图像。

（7）保持复制图像的选择状态，选择【编辑】/【变换】/【扭曲】菜单命令，将鼠标指针移至定界框的控制点上，拖曳控制点调整图像，效果如图 3-26 所示。

图3-25　组合图像

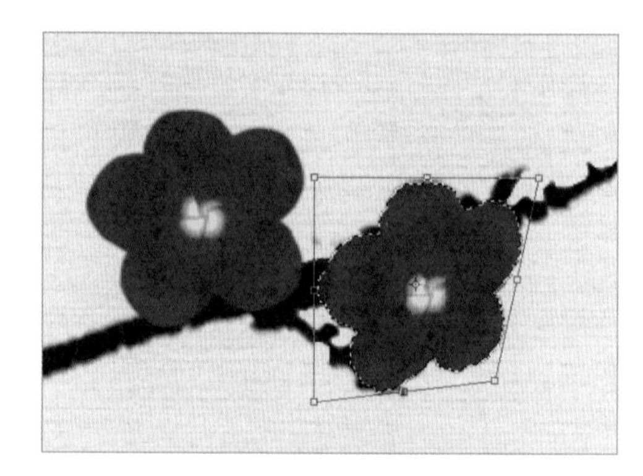

图3-26　扭曲图像

（8）调整完成后，按【Enter】键确认。按【Ctrl+T】组合键，将鼠标指针移至定界框的控制点上，当鼠标指针变为↷形状时，按住鼠标左键并拖曳，缩小梅花图像。

（9）将缩小的梅花图像移至图 3-27 所示位置，按【Enter】键确认。按【Ctrl+D】组合键，取消选择选区。

（10）使用同样的方法，制作不同形状的梅花，并将其放到梅枝的适当位置，效果如图 3-28 所示。

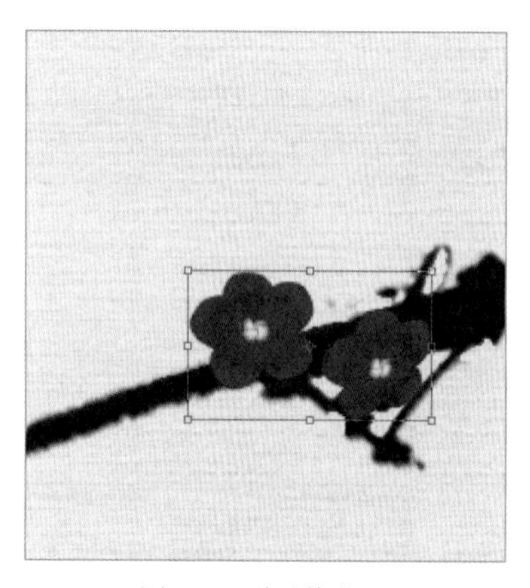

图3-27　移动梅花

图3-28　为梅枝添加梅花

（四）设置与应用画笔样式

梅花绘制好后，下面通过“画笔设置”面板设置并应用画笔样式来添加雪景，具体操作如下。

微课视频

设置与应用画笔样式

（1）选择“画笔工具”，打开“画笔设置”面板。

（2）该面板左侧默认选择“画笔笔尖形状”选项，在该面板右侧将画笔样式、大小、间距分别设置为“柔角 30”“20 像素”“700%”，如图 3-29 所示。

（3）选中“形状动态”复选框，在“画笔设置”面板右侧设置大小抖动、最小直径、圆度抖动、最小圆度分别为“80%”“20%”“23%”“25%”，如图 3-30 所示。

（4）选中“散布”复选框，在“画笔设置”面板右侧设置散布、数量、数量抖动分别为“700%”“2”“60%”，如图 3-31 所示。

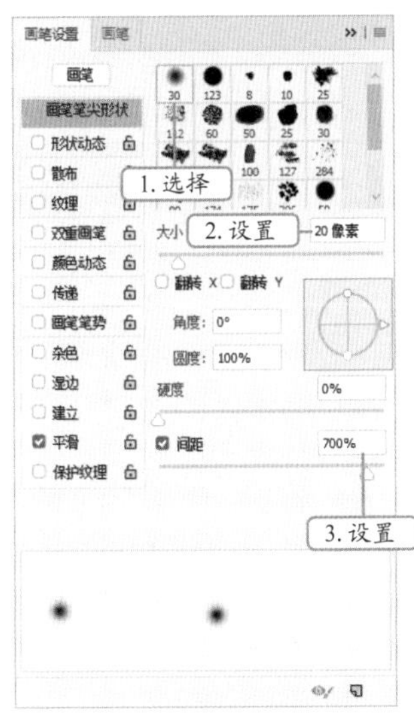

图3–29　设置画笔笔尖形状

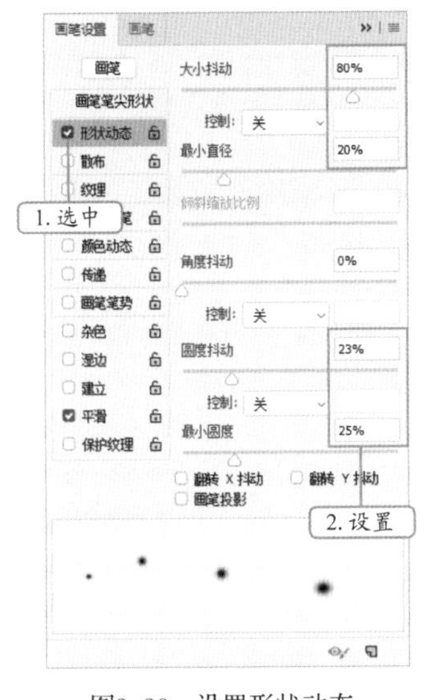

图3–30　设置形状动态

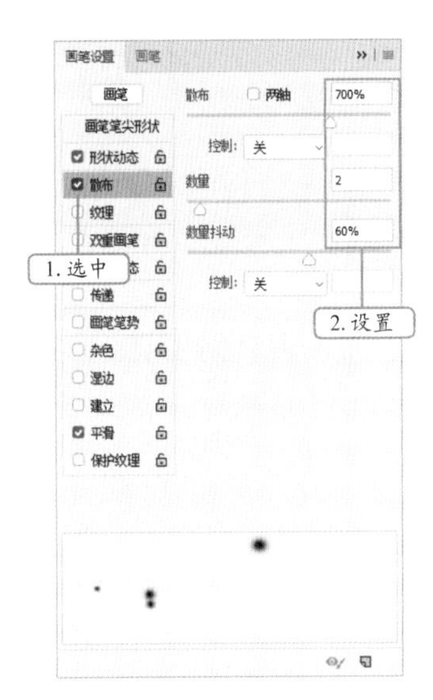

图3–31　设置散布

（5）返回图像窗口，新建“图层 3”图层，按住鼠标左键并拖曳绘制落雪，绘制完成后修改该图层的不透明度为“90%”，效果如图 3–32 所示。

图3–32　完成后的效果

（6）按【Shift+Ctrl+S】组合键，打开“另存为”对话框，在其中设置保存位置，设置文件名为“雪中梅花”、格式为“Photoshop(*.PSD;*.PDD;*.PSDT)”，单击 保存(S) 按钮。

任务二　美化人物图像

用数码相机拍摄的图像普遍会存在一些瑕疵，这时就需要使用Photoshop CC 2018的修饰工具对图像进行美化。本任务详细介绍多种图像修饰工具的使用方法。

一、任务目标

本任务将使用污点修复画笔工具组、仿制图章工具组对图像进行修饰，然后通过模糊工具组和减淡工具组对图像进行润色，最后使用仿制图章工具组修饰人物头发细节。通过对本任务的学习，用户可掌握修饰图像的方法。本任务完成后的对比效果如图3-33所示。

素材所在位置 素材文件\项目三\任务二\人物 .jpg
效果所在位置 效果文件\项目三\任务二\人物 .psd

二、相关知识

在 Photoshop CC 2018 中，修饰图像的方法有很多，如使用“修补工具”对图像进行修复，使用“模糊工具”、“锐化工具”处理图像层次关系，使用“加深工具”、“减淡工具”对图像进行修饰，使用“橡皮擦工具”对图像多余的内容进行擦除等。

（一）污点修复画笔工具组

该工具组包含“污点修复画笔工具”、“修复画笔工具”、“修补工具”、“内容感知移动工具”和“红眼工具”，如图 3-34 所示。使用这些工具可以修补图像中缺失的部分，也能遮盖图像中多余的部分，具体介绍如下。

图3-33 美化人物图像对比效果

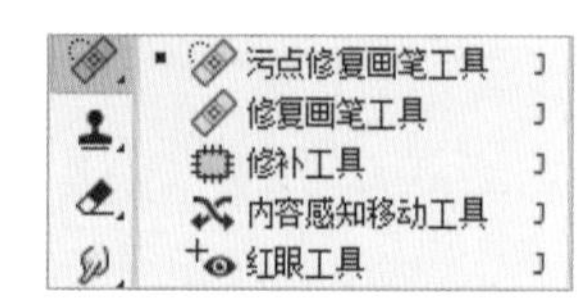

图3-34 污点修复画笔工具组

1. 污点修复画笔工具

使用“污点修复画笔工具”可以快速去除图像中的污点和其他不需要的部分。该工具的工具属性栏如图 3-35 所示，相关选项的含义如下。

图3-35 “污点修复画笔工具”工具属性栏

- 画笔：与“画笔工具”工具属性栏中对应的选项一致，用于设置画笔的大小和样式等。
- 模式：用于设置绘制图像与底色之间的混合模式。
- 类型：用于设置修复图像过程中采用的修复类型；单击内容识别按钮通过内容识别填充修复；单击创建纹理按钮通过纹理填充修复；单击近似匹配按钮通过相似匹配度填充修复。
- 对所有图层取样：选中该复选框，将从所有可见图层中对数据进行取样。

2. 修复画笔工具

使用“修复画笔工具”可以通过图像中的样本像素来绘画，它可以从要修饰区域的周围取样，并将样本的纹理、光照、透明度、阴影等与所修复的像素匹配，从而去除图像中的污点和划痕。在“污点修复画笔工具”上单击鼠标右键，在打开的工具列表中选择“修复画笔工具”，其工具属性栏如图 3-36 所示，主要选项的含义如下。

图3-36 “修复画笔工具”工具属性栏

- 按钮：单击该按钮，可以打开“仿制源”面板，如图 3-37 所示，在其中可进行相应设置。
- 源：用于设置修复像素的来源；单击 取样 按钮，使用当前图像中定义的像素进行修复；单击 图案 按钮，可从其后的下拉列表中选择预定义的图案对图像进行修复。
- 对齐：用于设置对齐样本，在其后的“样本”下拉列表中可以选择样本对齐的图层。
- 扩散：用于调整扩散程度。

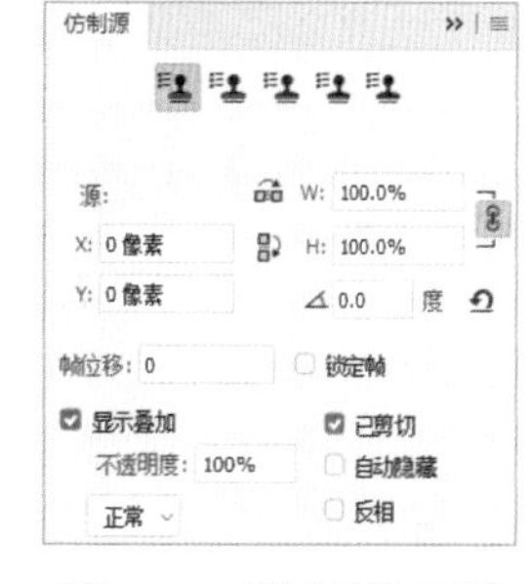

图3-37 “仿制源”面板

3. 修补工具

“修补工具” 是一种常用的修复工具，其工具属性栏如图3-38所示，相关选项的含义如下。

图3-38 “修补工具”工具属性栏

- 按钮组：单击“新选区”按钮，可以创建一个新的选区；单击“添加到选区”按钮，可在当前选区的基础上添加新的选区；单击“从选区减去”按钮，可从原选区中减去当前绘制的选区；单击“与选区交叉”按钮，可得到原选区与当前创建的选区相交的部分。
- 修补：用于设置修补方式；单击其后的 源 按钮，将选区拖曳至要修补的区域后，当前选区中的图像将被拖曳至区域的图像替代；单击 目标 按钮，则将选区的图像复制到拖曳的目标区域。
- 透明：选中该复选框，可使修补的图像与原图像产生透明叠加效果。
- 使用图案 按钮：在其后的下拉列表中选择一种图案，单击该按钮，可使用选择的图案修补选区内的图像。

4. 内容感知移动工具

污点修复画笔工具组中的“内容感知移动工具” 是 Photoshop CC 2018 新增的工具。使用该工具可将选择的对象移动或扩展到图像的其他区域，重组和混合对象，并使其很好地与周围的图像融合。该工具的工具属性栏如图 3-39 所示，部分选项的含义如下。

图3-39 “内容感知移动工具”工具属性栏

- 模式：用于选择图像移动方式，其下拉列表中包括“移动”和“扩展”两个重新混合模式的选项。
- 结构：用于设置源结构的保留严格程度。
- 颜色：用于调整可修改源颜色的程度。
- 对所有图层取样：若文件中包含多个图层，选中该复选框，可对所有图层中的图像进行取样。

5. 红眼工具

使用“红眼工具”可以置换图像中的特殊颜色，特别是处理人物的红眼状况。该工具的工具属性栏如图3-40所示，部分选项的含义如下。

图3-40 “红眼工具”工具属性栏

- 瞳孔大小：用于设置瞳孔（眼睛暗色的中心）的大小。
- 变暗量：用于设置瞳孔的暗度。

不能使用“红眼工具”的情形

“红眼工具”不能用于位图、索引颜色和多通道颜色模式的图像中。

（二）模糊工具组

模糊工具组中包括“模糊工具”、“锐化工具”和“涂抹工具”，如图 3-41 所示。

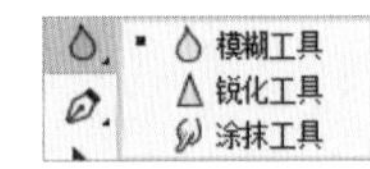

图3-41 模糊工具组

“模糊工具”工具属性栏中的“强度”文本框用于设置使用“模糊工具”时着色的力度，值越大，模糊的效果越明显，取值范围为 1% ～ 100%。该工具的使用方法为：按住鼠标左键并拖曳，涂抹需要模糊的位置。

“锐化工具”的使用方法和“模糊工具”相似，不同的是效果，锐化后的图像看起来比较清晰，有颗粒感。在“锐化工具”工具属性栏中选中“保护细节”复选框，可以在保护细节的同时最小化像素。图3-42所示为锐化图像前后的对比效果。

图3-42 锐化图像前后的对比效果

“涂抹工具”用于拾取单击处的颜色，并沿拖曳的方向扩展颜色，从而模拟用手指在未干的画布上涂抹产生的效果，其使用方法与“模糊工具”相似。

（三）减淡工具组

减淡工具组中包括“减淡工具”、“加深工具”和“海绵工具”。

使用“减淡工具”可通过提高图像的曝光度来提高涂抹区域的亮度。“加深工具”的作用与“减淡工具”相反，它可通过降低图像的曝光度来降低图像的亮度。图 3-43 所示为“减淡工具”工具属性栏，相关选项的含义如下。

图3-43 “减淡工具”工具属性栏

- 范围：用于修改绘画模式的范围，下拉列表中包括“阴影”“中间调”“高光”3个选项。
- 曝光度：可为“减淡工具”（或“加深工具”）指定曝光度，值越高，效果越明显。

- 按钮：单击该按钮，可为画笔开启喷枪功能。
- 保护色调：选中该复选框，可在加深图像时，防止颜色发生色相偏移，保护色调不变。

使用“海绵工具”，可以更改图像中颜色的饱和度，其对应的工具属性栏如图3-44所示，部分选项的含义如下。

图3-44 “海绵工具”工具属性栏

- 模式：用于设置绘画模式，其下拉列表中有“去色”选项和“加色”选项，可用于减小和增大图像中颜色的饱和度。
- 流量：可设置“海绵工具”的流量，流量越大，饱和度改变的效果越明显。
- 自然饱和度：选中该复选框，可以确保在增大饱和度时，不会出现颜色失真的情况。

（四）仿制图章工具组

仿制图章工具组中包括“仿制图章工具”、“图案图章工具”，如图 3-45 所示。通过仿制图章工具组，可以使用颜色、图案填充图像或选区，以得到图像的复制或替换效果。

图3-45 图章工具组

利用“仿制图章工具”可以将图像窗口中的局部图像或全部图像复制到其他图像中。其方法为：选择“仿制图章工具”，按住【Alt】键在图像中单击，获取取样点，然后在图像的另一个区域按住鼠标左键并拖曳，取样点的图像将被复制到该处。

使用“图案图章工具”可以将提供的图案或自定义的图案应用到图像中，其对应的工具属性栏如图3-46所示。其中部分选项与“画笔工具”工具属性栏类似，部分选项的含义如下。

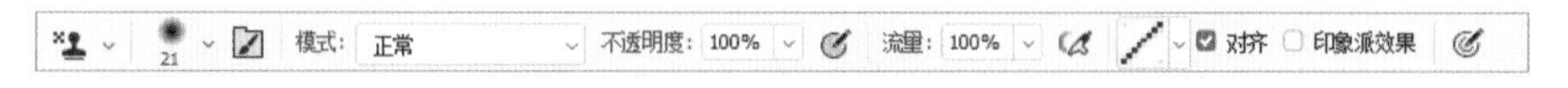

图3-46 “图案图章工具”工具属性栏

- 按钮：单击该按钮右侧的下拉按钮，在打开的下拉列表中可以选择要应用的图案样式。
- 印象派效果：选中该复选框，绘制的图案将具有印象派绘画的艺术效果。

图3-47所示为使用“仿制图章工具”去除照片中多余图像的效果。

图3-47 使用“仿制图章工具”去除多余图像

（五）橡皮擦工具组

橡皮擦工具组由“橡皮檫工具”、“背景橡皮擦工具”和“魔术橡皮擦工具”组成，如图3-48所示。

图3-48 橡皮擦工具组

1. 橡皮檫工具

“橡皮擦工具”主要用来擦除当前图像中的颜色。选择“橡皮擦工具”后，可以在图像中按住鼠标左键并拖曳，根据画笔形状擦除图像，图像擦除后不可恢复。“橡皮擦工具”工具属性栏如图 3-49 所示，部分选项的含义如下。

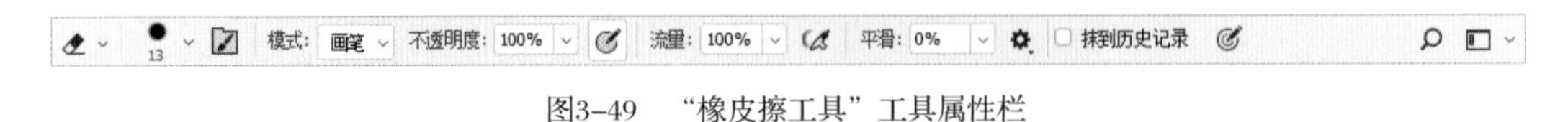

图3-49 “橡皮擦工具”工具属性栏

- 模式：单击其右侧的下拉按钮，在打开的下拉列表中可选择“画笔”“铅笔”“块”3 种擦除模式。
- 抹到历史记录：选中该复选框后，擦除的记录不会记录在“历史记录”面板中。

2. 背景橡皮擦工具

“背景橡皮擦工具”用于将指定颜色范围内的图像擦除至透明，其工具属性栏如图3-50所示，部分选项的含义如下。

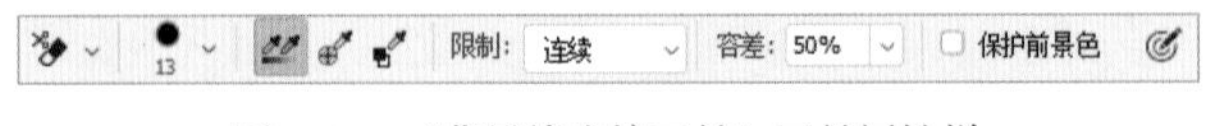

图3-50 “背景橡皮擦工具”工具属性栏

- 按钮：单击该按钮，在擦除图像过程中将连续采集取样点。
- 按钮：单击该按钮，将第一次单击的位置作为取样点。
- 按钮：单击该按钮，将当前背景色作为取样色。
- 限制：在其下拉列表中选择“不连续”选项擦除整个图像中具有样本颜色的区域；选择“连续”选项擦除连续包含样本颜色的区域；选择“查找边缘”选项自动查找与取样颜色区域连接的边界，能在擦除过程中更好地保持边缘的锐化效果。
- 容差：用于调整需要擦除的与取样点颜色相近的颜色范围。
- 保护前景色：选中该复选框，可以保护图像中与前景色一致的区域不被擦除。

3. 魔术橡皮擦工具

“魔术橡皮擦工具”是一种根据像素颜色擦除图像的工具，使用该工具在图层中单击时，所有相似的颜色区域被擦除而变成透明的区域。该工具的工具属性栏如图 3-51 所示，部分选项的含义如下。

图3-51 “魔术橡皮擦工具”工具属性栏

- 消除锯齿：选中该复选框，可使擦除区域的边缘更加光滑。
- 连续：选中该复选框，只擦除与临近区域中颜色相近的部分，撤销选中该复选框则会擦除图像中所有颜色相近的区域。
- 对所有图层取样：选中该复选框，可以利用所有可见图层中的组合数据来采集色样，否则只采集当前图层的颜色信息。

图 3-52 所示分别为使用“橡皮檫工具”、“背景橡皮擦工具”和“魔术橡皮擦工具”擦除图像后的效果。

图3-52　使用不同工具擦除图像后的效果

三、任务实施

（一）美化人物图像

下面对提供的“人物.jpg”图像文件进行美化处理，具体操作如下。

（1）打开“人物 .jpg”图像文件，放大图像，可以观察到人物眼尾位置有一颗痣。选择“污点修复画笔工具”，将画笔大小设置为“25 像素”，在黑痣上单击，效果如图 3-53 所示。

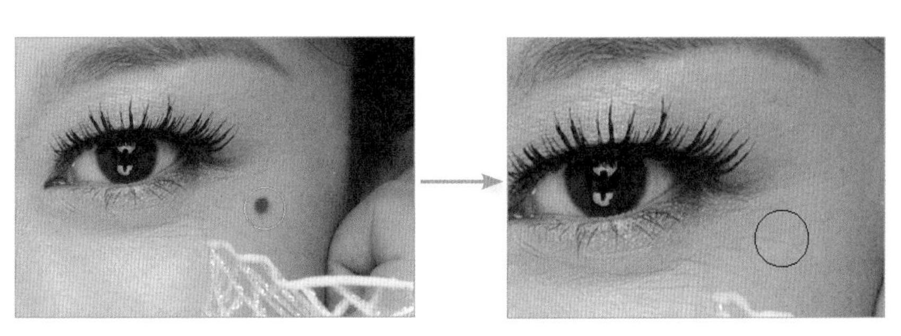

图3-53　修复人物眼尾的痣

（2）观察图像，发现眼部有很多细纹。选择“模糊工具”，将鼠标指针移至细纹位置，按住鼠标左键并拖曳，模糊细纹，效果如图 3-54 所示。

（3）选择“涂抹工具”，将画笔大小设置为“45 像素”，涂抹细纹处，效果如图 3-55 所示。

图3-54　模糊细纹

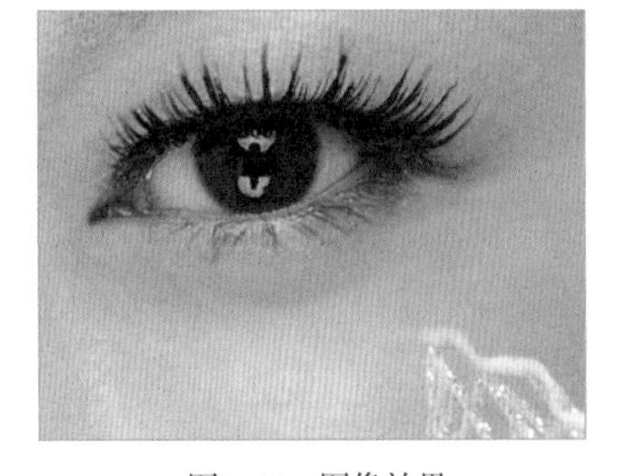

图3-55　图像效果

（4）选择“减淡工具”，将画笔大小、范围、曝光度分别设置为“39 像素”“中间调”“10%”，涂抹眼睛下方，效果如图 3-56 所示。

（5）使用“加深工具”对人物鼻子的阴影部分进行涂抹，增强立体感，效果如图 3-57 所示。

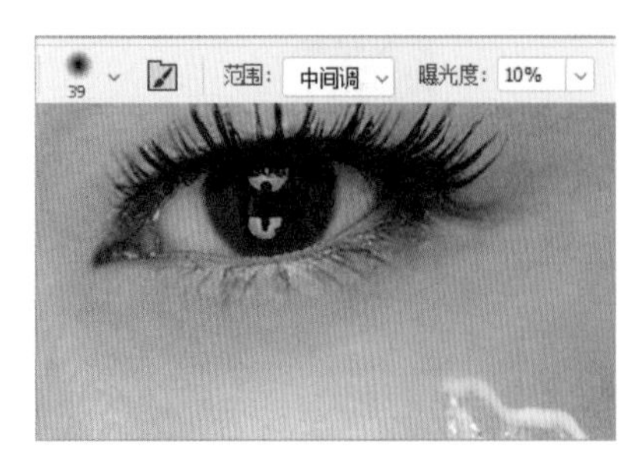

图3-56　减淡图像

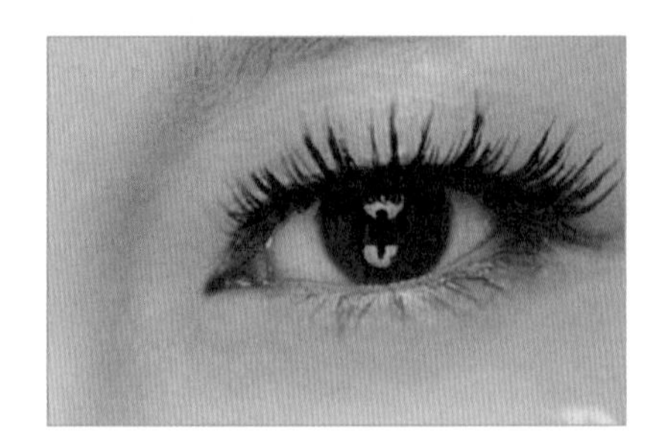

图3-57　加深图像

（6）使用与前面相同的方法修复人物脸部、眼睛及鼻子周围的皮肤，效果如图 3-58 所示。

图3-58　面部修复后的效果

（二）修复头发细节

人物面部美化完成后，下面使用“仿制图章工具”对人物的头发细节进行处理，具体操作如下。

（1）选择“仿制图章工具”，按住【Alt】键在人物脸部的头发旁取样，然后在散碎的头发上涂抹，效果如图 3-59 所示。

（2）使用相同的方法处理其余头发细节，完成人物图像的美化。完成后按【Ctrl+S】组合键保存文件，效果如图 3-60 所示。

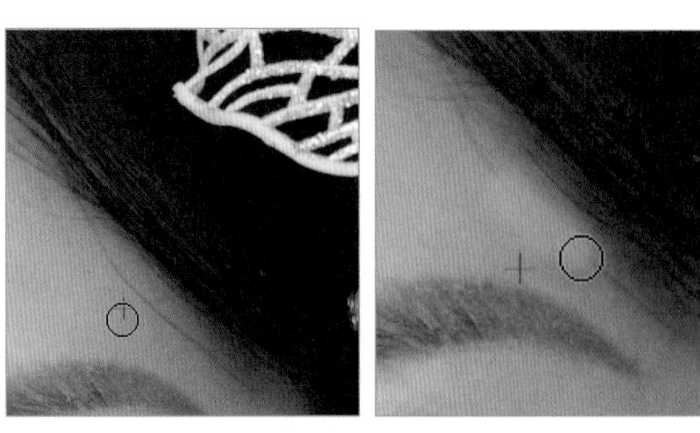

图3-59　使用“仿制图章工具”涂抹头发

图3-60　美化后的图像

实训一　制作美妆企业 Logo

【实训要求】

本实训要求绘制一个美妆企业 Logo，对 Logo 进行渐变填充，并为其添加文字。通过本实训，可以巩固画笔工具组、渐变工具组的使用方法。

【操作思路】

Logo 是企业的商标，其具有简洁、明确、使人一目了然的特点，因此本实训的 Logo 只需要通过简单的图像、颜色和文字表现出企业特点即可。在制作该 Logo 时，先使用"画笔工具" 来绘制标志的基本外形，再使用"渐变工具" 对图像进行填充，最后为绘制好的标志添加文字。本实训的参考效果如图 3-61 所示。

图3-61　美妆企业Logo效果

效果所在位置　效果文件 \ 项目三 \ 实训一 \ 美妆企业 Logo.psd

【步骤提示】

（1）新建"美妆企业 Logo.psd"图像文件，利用"画笔工具" 绘制 3 个花瓣。

（2）使用"渐变工具" 为花瓣进行渐变填充，渐变色为"#7d0505"~"#f79c9c"。

（3）使用"横排文字工具" 输入文字，然后设置字体格式。

（4）完成后按【Ctrl+S】组合键，保存图像文件。

实训二　制作葡萄主图

【实训要求】

本实训要求使用模糊工具组制作葡萄主图。

【操作思路】

主图决定了买家对商品的第一印象，因此在制作主图的时候，要突出商品主体信息，背景应简洁、统一。在制作主图时，首先使用"锐化工具" 提高葡萄的清晰度，再通过"模糊工具" 和"减淡工具" ，模糊和减淡背景色彩，进一步突出葡萄，最后搭配文字，突出主图的相关优惠信息。本实训完成后的效果如图3-62所示。

图3-62　葡萄主图效果

素材所在位置 素材文件\项目三\实训二\葡萄.jpg、主图文字.psd
效果所在位置 效果文件\项目三\实训二\葡萄主图.psd

【步骤提示】

（1）打开“葡萄.jpg”图像文件，选择工具箱中的“锐化工具”，设置模式、强度为“正常”“50%”，在葡萄图像上按住鼠标左键反复涂抹，增加葡萄的清晰度。

（2）选择“模糊工具”，设置模式、强度为“正常”“50%”，在图像背景处按住鼠标左键反复涂抹，模糊背景。

（3）选择“减淡工具”，设置范围、曝光度为“中间调”“20%”，撤销选中“保护色调”复选框，涂抹背景，减淡背景效果。

（4）打开“主图文字.psd”图像文件，将其中的文字内容移动到“葡萄.jpg”图像文件中，并调整其大小与位置。完成后按【Ctrl+S】组合键，保存文件。

常见疑难解析

问：使用“渐变工具”填充图像时，为什么拖曳的渐变线不贯穿整幅图像，而产生的渐变效果却可以填充整幅图像？

答：在图像中填充渐变色时，拖曳的渐变线长度代表渐变色的范围，如图3-63所示。

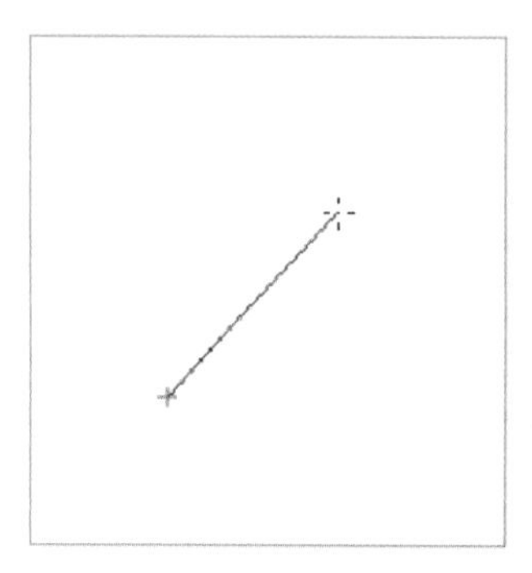

图3-63 渐变线控制范围

问：有时候不能对图层中的图像进行变换操作，这是为什么？

答：在“图层”面板中，当图层右侧空白处出现按钮时，表示该图层图像呈锁定状态，此时的变换操作对该图层图像不起作用。因此在执行变换操作前，应先单击按钮，解锁图层。

问：在 Photoshop CC 2018 中，填充图案的样式不能满足需要，应该怎么办？

答：用户可以自定义图案样式。另外，也可以从网上下载图案样式，然后将其载入 Photoshop CC 2018 中，其方法为：打开“图案”面板，单击面板右上角的按钮，在打开的下拉列表中选择“载入图案”选项，打开“载入”对话框；在其中找到从网上下载的图案，选择需要载入的图案，单击 载入(L) 按钮，如图 3-64 所示。载入的图案将在“图案”下拉列表中显示，选择该图案后，在图像区域单击即可绘制出需要的图像效果，如图 3-65 所示。

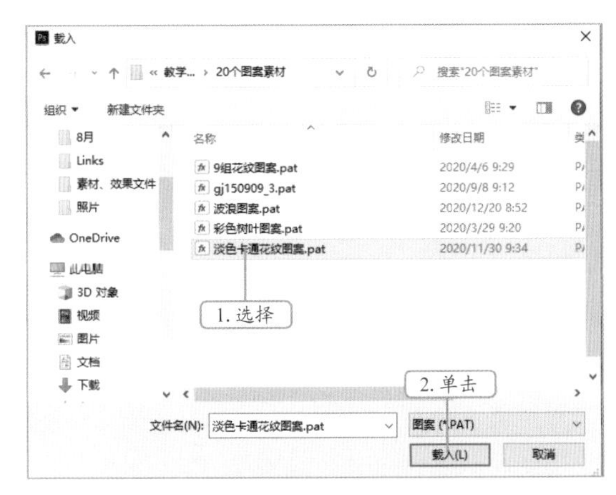

图3-64　载入图案

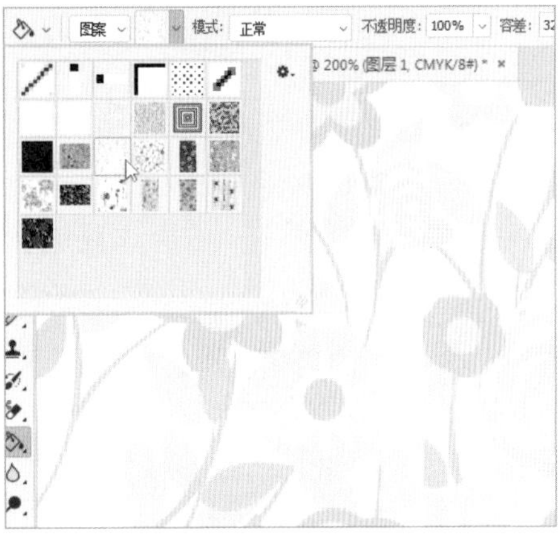

图3-65　填充图案效果

拓展知识

本项目主要学习了绘制和编辑图像的基本操作及使用方法。另外，通过裁剪工具组中的“裁剪工具”和“透视裁剪工具”可对图像进行裁剪，还可通过“历史记录”面板恢复操作。

1. 裁剪工具

在Photoshop CC 2018中处理图像时，经常需要删掉多余的部分，使用“裁剪工具”可以裁剪图像。选择“裁剪工具”，其工具属性栏如图3-66所示，部分选项的含义如下。

图3-66　“裁剪工具”工具属性栏

- 比例 下拉列表：单击其下拉按钮，在打开的下拉列表中可选择预设的裁剪选项。
- 高度和宽度：用于输入裁剪保留区域的高度和宽度。
- 按钮：若画面内容出现倾斜的情况，单击该按钮，然后在画面中按住鼠标左键并拖曳出一条直线，让它与地平线、建筑物墙面或其他关键元素对齐，如图 3-67 所示，Photoshop CC 2018 会以该线为水平面旋转图像，自动校正画面内容，效果如图 3-68 所示，调整裁剪框的大小后，按【Enter】键确认。

图3-67　对齐图像

图3-68　校正效果

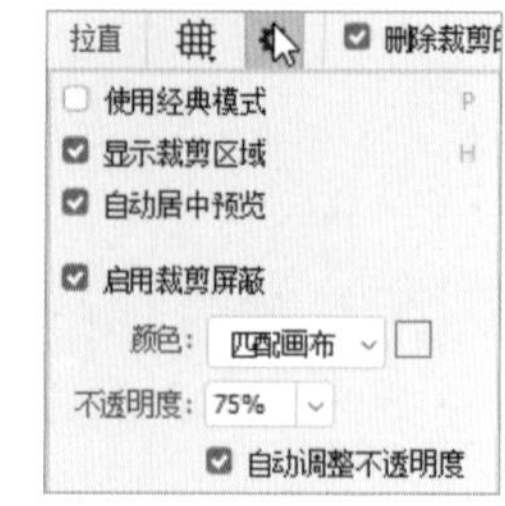

图3-69　设置下拉列表

- 按钮：单击该按钮，在打开的下拉列表中可选择不同的选项来显示裁剪参考线。
- 按钮：单击该按钮，在打开的设置下拉列表中可设置其他裁剪选项，如图 3-69 所示。
- 删除裁剪的像素：选中该复选框，在进行裁剪操作时，将彻底删除裁剪掉的区域；撤销选中该复选框，在进行裁剪操作时，Photoshop CC 2018 会将裁剪掉的区域保留在文件中，使用“移动工具”拖曳图像，可显示隐藏的图像内容。
- 按钮：单击该按钮，可将裁剪框、图像旋转角度和长宽比恢复为初始状态。
- 按钮：单击该按钮，可确认操作。
- 按钮：单击该按钮，可放弃操作。

2. 透视裁剪工具

“透视裁剪工具”与“裁剪工具”都是用来裁剪图像的工具。在其工具属性栏中，分辨率可用于设置分辨率的大小及单位；单击 前面的图像 按钮，可直接设置为前面图像裁剪使用的尺寸大小与分辨率；单击 清除 按钮，可清除前面设置的尺寸大小与分辨率；选中“显示网格”复选框，可显示网格，反之则不显示。

3. “历史记录”面板

图3-70　“历史记录”面板

打开“历史记录”面板，每次对图像进行编辑时，相关操作都会记录到该面板中，如图3-70所示，该面板默认可记录20条最近的动作状态。“历史记录”面板下方包含3个按钮，具体介绍如下。

- “从当前状态创建新文档”按钮：单击该按钮，可将当前的图像状态以“复制状态”条目保存在自动新建的文件中，并且新建文件的“历史记录”面板此时只包含该条目。
- “创建新快照”按钮：单击该按钮，可将当前的图像状态以“快照”的形态记录在“历史记录”面板中，并且保留面板中的其他历史记录；若需要回到对应状态，单击对应的快照记录即可。
- “删除当前状态”按钮：在“历史记录”面板中选择需要删除的记录，单击该按钮，可将其删除；若选择的历史记录下还包含其他条目，那么其他条目也会被一起删除。

课后练习

图3-71　卡通青虫图像效果

（1）本练习要求结合本项目所学的知识，利用“画笔工具”、“铅笔工具”、“油漆桶工具”和“渐变工具”等，绘制卡通青虫图像，效果如图3-71所示。

效果所在位置　效果文件\项目三\课后练习\卡通青虫.psd

（2）本练习要求结合本项目所学的知识，利用“锐化工具”、

"加深工具"和"减淡工具"等增强图像的质感，图像处理前后的效果如图 3-72 所示。

图3-72 图像处理前后的效果

素材所在位置 素材文件\项目三\课后练习\毛巾.jpg
效果所在位置 效果文件\项目三\课后练习\毛巾.psd

04 项目四

使用图层

情景导入

米拉发现，在使用 Photoshop CC 2018 处理图像时，很多复杂的效果都无法做出来，用选区选择图象也很困难，于是去请教老洪。老洪看了米拉制作的效果后告诉米拉，应将不同的图像放到不同的图层中，这样便可单独对每个图层中的图象进行编辑，从而避免对其他图像产生影响。通过老洪的介绍，米拉才知道图层是 Photoshop CC 2018 最具有特色的功能之一，学习好图层才能使图像处理更加便捷。

课堂学习目标

- 掌握制作手机创意合成图像的方法。

如新建图层，复制、隐藏和显示图层，更改图层名称并调整顺序，链接图层等。

- 掌握制作回忆图像的方法。

如合并图层、栅格化图层、创建剪贴蒙版、盖印图层和创建图层组等。

▲制作手机创意合成图像

▲制作回忆图像

任务一　制作手机创意合成图像

使用 Photoshop CC 2018 进行图像的创意合成，可以得到意想不到的设计效果。创意图像的合成需使用 Photoshop CC 2018 的图层功能，下面就对 Photoshop CC 2018 的图层的相关知识进行介绍。

一、任务目标

本任务学习Photoshop CC 2018图层的基本操作，制作手机创意合成图像。在制作图像时，可以先创建图层，然后复制图层、隐藏和显示图层、更改图层名称、调整图层顺序，最后执行相应的图层链接等操作。通过对本任务的学习，用户可以掌握图层的基本使用方法。本任务完成后的效果如图4-1所示。

图4-1　手机创意合成图像效果

素材所在位置　素材文件 \ 项目四 \ 任务一 \ 动物 .jpg、手机 .jpg、光斑 .jpg

效果所在位置　效果文件 \ 项目四 \ 任务一 \ 手机创意合成 .psd

二、相关知识

在Photoshop CC 2018中，新建文件后，系统会自动生成一个图层，用户可以根据需要新建多个图层。图层是图像的载体，掌握图层的基本操作是处理图像的关键。下面对图层的基本概念进行介绍。

（一）图层的原理

使用Photoshop CC 2018制作的图像作品往往由多个图层组成，可以将图像的不同部分置于不同的图层中，将这些图层叠放在一起形成完整的图像效果。用户可以选择某一个图层进行编辑、修改和添加效果等各种操作，这些操作对其他图层没有任何影响。

（二）认识"图层"面板

在Photoshop CC 2018中，对图层的操作可通过"图层"面板来实现。选择【窗口】/【图层】菜单命令，打开"图层"面板，如图4-2所示。

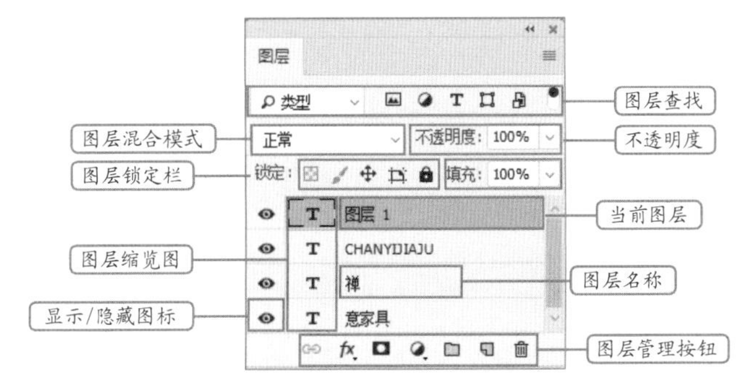

图4-2　"图层"面板

当前图层

在编辑图层前，需要在“图层”面板中选择一个图层，这个被选中的图层即为当前图层。

“图层”面板中列出了图像所有的图层，方便用户创建、编辑和管理图层，以及为图层添加图层样式。下面对“图层”面板中常用的选项进行介绍。

- 图层锁定栏：用于选择图层的锁定方式，包括“锁定透明像素”按钮、“锁定图像像素”按钮、“锁定位置”按钮和“锁定全部”按钮。
- 不透明度：用于设置图层的不透明度。
- “链接图层”按钮：单击该按钮，可链接两个或两个以上的图层，链接的图层可同时进行缩放、透视等变换操作。
- “添加图层样式”按钮：单击该按钮，可选择和设置图层的样式。
- “添加图层蒙版”按钮：单击该按钮，可为图层添加图层蒙版。
- “创建新的填充或调整图层”按钮：单击该按钮，可在图层上创建新的填充或调整图层，其作用是调整当前图层下所有图层的效果。
- “创建新组”按钮：单击该按钮，可以创建新的图层组；图层组用于将多个图层放置在一起，以便用户进行查找和编辑操作。
- “创建新图层”按钮：单击该按钮，可创建一个新的空白图层。
- “删除图层”按钮：单击该按钮，可删除当前选择的图层。

（三）图层类型

Photoshop CC 2018中常用的图层类型包括以下5种。

- 普通图层：普通图层是基本的图层类型，相当于一张透明纸。
- 背景图层：Photoshop CC 2018中的背景图层相当于绘图时最下层不透明的画纸；在Photoshop CC 2018中，一幅图像只能有一个背景图层；背景图层无法与其他图层交换堆叠次序，但背景图层可以与普通图层相互转换。
- 文字图层：使用文字工具在图像中创建文字后，软件将自动新建一个图层；文字图层主要用于编辑文字的内容、属性和排列方向；文字图层可以进行移动、调整堆叠、复制等操作，但大多数编辑工具和命令不能在文字图层中使用；如果要使用这些工具和命令，首先应将文字图层转换成普通图层。
- 调整图层：通过调整图层可以调节其下所有图层中图像的色调、亮度、饱和度等，单击“图层”面板下方的“创建新的填充或调整图层”按钮，在打开的下拉列表中即可创建调整图层。
- 效果图层：当为图层添加图层样式后，在“图层”面板中该图层右侧出现一个“添加图层样式”按钮，表示该图层添加了样式。

除此之外，在“图层”面板中还可添加一些其他类型的图层，具体介绍如下。

- 链接图层：保持链接状态的多个图层。
- 剪贴蒙版：蒙版中的一种，可使用下方图层中图像的形状控制其上方图层的显示范围。

- 智能对象：包含智能对象的图层。
- 填充图层：填充了纯色、渐变色或图案的特殊图层。
- 图层蒙版图层：添加了图层蒙版的图层，蒙版可以控制图像的显示范围。
- 矢量蒙版图层：添加了矢量图形的蒙版图层。
- 图层组：以文件夹的形式组织和管理图层，以便查找和编辑图层。
- 变形文字图层：进行变形处理后的文字图层。
- 视频图层：包含视频文件帧的图层。
- 3D图层：包含3D文件或置入的3D文件的图层。

三、任务实施

（一）新建图层

微课视频

新建图层

打开素材图像文件后，新建图层，开始制作手机创意合成图像，具体操作如下。

（1）打开“手机 .jpg”图像文件，如图 4-3 所示。

（2）在“图层”面板底部单击“创建新图层”按钮，得到新建的“图层 1”图层，如图 4-4 所示。

图4-3　打开“手机.jpg”图像文件

图4-4　新建图层

（3）设置前景色为黑色。选择“画笔工具”，在工具属性栏中选择“柔边圆”画笔样式，设置画笔大小为“200 像素”、不透明度为“70%”，在画面中绘制出黑色图像，如图 4-5 所示。

（4）调整“图层 1”的不透明度为“50%”，得到透明图像效果，如图 4-6 所示。

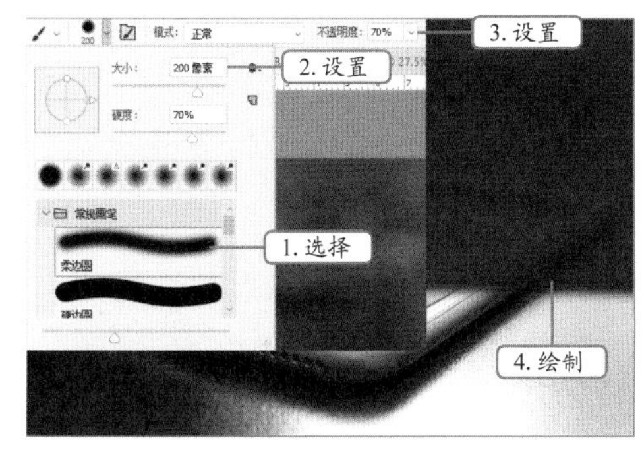

图4-5　绘制黑色图像

图4-6　调整图层的不透明度

（5）选择【图层】/【新建】/【图层】菜单命令，或按【Ctrl+Shift+N】组合键，打开“新建图层”对话框，在“名称”文本框中输入“颜色蒙版”，在“颜色”下拉列表中选择“橙色”选项，单击 确定 按钮，如图 4-7 所示。

（6）设置“颜色蒙版”图层的前景色为“#d69a43”，使用“画笔工具” 在图像窗口中绘制图像，如图 4-8 所示。

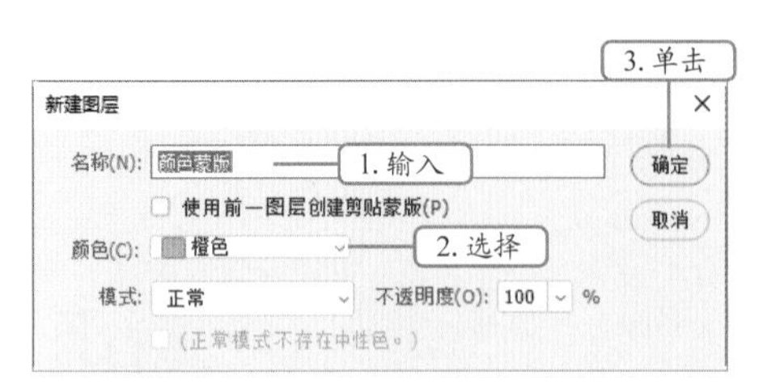

图4-7　新建“颜色蒙版”图层

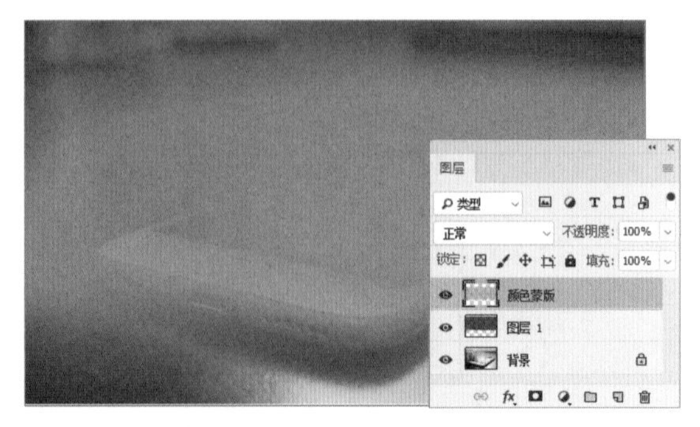

图4-8　绘制图像

新建图层时设置混合模式和不透明度

用户在“新建图层”对话框中也可设置图层的混合模式和不透明度，只需在对应的下拉列表中选择对应的选项即可。

（7）设置该图层的混合模式为“叠加”、不透明度为“50%”，如图 4-9 所示。改变图像中间部分的色调，效果如图 4-10 所示。

图4-9　设置图层的混合模式和不透明度

图4-10　改变色调效果

（二）复制、隐藏和显示图层

在需要使用相同对象时，可通过复制图层的方法快速完成。下面通过复制图层，制作草地和动物图像，具体操作如下。

（1）打开“动物.jpg”图像文件，利用“移动工具” 将其直接拖曳到当前编辑的图像中，按【Ctrl+T】组合键适当缩小图像如图 4-11 所示。这时“图层”面板中自动增加一个图层，如图 4-12 所示。

（2）选择【图层】/【复制图层】菜单命令，打开“复制图层”对话框，系统将自动命名复制的图层为“图层 2 拷贝”，如图 4-13 所示。

（3）保持“复制图层”对话框中的默认设置，单击确定按钮，得到复制的图层。单击该图层前面的眼睛图标，隐藏该图层，选择“图层 2”图层，如图 4-14 所示。

图4-11　拖曳添加图像

图4-12　自动增加一个图层

图4-13　复制图层

图4-14　隐藏和选择图层

复制图层后的注意事项

按【Ctrl+J】组合键可快速复制图层。值得注意的是，复制的图层与原图层的内容完全相同，并重叠在一起，因此图像窗口中并无明显变化，此时可使用“移动工具”移动图像，查看复制的图层。

（4）选择“橡皮擦工具”，在工具属性栏中选择画笔样式“柔边圆”，设置大小为“30 像素”、硬度为“80%”，如图 4-15 所示。

（5）对动物周围的草地图像进行擦除操作，效果如图 4-16 所示。

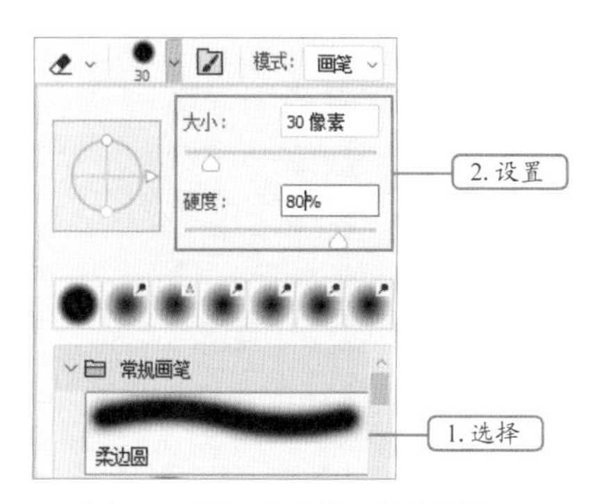

图4-15　设置橡皮擦工具的样式

图4-16　擦除图像

（6）单击“图层 2 拷贝”前面的眼睛图标 ，显示该图层，如图 4-17 所示。

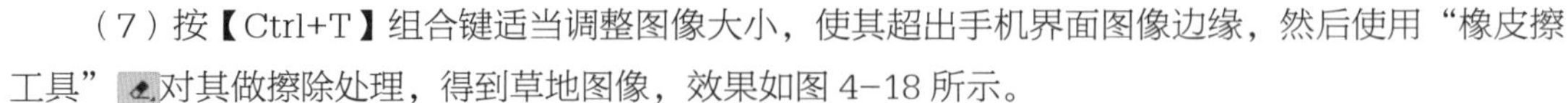

（7）按【Ctrl+T】组合键适当调整图像大小，使其超出手机界面图像边缘，然后使用“橡皮擦工具” 对其做擦除处理，得到草地图像，效果如图 4-18 所示。

图4-17　显示图层

图4-18　图像效果

多学一招

选择多个连续或不相邻的图层

如需选择多个连续相邻的图层，可单击第一个要选择的图层，然后按住【Shift】键单击最后一个要选择的图层。如需选择多个不相邻的图层，可按住【Ctrl】键依次单击需要选择的图层。

（三）更改图层名称并调整堆叠顺序

在合成图像过程中，有时图层比较多，不方便查看，这时就可以修改图层名称、调整图层顺序，让图层内容更直观，具体操作如下。

（1）在“图层”面板的“图层 2”上双击图层名称，使该图层的名称呈可编辑状态，输入“动物”，更改图层名称，按【Enter】键确认。

（2）使用同样的方法将“图层 2 拷贝”的名称改为“草地”，如图 4-19 所示。

（3）在“图层”面板中选择“颜色蒙版”图层，按住鼠标左键并拖曳，在其经过的位置会出现一条阴影线，将该图层拖曳到最上层后释放鼠标左键，将“颜色蒙版”图层移动到图层最上方，如图 4-20 所示。

图4-19　更改图层名称

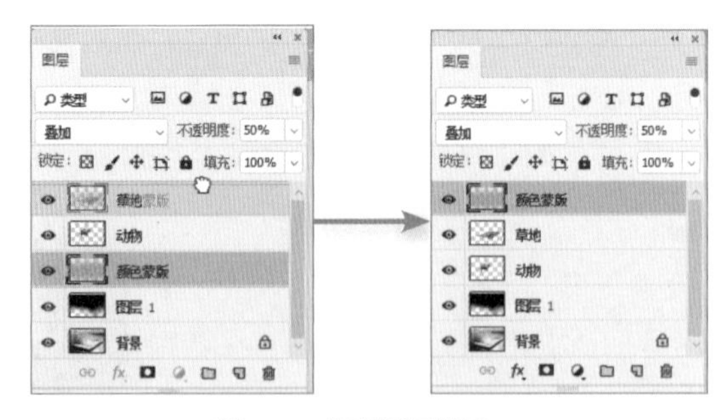

图4-20　调整图层顺序

（4）单击“图层”面板底部的“新建图层”按钮 ，新建一个图层，并将其重命名为“阴影”。选择“磁性套索工具” ，在工具属性栏中设置羽化为“2 像素”，按住鼠标左键沿着动物图像边缘拖曳，绘制出选区。

（5）选择“渐变工具” ，按住鼠标左键，在选区中从上到下拖曳，应用黑白线性渐变填充，效果如图 4-21 所示。

（6）在“图层”面板中设置“阴影”图层的混合模式为“正片叠底”、不透明度为“29%”如图 4-22 所示。

图4-21 为选区填充渐变色

图4-22 设置图层的混合模式和不透明度

（7）新建一个图层“投影”，设置其不透明度为“25%”。选择“套索工具”，绘制一个动物投影的选区，将其填充为黑色，如图 4-23 所示，得到动物投影效果。

（8）打开“光斑 .jpg”图像文件，使用“移动工具”将其拖曳到当前编辑的图像中，并设置该图层的混合模式为“滤色”，效果如图 4-24 所示。

图4-23 绘制投影

图4-24 图像效果

（四）链接图层

前面已经为动物图像添加了“阴影”和“投影”图层，若要同时调整它们位置，可将“动物”和“投影”图层链接起来，具体操作如下。

（1）按住【Ctrl】键选择“投影”“阴影”“动物”3 个图层，如图 4-25 所示。

（2）选择【图层】/【链接图层】菜单命令，或单击“图层”面板底部的“链接”按钮，将选择的图层链接起来，效果如图 4-26 所示。保存图像，完成制作。

图4-25 选择图层

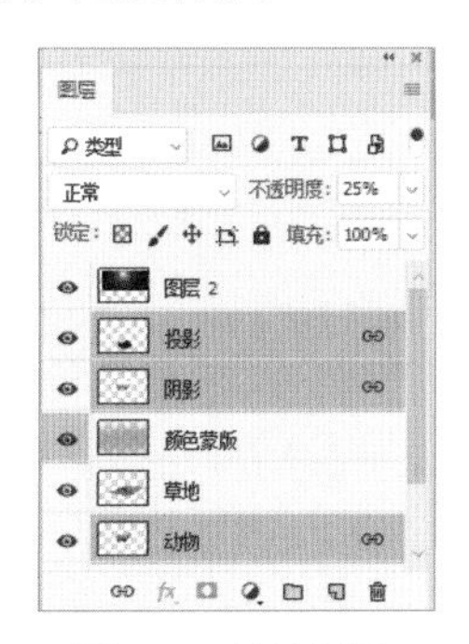

图4-26 链接图层

多学一招

选择链接图层

选择一个链接图层后，选择【图层】/【选择链接图层】菜单命令，可在“图层”面板中选择与该图层链接的所有图层。

任务二 制作回忆图像

Photoshop CC 2018 中图层的作用不仅限于前面所讲的这些，用户还可通过合并、盖印、对齐、分布图层与创建图层组等来管理图层，方便处理图像。

一、任务目标

本任务通过对图层进行管理操作来制作回忆图像。制作图像时先打开图像文件，然后对里面的图层进行管理操作，如合并、盖印、对齐分布图层和创建图层组等。通过对本任务的学习，用户可以掌握管理图层的方法。本任务完成后的效果如图 4-27 所示。

图4-27 回忆图像效果

素材所在位置 素材文件 \ 项目四 \ 任务二 \ 画布 .jpg、梅花 .jpg、亭子 .jpg、文字 .psd
效果所在位置 效果文件 \ 项目四 \ 任务二 \ 回忆 .psd

二、相关知识

本任务制作的是回忆图像，主要学习在“图层”面板中对图层进行管理操作。

（一）管理图层

在编辑图像的过程中，需要对添加的图层进行管理，如合并图层、盖印图层、对齐与分布图层，以及栅格化图层内容等，从而方便用户处理图像。下面介绍管理图层的相关操作。

1. 合并图层

图层数量及图层样式的使用会占用计算机资源，合并相同属性的图层、删除多余的图层能让文件变小，便于管理。合并图层的操作主要有以下 3 种。

- 合并图层：在“图层”面板中选择两个以上要合并的图层，选择【图层】/【合并图层】菜单命令或按【Ctrl+E】组合键。
- 合并可见图层：选择【图层】/【合并可见图层】菜单命令，或按【Shift+Ctrl+E】组合键，可将“图层”面板中所有可见图层进行合并，此操作不合并隐藏的图层。
- 拼合图像：选择【图层】/【拼合图像】菜单命令，将“图层”面板中所有可见图层进行合并，系统弹出对话框询问是否丢弃隐藏的图层，并以白色填充所有透明区域。

合并图层的其他方法

选择要合并的图层，单击鼠标右键，在弹出的快捷菜单中选择相关的合并图层命令也可以合并图层。

2. 盖印图层

盖印图层是比较特殊的图层合并方法，它可将多个图层的内容合并到一个新的图层中，同时保留之前图层的内容不变。盖印图层主要包括以下4种方式。

- 向下盖印：选择一个图层，按【Ctrl+Alt+E】组合键，可将该图层盖印到下面的图层中，原图层的内容保持不变。
- 盖印多个图层：选择多个图层，按【Ctrl+Alt+E】组合键，可将它们盖印到一个新的图层中，原图层中的内容保持不变。
- 盖印可见图层：按【Shift+Ctrl+Alt+E】组合键，可将所有可见图层中的图像盖印到一个新的图层中，原图层的内容保持不变。
- 盖印图层组：选择图层组，按【Ctrl+Alt+E】组合键，可将图中的所有图层内容盖印到一个新的图层中，原图层组的内容保持不变。

3. 对齐与分布图层

在 Photoshop CC 2018 中通过对齐与分布图层，可快速调整图层内容，下面分别进行介绍。

- 对齐图层：若要将多个图层中的图像内容对齐，可以按住【Shift】键在“图层”面板中选择多个图层，然后选择【图层】/【对齐】菜单命令，在其子菜单中选择相应的菜单命令进行对齐；如果所选图层与其他图层有链接，则可以对齐与之链接的所有图层。
- 分布图层：若要让3个或更多的图层按照一定的规律均匀分布，可选择这些图层，然后选择【图层】/【分布】菜单命令，在其子菜单中选择相应的分布菜单命令。

4. 栅格化图层内容

若要使用绘画工具编辑文字图层、形状图层、矢量蒙版或智能对象等包含矢量数据的图层，需要先将其转换为位图，然后才能进行编辑，这一过程即图层的栅格化。选择需要栅格化的图层，选择【图层】/【栅格化】菜单命令，在其子菜单中可选择栅格化的图层内容，如图 4-28 所示。下面介绍部分菜单命令。

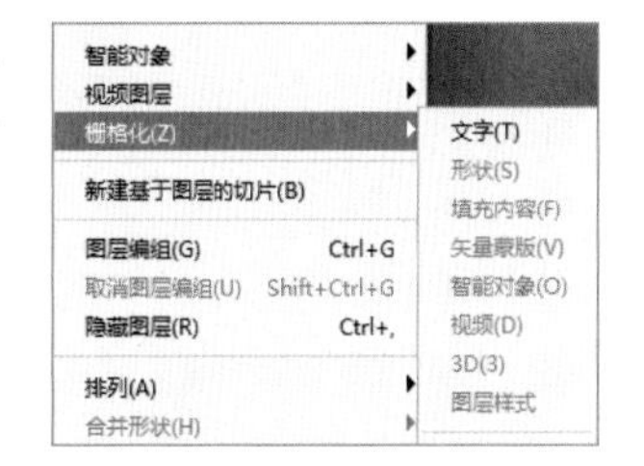

图4-28 栅格化菜单命令

- 文字：栅格化文字图层，使文字变为光栅图像，也就是位图；栅格化以后，不能使用横排文字工具组修改文字。
- 形状、填充内容、矢量蒙版：选择“形状”菜单命令，可以栅格化形状图层；选择“填充内容”菜单命令，可以栅格化形状图层的填充内容，并基于形状创建矢量蒙版；选择“矢量蒙版”菜单命令，可以栅格化矢量蒙版，将其转换为图层蒙版。
- 智能对象：栅格化智能对象，使其转换为像素。
- 视频：栅格化视频图层，将选择的图层拼合到“时间轴”面板中选择的当前帧中。
- 3D：栅格化 3D 图层。
- 图层样式：栅格化图层样式，将其应用到图层内容中。

- 图层、所有图层：选择“图层”菜单命令，可以栅格化当前选择的图层；选择“所有图层”命令菜单，可以栅格化包含矢量数据、智能对象和生成数据的所有图层。

（二）使用图层组管理图层

当图层的数量越来越多时，可创建图层组进行管理，将同一属性的图层归类，从而方便、快速地找到需要的图层。图层组以文件夹的形式显示，它可以像普通图层一样进行移动、复制、链接等操作。

1. 创建图层组

选择【图层】/【新建】/【组】菜单命令，打开“新建组”对话框，如图4-29所示。可以分别设置图层组的名称、颜色、模式和不透明度，单击 确定 按钮，在面板中创建一个空白的图层组。

另外，在“图层”面板底部单击“创建新组”按钮，也可创建一个图层组。选择创建的图层组，单击面板底部的“创建新图层”按钮，创建的新图层位于该组中，如图4-30所示。

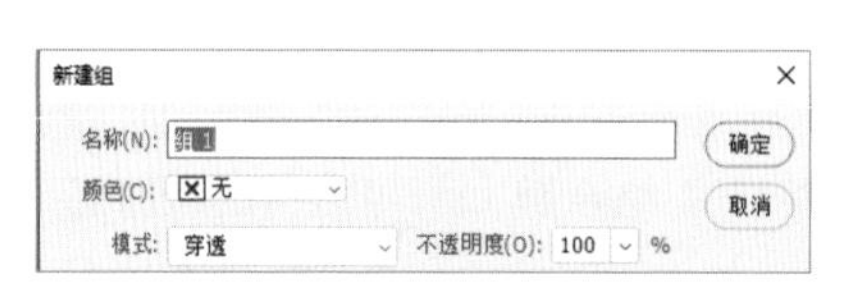

图4-29 “新建组”对话框

图4-30 创建的新图层

图层组的默认模式

图层组的默认混合模式为“穿透”，表示图层组不产生混合效果。若选择其他混合模式，则图层组中的图层将以该图层组的混合模式与下方的图层混合。

2. 为已有图层创建组

若要将多个图层创建在一个图层组内，可先选择这些图层，然后选择【图层】/【图层编组】菜单命令或按【Ctrl+G】组合键进行编组。编组后，可单击图层组前的按钮展开图层组。

创建图层组后，在图层组内还可以创建新的图层组，这种多级结构的图层组被称为嵌套图层组。

创建具有特定属性的图层组

选择图层后，选择【图层】/【新建】/【从图层建立组】菜单命令，打开“从图层新建组”对话框，在其中可以设置图层组的名称、颜色和模式等，可将其创建在设置了特定属性的图层组内。

3. 将图层移入或移出图层组

将一个图层拖入图层组内，可将其添加到图层组中，如图4-31所示。将一个图层拖出图层组外，可将其从图层组中移出，如图4-32所示。

若要取消图层编组，可以选择该图层组，然后选择【图层】/【取消图层编组】菜单命令，或按【Shift+Ctrl+G】组合键。

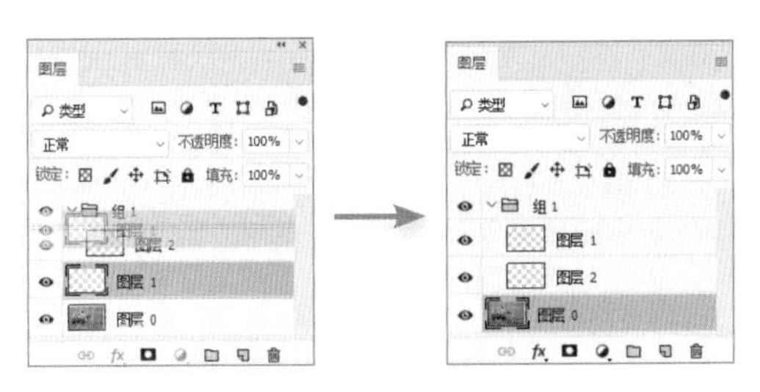

图4-31 移入图层组

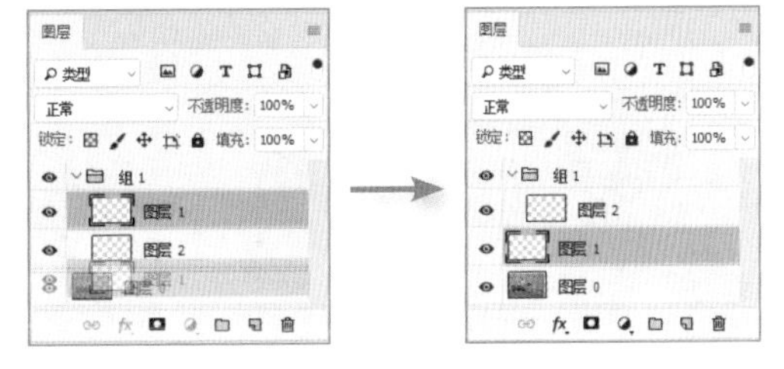

图4-32 移出图层组

（三）剪贴蒙版

在“图层”面板中，可以创建剪贴蒙版，使该蒙版图层中的图像以下一层图层中的图像形状为范围进行显示，操作方法主要包括以下两种。

- 选择要设置显示范围的图层，如图 4-33 所示，选择【图层】/【创建剪贴蒙版】菜单命令，该图层将只显示在下一层“PS”的形状范围中，效果如图 4-34 所示。

图4-33 创建剪贴蒙版

图4-34 蒙版效果

- 按住【Alt】键将鼠标指针移至要添加剪贴蒙版的两个图层之间，当鼠标指针变为形状时单击。

三、任务实施

（一）合并图层

当较复杂的图像处理完成后，常常会产生大量的图层，这会使计算机处理速度变慢，此时可根据需要对图层进行合并，以减少图层的数量，便于对合并后的图层进行编辑。下面介绍合并图层的方法，具体操作如下。

（1）新建分辨率为“300 像素”、宽为“800 像素”、高为“500 像素”的图像文件，并打开“画布.jpg”和“梅花.jpg”图像文件。

（2）切换到“画布.jpg”图像文件，复制背景图层，然后使用“移动工具”将其拖曳到新建图像文件中，并调整到合适大小。使用同样的方法将梅花.jpg 图像拖曳到新建图像文件中并更改其大小，效果如图 4-35 所示。

（3）将新生成的两个图层的名称分别更改为“画布”和“梅花”，然后在“图层”面板中选择“画布”图层，在该面板底部单击“新建图层”按钮，新建一个透明图层。

（4）按【D】键复位前景色和背景色，然后按【Ctrl+Delete】组合键以背景色填充图层。

（5）按住【Shift】键在“图层”面板中选择“梅花”和“图层 1”图层，单击鼠标右键，在弹出的快捷菜单中选择“合并图层”命令，将选择的图层合并为一个图层，如图 4-36 所示。

图4-35　添加素材图像

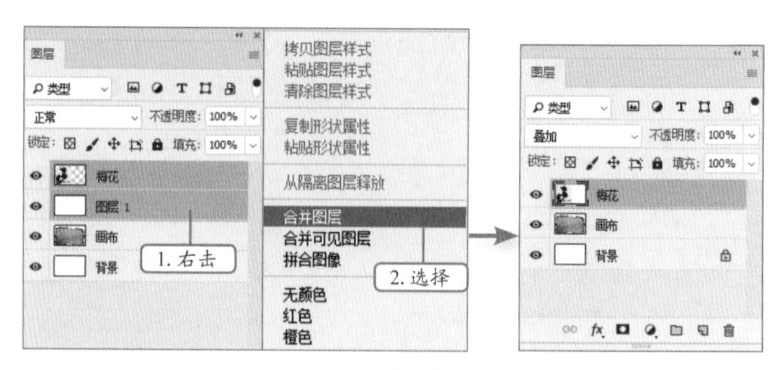

图4-36　合并图层

拼合图层与拼合图像

在合并图层的方式中，拼合图层是将所有可见图层进行合并，将隐藏的图层丢弃。当使用“拼合图像”命令时，可以直接将所有可见图层合并为一个背景图层。

（二）栅格化图层

下面直接拖曳素材到图像文件中，设置图层的混合模式，并进行栅格化操作，使图像完美融合，具体操作如下。

（1）选择“梅花”图层，在“图层”面板中单击图层混合模式右侧的下拉按钮，在打开的下拉列表中选择“叠加”选项，如图 4-37 所示。

（2）打开“亭子.jpg”图像文件，利用“移动工具”将其拖曳到“画布.jpg”图像文件中，调整其大小。

（3）将新生成的图层重命名为“亭子”，选择该图层，将该图层的混合模式改为“正片叠底”，效果如图 4-38 所示。

图4-37　设置“叠加”混合模式

图4-38　图像效果

（4）拖曳“文字.png”图像文件至当前编辑的图像中，并设置其混合模式为“正片叠底”，效果如图 4-39 所示。

（5）按住【Ctrl】键选择“文字”和“亭子”图层，在图层上单击鼠标右键，在弹出的快捷菜单中选择“栅格化图层”命令，如图 4-40 所示。

图4-39　添加“文字.png”图像文件

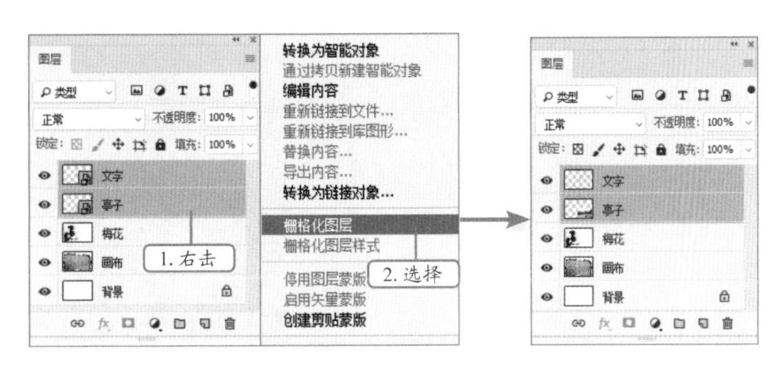

图4-40　栅格化图层

（三）创建剪贴蒙版

下面通过剪贴蒙版对文字的色彩和细节进行处理，具体操作如下。

（1）将“亭子”图层拖曳到“画布”图层之上，调整图层的堆叠顺序。

（2）在“图层”面板底部单击“添加图层蒙版”按钮，在工具箱中选择“画笔工具”，将画笔前景色设置为黑色，设置画笔样式为“60 像素”的“柔边圆”。然后选择“亭子”图层，在亭子图像的边缘涂抹，在“图层”面板中设置该图层的不透明度为“53%”，如图 4-41 所示。

（3）选择“文字”图层，单击“图层”面板下方的“创建新图层”按钮，新建“图层 1”图层，将前景色设置为绿色（R33,G154,B24）。按【Ctrl+A】组合键，选择“图层 1”图层，按【Alt+Delete】组合键，为新建图层填充绿色。

（4）按住【Alt】键不放，将鼠标指针移至“图层 1”和“文字”图层之间，当鼠标指针变为形状时单击，创建剪贴蒙版，如图 4-42 所示。

图4-41　添加图层蒙版

图4-42　创建剪贴蒙版

（四）盖印图层并创建图层组

下面通过盖印图层的方法将图像合并到一个新的图层中，保持原有图层不变，便于对图像进行调整，具体操作如下。

微课视频
盖印图层并创建图层组

（1）选择“图层 1”图层，按【Ctrl+Shift+Alt+E】组合键盖印所有可见图层，得到新的盖印图层“图层 2”。

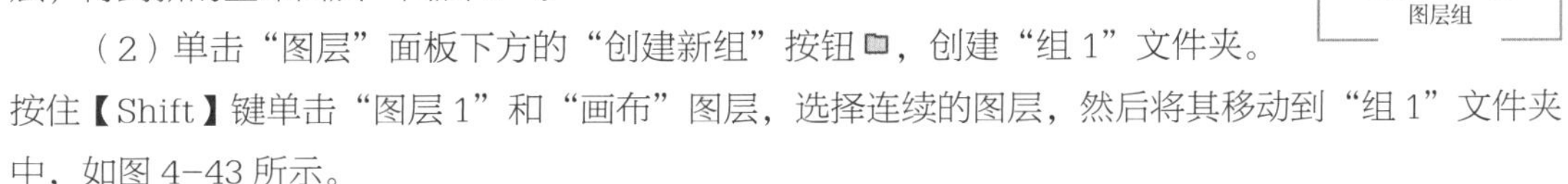

（2）单击“图层”面板下方的“创建新组”按钮，创建“组 1”文件夹。按住【Shift】键单击“图层 1”和“画布”图层，选择连续的图层，然后将其移动到“组 1”文件夹中，如图 4-43 所示。

（3）将图像以“回忆”为名进行保存，完成本任务的制作，效果如图 4-44 所示。

图4-43　盖印并移动可见图层

图4-44　图像合成效果

实训一　制作星空下的熊图像

【实训要求】

本实训通过合成制作出星空下的熊图像。首先需要新建一个文件，将多个图像组合在一起，擦除不需要的图像，合成基本图像效果后绘制出星光图像，最后得到的图像效果如图 4-45 所示。通过本实训的练习，用户可以掌握图层创建、重命名的方法，以及图层混合模式的设置方法。

图4-45　星空下的熊图像效果

【操作思路】

要完成本实训，应先通过“椭圆选框工具” 和“矩形选框工具” 创建选区并填充颜色，然后将素材图像拖入图像窗口中并擦除不需要的部分，最后调整图层混合模式，使用“画笔工具” 绘制装饰图像。

素材所在位置　素材文件 \ 项目四 \ 实训一 \ 风景 .jpg、熊 .psd、月亮 .jpg

效果所在位置　效果文件 \ 项目四 \ 实训一 \ 星空下的熊 .psd

【步骤提示】

（1）新建图像文件，将其背景填充为深绿色（R26,G59,B61）。

（2）新建“图层 1”图层，选择“椭圆选框工具” ，绘制一个圆形选区，将其羽化后填充颜色，使用“矩形选框工具” 框选下半部分圆形并将其删除。

（3）打开“风景 .jpg”“月亮 .jpg”“熊 .psd”图像文件，使用“移动工具” 分别将其拖曳到当前图像文件中，适当调整图像大小。

（4）使用“橡皮擦工具” 对素材图像进行擦除操作，并对图层进行重命名操作，以便于查看。

（5）新建一个图层，命名为“投影”。绘制出熊图像选区，将其填充为灰色，然后设置图层的混合模式为“叠加”，增加动物图像的对比度。

（6）选择“画笔工具” ，在“画笔”面板中调整“间距”和“散布”的值，绘制星光图像。

（7）制作完成，保存文件。

在不同图层混合模式间切换

在图层混合模式下拉列表中选择一种混合模式，然后滚动鼠标滚轮，即可依次查看各种混合模式应用于图像后的效果。

实训二 制作快乐童年图像

【实训要求】

本实训主要练习图层顺序的调整、复制图层及剪贴图层的操作。利用提供的“儿童 1.jpg”“儿童 2.jpg”“背景 .jpg”图像文件，制作快乐童年的艺术画面，完成后的效果如图 4-46 所示。

【操作思路】

制作该图像时，首先需要考虑好画面的整体布局，然后打开“背景 .jpg”图像文件，再将儿童图像拖入图像中，结合图层进行制作。

图4-46 快乐童年图像效果

素材所在位置 素材文件\项目四\实训二\儿童 1.jpg、儿童 2.jpg、背景 .jpg
效果所在位置 效果文件\项目四\实训二\快乐童年 .psd

【步骤提示】

（1）打开“背景 .jpg”图像文件，新建“图层 1”图层，使用“椭圆选框工具” 创建椭圆形选区，并将其填充为白色。

（2）复制“图层 1”图层，得到“图层 1 拷贝”图层，按住【Ctrl】键单击“图层 1 拷贝”图层前的图层缩览图，载入图像选区，将其填充为黑色，然后略微缩小图像。使用同样的方法绘制出几个白底黑面的椭圆形或圆形图像。

（3）打开“儿童 1.jpg”图像文件，调整大小并将其放置在绘制的椭圆形或圆形图像上方。选择【图层】/【创建剪贴蒙版】菜单命令，隐藏椭圆形或圆形以外的儿童图像。

（4）使用同样的方法打开其他的图像文件进行儿童图像的制作，制作完成后保存文件。

常见疑难解析

问：如何创建背景图层？

答：在创建图像文件时，若在“新建”对话框的“背景内容”下拉列表中选择“白色”或“背景色”选项，那么在创建的图像文件中，在“图层”面板最底层的便是背景图层；若选择“透明”选项，则在创建的图像文件中就没有背景图层。若要创建背景图层，选择其中一个图层，选择【图层】/【新建】/【背景图层】菜单命令，即可将选择的图层创建为背景图层。

问：如何将背景图层转换为普通图层？

答：背景图层是一个很特殊的图层，只能存在于“图层”面板底部，不能调整它的堆叠顺序，不能设置它的图层混合模式、不透明度，也不能为它添加图层样式。若要对背景图层进行设置，必须将其先转换为普通图层，其方法为：双击“背景”图层，在打开的“新建图层”对话框中输入新的图层名称，单击确定按钮，或按住【Alt】键双击“背景”图层，将其转换为普通图层。

拓展知识

1. 查找图层

当图层数量较多时，若想要在“图层”面板中快速找到某个图层，可选择【选择】/【查找图层】菜单命令，在“图层”面板的顶部会出现一个文本框，如图 4-47 所示，在其中输入要查找的图层的名称，面板中便只会显示该图层。

在“图层”面板中还可选择某种类型的图层，如名称、效果、模式、属性或颜色等，从而只显示与该类型相关的图层，隐藏其他图层。例如，在“图层”面板的图层查找栏中选择“类型”选项，然后单击右侧的“文字图层滤镜”按钮T，面板中只显示文字图层，如图 4-48 所示。

2. 清除图像的杂边

当移动或粘贴选区时，选区边框周围的一些杂边也包含在选区内，选择【图层】/【修边】菜单命令，在其子菜单中可选择相应的菜单命令清除这些多余的杂边，如图 4-49 所示。各菜单命令的内容介绍如下。

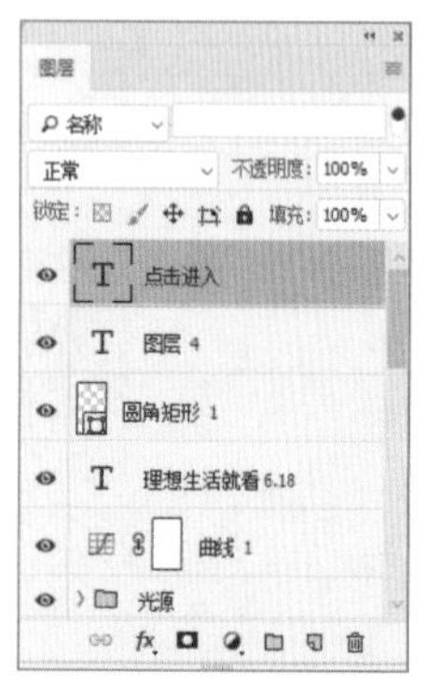

图4-47　查找图层

图4-48　只显示文字图层

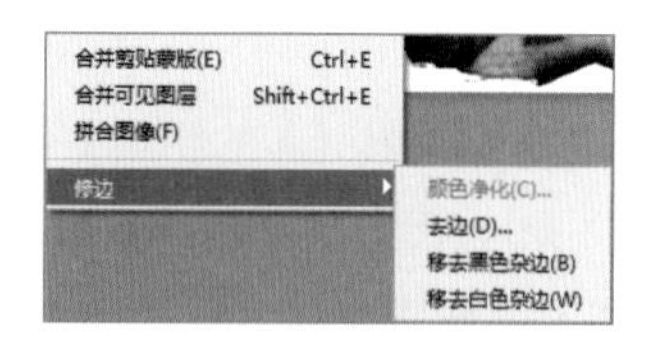

图4-49　修边命令

- 颜色净化：去除彩色杂边。
- 去边：用包含纯色（不含背景色的颜色）的邻近像素的颜色替换任何边缘像素的颜色。
- 移去黑色杂边：若将黑色背景上创建的消除锯齿的选区粘贴到其他颜色的背景上，可选择该菜单命令消除黑色杂边。
- 移去白色杂边：若将白色背景上创建的消除锯齿的选区粘贴到其他颜色的背景上，可选择该菜单命令消除白色杂边。

课后练习

（1）本练习要求制作图4-50所示的胶片图像。制作该图像主要使用“苹果.jpg”“鸭子.jpg”“飞机.jpg”图像文件。制作时将用到链接图层、合并图层和复制图层等操作。

图4-50　胶片图像效果

素材所在位置　素材文件\项目四\课后练习\苹果.jpg、鸭子.jpg、飞机.jpg
效果所在位置　效果文件\项目四\课后练习\胶片.psd

（2）本练习要求利用图层的基本操作，制作图4-51所示的办公楼图像，要求使用“素材.psd”“配景素材.psd”图像文件。

图4-51　办公楼图像效果

素材所在位置　素材文件\项目四\课后练习\素材.psd、配景素材.psd
效果所在位置　效果文件\项目四\课后练习\办公楼效果.psd

05 项目五

图层的高级操作

情景导入

米拉在学习了图层的有关操作后，体会到了图层在 Photoshop CC 2018 中的重要性。老洪告诉米拉。前面学习的只是图层的一些基础操作，图层还有一些高级操作，例如添加图层样式、复制和粘贴图层样式、创建调整图层、调整填充图层和图层的混合模式等。米拉听了以后跃跃欲试，她相信通过对图层的深入学习，后面制作的图像一定会更美观。

课堂学习目标

- 掌握制作浮雕文字的方法。

如添加图层样式、复制和粘贴图层样式等。

- 掌握制作手机壁纸的方法。

如创建调整图层、调整填充图层和图层的混合模式等。

▲制作浮雕文字

▲制作手机壁纸

任务一　制作浮雕文字

图5-1　浮雕文字效果

图层样式常用于制作特殊效果，调整图层样式可以简单快捷地制作出各种投影、质感，以及光景图像特效。使用图层样式可以提高工作效率，让制作出的效果更加美观，下面就对图层样式进行具体讲解。

一、任务目标

本任务将在图像中添加文字，并制作出浮雕效果。在制作时先输入文字，设置合适的样式，然后添加图层样式，对图层样式进行编辑，并通过复制和粘贴图层样式简化操作。通过对本任务的学习，用户可掌握 Photoshop CC 2018 中图层样式的相关操作。本任务制作完成后的效果如图 5-1 所示。

素材所在位置　素材文件 \ 项目五 \ 任务一 \ 新年背景 .jpg、艺术字 .psd、鱼 .psd
效果所在位置　效果文件 \ 项目五 \ 任务一 \ 浮雕文字 .psd

二、相关知识

本任务将利用图层样式制作浮雕文字，下面对图层样式的相关知识进行介绍。

（一）“图层样式”对话框

在编辑图像过程中，添加图层样式后才能对图层样式进行编辑。要添加图层样式，需要先打开“图层样式”对话框，下面对该对话框的打开方法与设置方法进行介绍。

1. 打开“图层样式”对话框

打开“图层样式”对话框的方法有以下3种。

- 选择【图层】/【图层样式】菜单命令，在打开的子菜单中选择一种菜单命令，如图 5-2 所示。
- 在“图层”面板中单击“添加图层样式”按钮 fx，在打开的下拉列表中选择一种效果选项，如图5-3所示。
- 在需要添加效果的图层右侧的空白部分双击，可快速打开“图层样式”对话框。

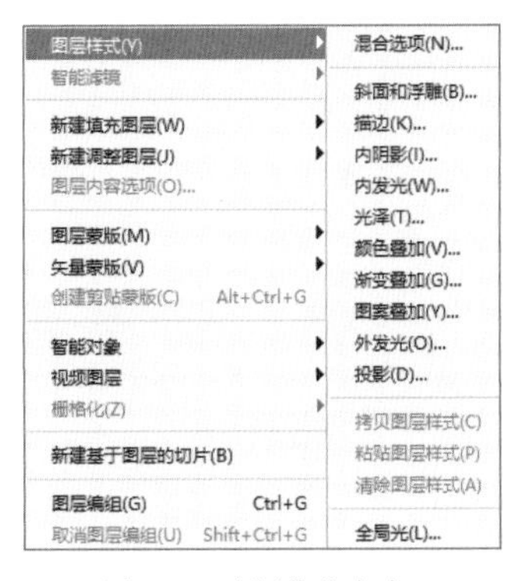

图5-2　选择菜单命令

图5-3　选择效果选项

2. 认识“图层样式”对话框

打开的“图层样式”对话框如图 5-4 所示，左侧“样式”栏中列出了可添加的图层样式，如斜面和浮雕、描边、内阴影、内发光等。选择其中一种样式，即可为图层添加该样式，右侧面板将随之切换为相应样式的设置界面。

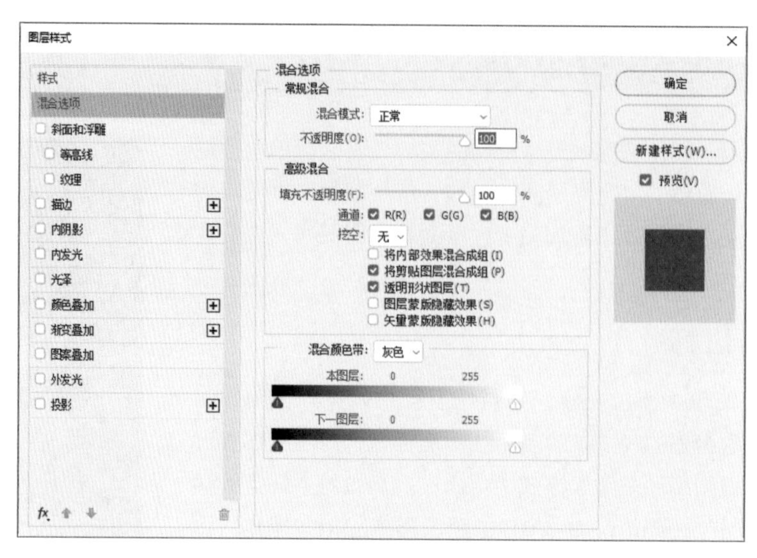

图5-4　“图层样式”对话框

恢复图层样式的默认设置

按住【Alt】键，“图层样式”对话框中的 取消 按钮会变为 复位 按钮，此时单击 取消 按钮，可将“图层样式”对话框中所有设置恢复为默认值。

（二）认识图层样式

Photoshop CC 2018 提供了多种图层样式，如混合选项、斜面和浮雕等，下面进行简要介绍。

- 混合选项：该图层样式可以控制图层与其下面的图层混合的方式，它是整个图层的透明度与混合模式的详细设置，其中有些设置可以直接在“图层”面板上调整，包括常规混合、高级混合和混合颜色带等。
- 斜面和浮雕：该图层样式可以让图层中的图像产生凸出、凹陷的斜面和浮雕效果，还可以添加不同组合方式的高光和阴影。
- 等高线：该图层样式可以勾画在浮雕处理中被遮住的起伏、凹陷和凸起，设置不同等高线生成的浮雕效果也不同，图 5-5 所示为“等高线”选项卡，图 5-6 所示为添加了“锥形”等高线的图像效果。

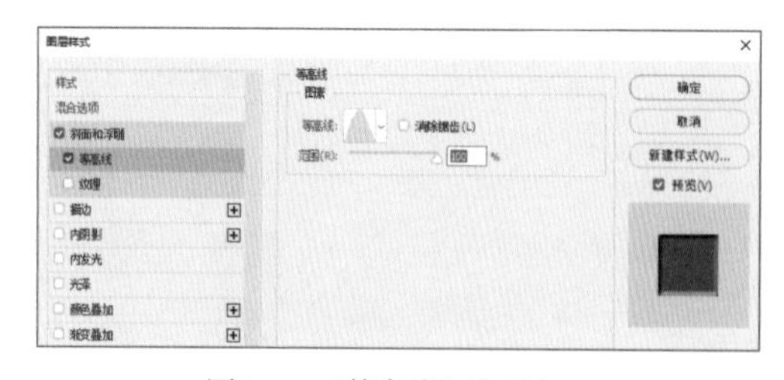

图5-5　“等高线”选项卡

图5-6　锥形效果

- 纹理：选中“图层样式”对话框左侧的“纹理”复选框，可切换到“纹理”选项卡，在该选项卡中能选择一种纹理叠加到图像上。

激活“等高线”和“纹理”复选框

“等高线”和“纹理”在“斜面和浮雕”复选框下方，只有选中“斜面和浮雕”复选框，才能激活“等高线”和“纹理”复选框。

- 描边：该图层样式可以沿图像边缘填充颜色、渐变或图案，图 5-7 所示为描边填充为红色的图像效果。
- 内阴影：该图层样式可以在紧靠图像的边缘内添加阴影，使图像产生凹陷效果，如图 5-8 所示；“内阴影”与“投影”图层样式的选项设置基本相同，不同之处在于“投影”图层样式是通过“扩展”选项来控制投影边缘的渐变程度；而“内阴影”图层样式则通过“阻塞”选项来控制，“阻塞”选项可以在模糊之前收缩内阴影的边界，且其与“大小”选项相关联，“大小”值越高，可设置的“阻塞”范围也就越大。
- 内发光：该图层样式可以沿图层内容的边缘向内创建发光效果，如图 5-9 所示。

图5-7　描边效果

图5-8　内阴影效果

图5-9　内发光效果

- 光泽：该图层样式可以在图像内部产生游离的发光效果，如图 5-10 所示。
- 颜色叠加：该图层样式可以在图像上叠加指定的颜色，通过设置颜色的混合模式和不透明度来控制叠加效果，如图 5-11 所示。
- 渐变叠加：该图层样式可以在图像上叠加指定的渐变色，如图 5-12 所示。

图5-10　光泽效果

图5-11　颜色叠加效果

图5-12　渐变叠加效果

- 图案叠加：该图层样式可以在图像上叠加指定的图案，可以设置图案的不透明度和混合模式，并且可以缩放图案，如图5-13所示。
- 外发光：该图层样式可以沿图像边缘向外产生发光效果，如图5-14所示。
- 投影：该图层样式用于模拟物体产生的投影效果，能增强层次感，如图5-15所示。

图5-13　图案叠加效果

图5-14　外发光效果

图5-15　投影效果

三、任务实施

（一）添加图层样式

对图层应用图层样式的具体操作如下。

（1）打开“新年背景.jpg”和“艺术字.psd”图像文件，如图 5-16、图 5-17 所示。

图5-16　打开“新年背景.jpg”图像文件

图5-17　打开“艺术字.jpg”图像文件

（2）在工具箱中选择“移动工具”，将“艺术字.jpg”图像文件拖曳到“新年背景.jpg”图像文件中。这时，“图层”面板中自动创建一个“艺术字”图层，如图 5-18 所示。

（3）单击“图层”面板下方的“添加图层样式”按钮 fx，在打开的下拉列表中选择“斜面和浮雕”选项，如图 5-19 所示。

（4）在“图层样式”对话框右侧的“样式”下拉列表中选择“枕状浮雕”选项，设置深度为“480”、方向为“下”、大小为“76”、软化为“4”，单击“光泽等高线”右侧的下拉按钮 ▾，在弹出的下拉列表中选择“锥形 - 反转”选项，如图 5-20 所示。

（5）在“图层样式”对话框左侧的“样式”栏中选中“渐变叠加”复选框，在对话框右侧设置图层混合模式为“正常”，单击渐变色条，设置渐变色为“#ce7927”~“#ffd58d”，如图 5-21 所示。

图5-18　创建图层

图5-19　选择“斜面和浮雕”选项

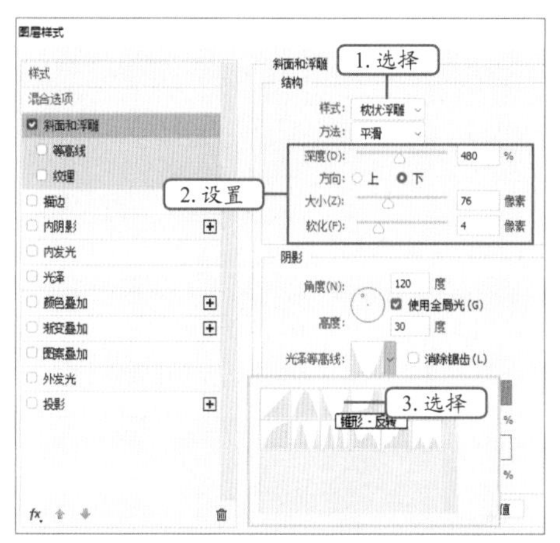

图5-20　设置“斜面和浮雕”图层样式

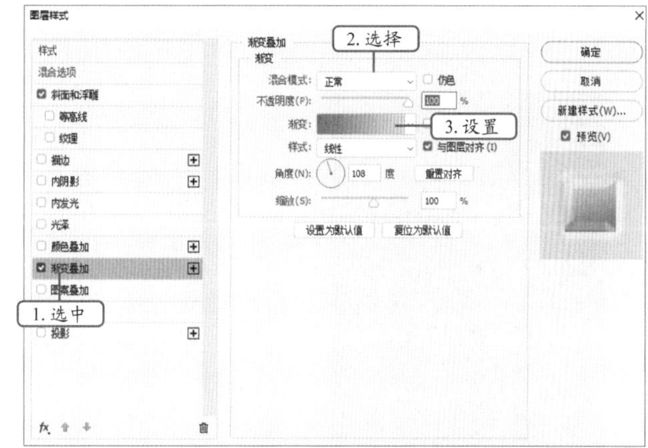

图5-21　设置“渐变叠加”图层样式

（6）在“图层样式”对话框左侧的“样式”栏中选中“投影”复选框，在对话框右侧设置混合模式为“正片叠底”投影为暗红色（R64,G37,B14）、距离为“47”、扩展为“0”、大小为“114”，其余设置如图 5-22 所示。

（7）单击 确定 按钮，得到添加图层样式后的文字效果，如图 5-23 所示。

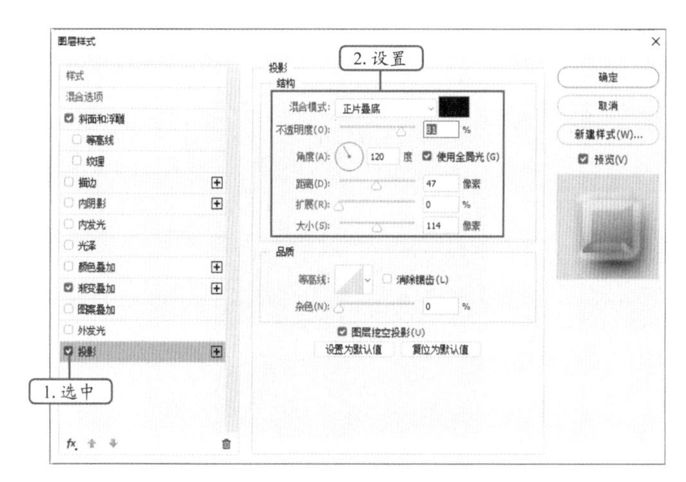

图5-22　设置“投影”图层样式

图5-23　文字效果

灵活运用图层样式

当设置好图层样式后，如果对效果不满意，可以打开“图层样式”对话框重新进行调整。用户要养成使用图层样式对图形进行编辑的习惯，应用图层样式可以制作出多种特殊样式和图像效果。

（二）复制和粘贴图层样式

在Photoshop CC 2018中，用户还可以对创建的图层样式进行复制，并粘贴到其他图层中，从而提高工作效率，避免重复操作，具体操作如下。

（1）打开“鱼.psd”图像文件，使用“移动工具” 将图像拖曳到当前编辑的图像文件中，得到“图层 2”图层，如图 5-24 所示。

（2）在“图层”面板中选择“艺术字”图层，单击鼠标右键，在弹出的快捷菜单中选择“拷贝图层样式”命令，如图 5-25 所示。

图5-24　添加素材图像

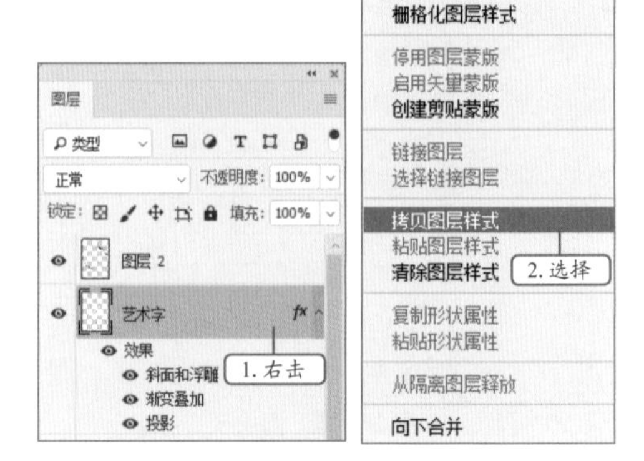

图5-25　选择“拷贝图层样式”命令

（3）在“图层”面板中选择“图层 2”图层，单击鼠标右键，在弹出的快捷菜单中选择“粘贴图层样式”命令，如图 5-26 所示。

（4）粘贴图层样式后，“图层”面板中显示相同的图层样式，关闭“图层 2”图层中“斜面和浮雕”“渐变叠加”样式前面的眼睛图标，得到投影效果，如图 5-27 所示。

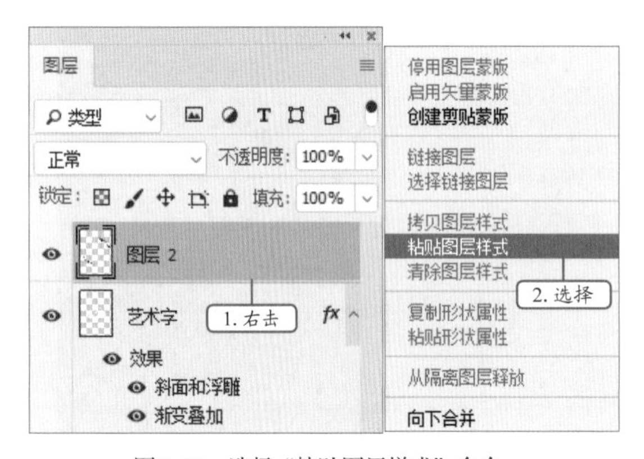

图5-26　选择“粘贴图层样式”命令

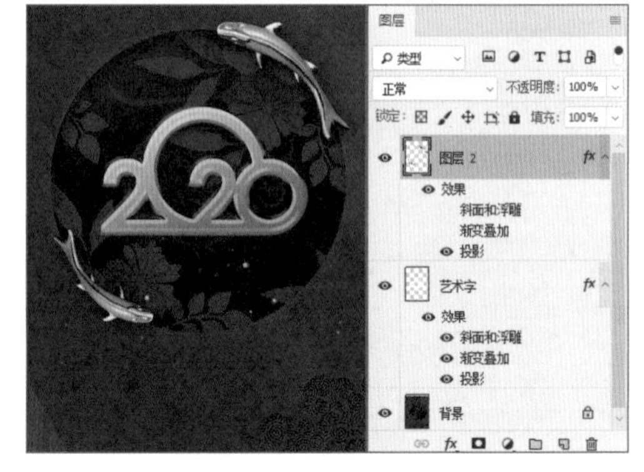

图5-27　投影效果

（5）在工具箱中选择“横排文字工具”，在图像下方输入“庆元旦 迎新年”，并在工具属性栏中设置字体为“方正正大黑简体”、填充颜色为“#ffffff”，如图 5-28 所示。

图5-28　输入文字

（6）新建一个图层，选择“矩形选框工具”，在文字下方绘制一个矩形选区，设置前景色为“#570303”，按【Alt+Delete】组合键填充选区，如图 5-29 所示。

（7）选择“横排文字工具”，在深红色矩形选区中输入“鼠年大吉 新年快乐 阖家团圆”，并在工具属性栏中设置字体为“Adobe 黑体 Std”、填充颜色为“#ffffff”，完成后的效果如图 5-30 所示。

图5-29　绘制并填充矩形选区

图5-30　图像效果

任务二　制作手机壁纸

图层的混合模式在图像处理过程中起着非常重要的作用，主要用来调整图层间的关系，并生成新的图像效果，下面对图层的混合模式进行讲解。

一、任务目标

本任务使用填充图层和图层混合模式来调整图像色调，使图像颜色更加明亮、统一，得到手机壁纸图像。通过对本任务的学习，用户可以掌握图层混合模式、填充图层和调整图层的使用方法。本任务完成后的效果如图5-31所示。

图5-31　手机壁纸效果

素材所在位置　素材文件\项目五\任务二\枫叶.jpg
效果所在位置　效果文件\项目五\任务二\手机壁纸.psd

二、相关知识

应用图层混合模式可以使图像呈现丰富的视觉效果，还可以为图像增强层次感和立体感。下面主要介绍图层混合模式的相关知识。

（一）图层混合模式

图层混合模式是指上层图层与下层图层进行混合，从而得到另外一种图像效果。通常情况下，上层图层的像素会覆盖下层图层的像素。Photoshop CC 2018提供了多种不同的图层混合模式，使用不同的图层混合模式可以产生不同的效果。

在“图层”面板的 正常 下拉列表中可选择需要的图层混合模式，如图5-32所示。下面分别介绍各种图层混合模式的作用。

基色、混合色与结果色

基色是下层图层的像素颜色，混合色是上层图层的像素颜色，结果色是混合后看到的像素颜色。

- 正常：该模式下编辑或绘制的每个像素都会成为结果色，该模式为默认模式。
- 溶解：根据像素位置的不透明度，结果色由基色或混合色的像素随机替换。
- 变暗：该模式下可以查看每个通道中的颜色信息，并选择基色或混合色中较暗的颜色作为结果色；应用该图层混合模式后，将替换比混合色亮的像素，而比混合色暗的像素将保持不变。
- 正片叠底：该模式将当前图层中的图像颜色与其下层图层中图像的颜色混合相乘，得到比原来的两种颜色更深的第 3 种颜色。
- 颜色加深：该模式用于查看每个通道中的颜色信息，并通过增加对比度使基色变暗以反映混合色，基色与白色混合后不产生变化。
- 线性加深：该模式用于查看每个通道中的颜色信息，并通过减小亮度使基色变暗以反映混合色，与白色混合后不发生变化。
- 深色：该模式用于比较混合色和基色的所有通道值的总和并显示值较小的颜色，该模式不会生成第 3 种颜色（可以通过“变暗”模式混合获得），因为它将从基色和混合色中选择最小的通道值来创建结果色。

图5-32　图层混合模式

- 变亮：该模式用于查看每个通道中的颜色信息，并选择基色或混合色中较亮的颜色作为结果色；比混合色暗的像素被替换，比混合色亮的像素将保持不变。
- 滤色：该模式用于查看每个通道中的颜色信息，并将混合色的互补色与基色复合；结果色总是较亮的颜色，用黑色过滤时颜色保持不变，用白色过滤时将产生白色；此效果类似于多个幻灯片在彼此之上所产生的投影。
- 颜色减淡：该模式用于查看每个通道中的颜色信息，并通过减小对比度使基色变亮以反映混合色，与黑色混合不发生变化。
- 线性减淡（添加）：该模式用于查看每个通道中的颜色信息，并通过增加亮度使基色变亮以反映混合色，与黑色混合不发生变化。
- 浅色：该模式用于比较混合色和基色的所有通道值的总和并显示值较大的颜色，该模式不会生成第 3 种颜色（可以通过“变亮”模式混合获得），因为它将从基色和混合色中选择最大的通道值来创建结果颜色。
- 叠加：该模式用于复合或过滤颜色，具体结果取决于基色；图案或颜色在现有像素上叠加，同时保留基色的明暗对比；不替换基色，但基色与混合色混合以反映基色的亮度或暗度。
- 柔光：该模式用于使颜色变暗或变亮，具体结果取决于混合色，此效果与发散的聚光灯照在图像上相似；如果混合色（光源）比 50% 灰色亮，则图像变亮，就像被减淡了一样；如果混合色（光源）比 50% 灰色暗，则图像变暗，就像被加深了一样；用纯黑色或纯白色绘画会产生明显较暗或较亮的区域，但不会产生纯黑色或纯白色。

- 强光：该模式用于复合或过滤颜色，具体结果取决于混合色，此效果与耀眼的聚光灯照在图像上相似；如果混合色（光源）比 50% 灰色亮，则图像变亮，就像过滤后的效果，这对于向图像添加高光非常有用；如果混合色（光源）比 50% 灰色暗，则图像变暗，就像复合后的效果，这对于向图像添加阴影非常有用；用纯黑色或纯白色绘画会产生纯黑色或纯白色。
- 亮光：该模式用于通过增加或减小对比度来加深或减淡颜色，具体结果取决于混合色；如果混合色（光源）比 50% 灰色亮，则通过减小对比度使图像变亮；如果混合色比 50% 灰色暗，则通过增加对比度使图像变暗。
- 线性光：该模式用于通过减小或增加亮度来加深或减淡颜色，具体结果取决于混合色；如果混合色（光源）比 50% 灰色亮，则通过增加亮度使图像变亮；如果混合色比 50% 灰色暗，则通过减小亮度使图像变暗。
- 点光：该模式用于根据混合色替换颜色；如果混合色（光源）比 50% 灰色亮，则替换比混合色暗的像素，而不改变比混合色亮的像素；如果混合色比 50% 灰色暗，则替换比混合色亮的像素，而比混合色暗的像素保持不变，这对于向图像添加特殊效果非常有用。
- 实色混合：该模式用于将混合颜色的红色、绿色和蓝色通道值添加到基色的 RGB 值；如果通道的结果总和大于或等于 255，则值为 255；如果小于 255，则值为 0。因此，所有混合像素的红色、绿色和蓝色通道值要么是 0，要么是 255。这会将所有像素更改为原色（红色、绿色、蓝色、青色、黄色、洋红、白色或黑色）。
- 差值：该模式用于查看每个通道中的颜色信息，并从基色中减去混合色，或从混合色中减去基色，具体结果取决于哪一个颜色的亮度值更大；与白色混合将反转基色值，与黑色混合不产生变化。
- 排除：该模式用于创建一种与“差值”模式相似但对比度更低的效果，与白色混合将反转基色值，与黑色混合不发生变化。
- 减去：该模式用于从目标通道中相应的像素上减去源通道中的像素值。
- 划分：该模式用于查看每个通道中的颜色信息，从基色中划分混合色。
- 色相：该模式用基色的亮度和饱和度及混合色的色相创建结果色。
- 饱和度：该模式将用基色的亮度和色相及混合色的饱和度创建结果色，在无饱和度的区域上应用此模式绘画不会产生变化。
- 颜色：该模式用基色的亮度及混合色的色相和饱和度创建结果色，这样可以保留图像中的灰阶，对给单色图像上色和给彩色图像着色都非常有用。
- 明度：该模式用基色的色相和饱和度及混合色的亮度创建结果色，此模式将产生与“颜色”模式相反的效果。

（二）填充图层

使用填充图层可为图层添加不同的填充效果，如纯色、渐变和图案填充等。结合图层混合模式，可以修改其他图像的色彩。选择【图层】/【新建填充图层】菜单命令，在其子菜单中可以选择一种填充效果，如图5-33所示。各填充图层的作用介绍如下。

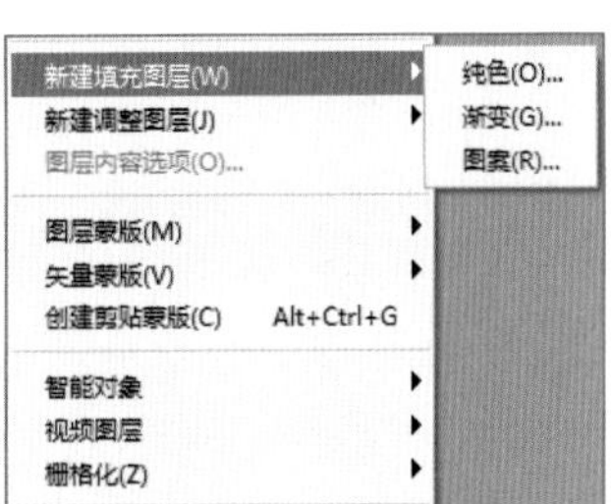

图5-33 新建填充图层

- 纯色：确认添加“纯色”图层后，默认用前景色填充调整图层，也可以在接下来打开的拾色器中选择其他填充颜色。

- 渐变：确认添加“渐变”图层后，在打开的对话框中单击渐变色条，可打开“渐变编辑器”对话框，在其中可选择或设置渐变色；其中“样式”指定渐变的形状，“角度”指定应用渐变时使用的角度，“缩放”更改渐变的大小，“反向”翻转渐变的方向，“仿色”通过对渐变应用仿色减少带宽，“与图层对齐”使用图层的定界框来计算渐变填充并可在图像窗口中拖曳以移动渐变中心。
- 图案：确认添加“图案”图层后，单击图案，并从弹出式面板中选择一种图案；选中“与图层链接”复选框，可使图案在图层移动时随图层一起移动；单击“贴紧原点”按钮可使图案的原点与文档的原点相同。

（三）调整图层

调整图层用于对图像颜色和色调进行调整的图层，使用调整图层时，该调整图层以下的图层都将受到影响，但各图层本身的像素并未被改变。因此，使用调整图层可方便日后对图像进行修改。若不需要调整某一图层中的效果，将该图层隐藏即可。

在“图层”面板底部单击“创建新的填充或调整图层”按钮，在打开的下拉列表中可选择调整图层，如图 5-34 所示。选择一种调整图层，在所选图层上方添加该调整图层，如图 5-35 所示。

除此之外，选择【窗口】/【调整】菜单命令，打开“调整”面板，如图 5-36 所示，其中也包含了调整图层的相关选项，单击相应的按钮，即可添加相应的调整图层。在“图层”面板上方还会出现相应的“属性”面板，其中包含该调整图层可调整的选项，图 5-37 所示为色彩平衡的“属性”面板。通过调整面板中的选项，即可调整图层效果。

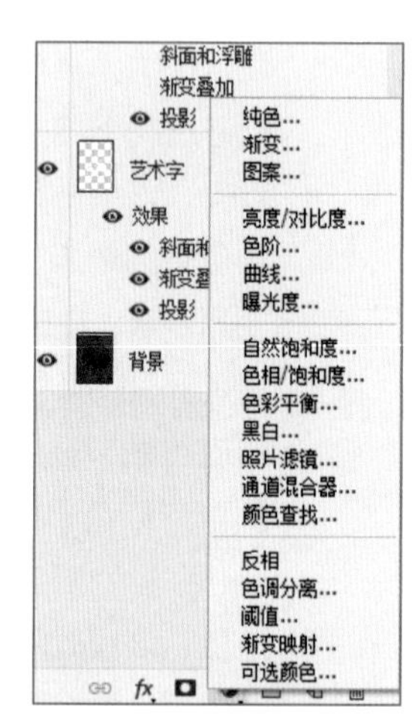

图5-34 选择调整图层

图5-35 添加调整图层

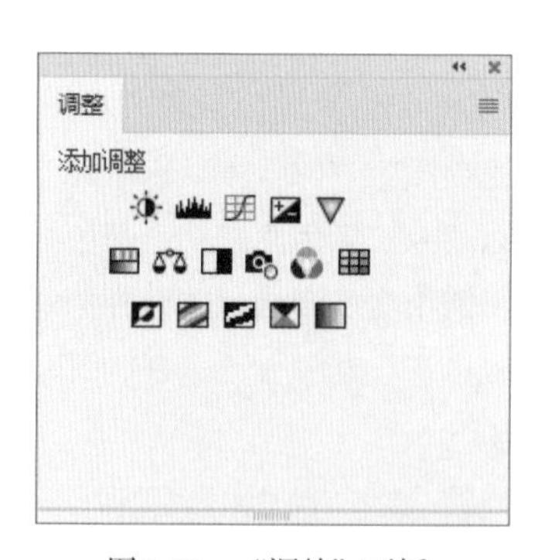

图5-36 “调整”面板

图5-37 色彩平衡的“属性”面板

色彩平衡的“属性”面板中的部分选项介绍如下。

- “创建剪贴蒙版”按钮：单击该按钮，可将当前的调整图层与其下方的调整图层创建为一个剪贴蒙版组，使调整图层仅影响其下的一个图层，如图5-38所示；再次单击该按钮，可取消单独影响，转而影响其下所有图层，如图5-39所示。
- “查看上一状态”按钮：对图层进行调整后，单击该按钮，可查看上一调整状态，以便比较两种状态的效果。
- “复位到调整默认值”按钮：单击该按钮，可将该面板设置恢复到默认值。
- “切换图层可见性”按钮：单击该按钮，可隐藏或重新显示调整图层，该按钮与“图层”

面板中各图层前的可见性按钮用法一致。

图5-38 只影响一个图层

图5-39 影响其下所有图层

- “删除调整图层”按钮 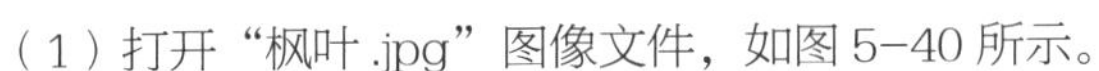：单击该按钮，可直接删除当前选择的调整图层。

三、任务实施

（一）创建调整图层

为图像添加调整图层，可以调整图像的色调和明暗等，并且能够反复修改，具体操作如下。

（1）打开“枫叶.jpg”图像文件，如图 5-40 所示。

（2）单击“图层”面板底部的“创建新的填充或调整图层”按钮，在弹出下拉列表中选择“曲线”选项，如图 5-41 所示。

（3）打开“属性”面板，在曲线上增加控制点，拖曳控制点调整曲线，增加图像的亮部区域，减少图像的暗部区域，增强图像对比度，如图 5-42 所示。

图5-40 打开“枫叶.jpg”图像文件

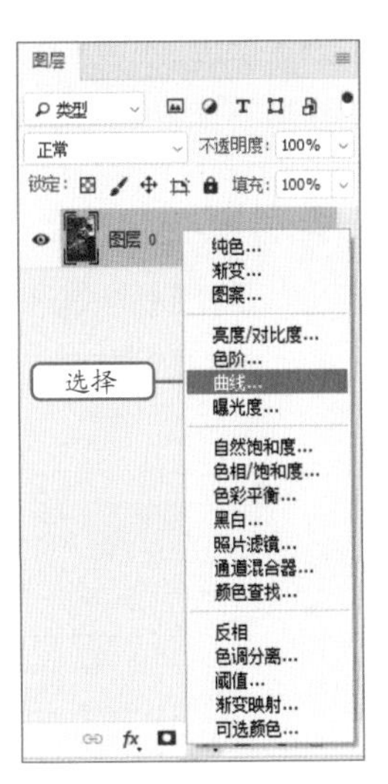

图5-41 选择“曲线”命令

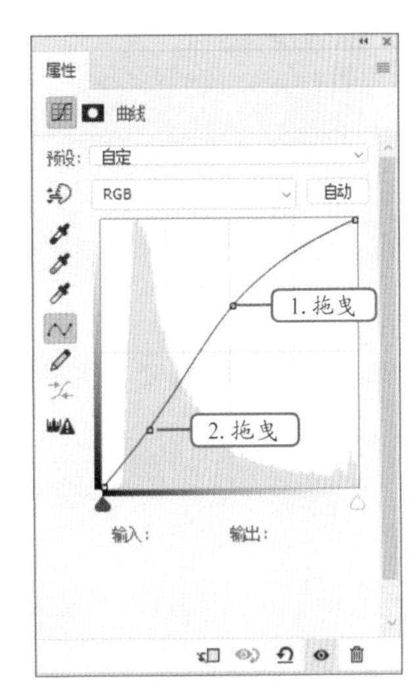

图5-42 调整曲线

（4）调整完成后，“图层”面板中自动生成一个调整图层，如图 5-43 所示。得到的图像效果如图 5-44 所示。

（5）选择【图层】/【新建调整图层】/【亮度 / 对比度】菜单命令，在打开的对话框中保持默认设置，单击 确定 按钮，打开“属性”面板，设置亮度为“28”，如图 5-45 所示。

图5-43　调整图层

图5-44　图像效果

图5-45　设置亮度

（6）调整亮度后的图像效果如图 5-46 所示。在“图层”面板中单击“创建新的填充或调整图层”按钮 ，在弹出的下拉列表中选择“色相 / 饱和度”选项，在“属性”面板中选择“全图”选项，设置色相为“6”、饱和度为“-40”、明度为“-11”，如图 5-47 所示。然后选择“红色”选项，设置色相为“+3”、饱和度为“+22”、明度为“-12”，如图 5-48 所示。

图5-46　调整图像亮度

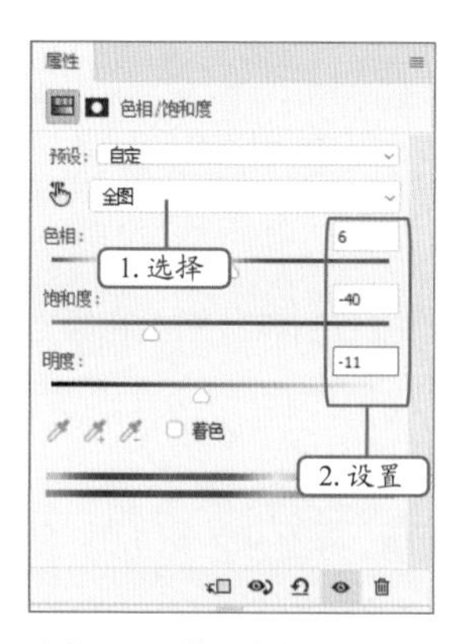

图5-47　设置色相/饱和度

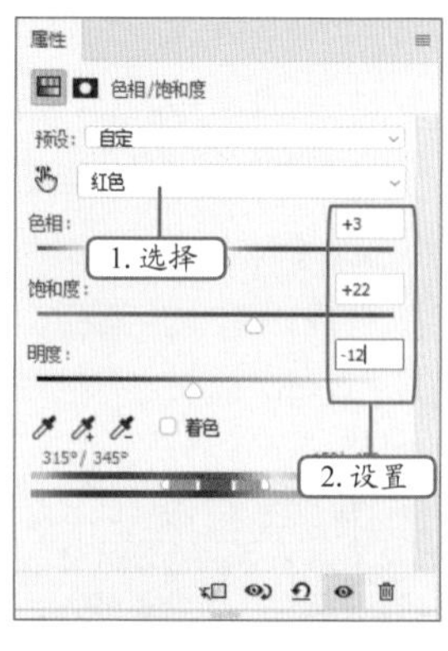

图5-48　设置“红色”参数

（7）在“属性”面板中选择“黄色”选项并进行调整，设置色相为“-19”、饱和度为“+32”、明度为“+28”，如图 5-49 所示。使用同样的方法设置“青色”的参数，如图 5-50 所示。得到的图像效果如图 5-51 所示。

图5-49　设置“黄色”参数

图5-50　设置“青色”参数

图5-51　图像效果

（二）调整填充图层和图层混合模式

下面为图像添加纯色填充图层，并调整图层混合模式，具体操作如下。

（1）单击“图层”面板底部的“创建新的填充或调整图层”按钮 ，在弹出的下拉列表中选择“纯色”选项，如图5-52所示。打开“拾色器（纯色）”对话框，在其中设置颜色为“#ab8940”，如图5-53所示。

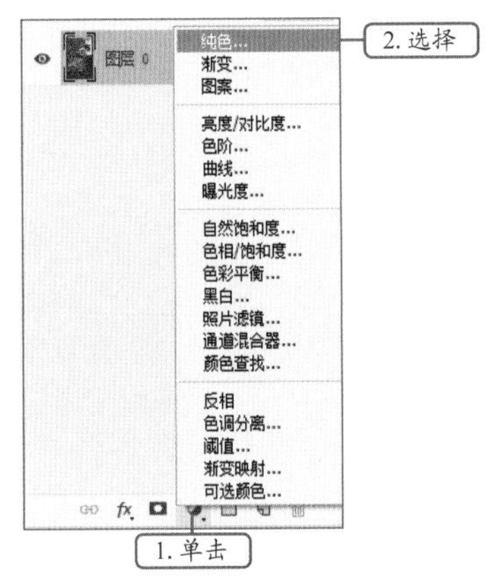

图5-52　选择“纯色”选项

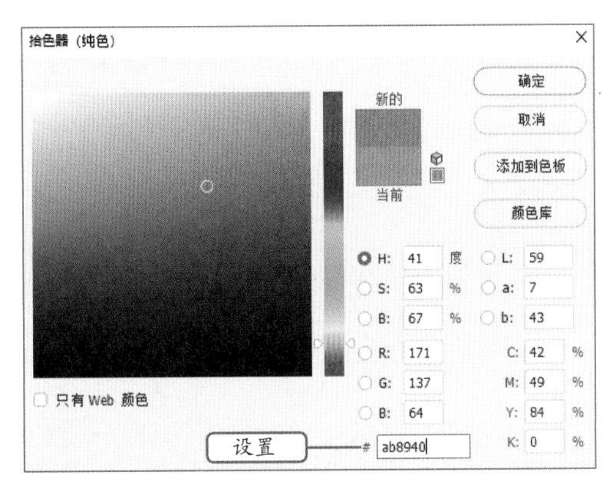

图5-53　设置颜色

修改填充图层的设置

若要更改填充图层的设置，可在“图层”面板中双击填充图层前方的颜色缩略图，在打开的对话框中进行修改。

（2）单击 确定 按钮，得到纯色填充图层，设置该图层的混合模式为“柔光”、不透明度为“50%”，如图5-54所示。得到的图像效果如图5-55所示。

（3）选择工具箱中的“横排文字工具” ，在右下方输入“秋分”“金黄的枫叶飘飘落落，铺满你脚下的前程，伴随你走入辉煌……”。在工具属性栏中设置“秋分”为“方正行楷简体”、其他文字为“方正硬笔行书简体”、颜色为白色，效果如图5-56所示。

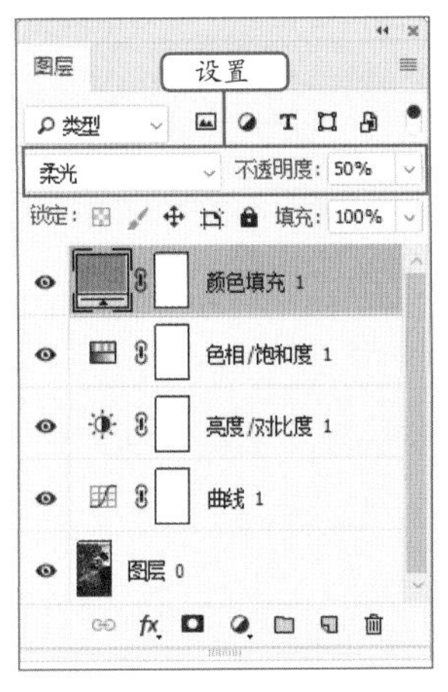

图5-54　设置图层属性

图5-55　图像效果

图5-56　输入文字

实训一　制作鲸和女孩图像

【实训要求】

本实训将制作图 5-57 所示的鲸和女孩图像，要求使用提供的多张素材图像进行组合，改变图层混合模式，为图像添加调整图层，得到柔和、统一的图像效果。通过本实训，用户可练习图层混合模式的设置，以及调整图层的使用方法，并巩固前面所学的移动和绘制图像、调整图像大小等操作。

图5-57　鲸和女孩图像效果

【操作思路】

根据实训要求，可先将其他素材图像移动到“天空 .jpg”图像文件中，然后调整图像大小和位置，再调整图层混合模式，最后对图像色调进行调整。

素材所在位置　素材文件 \ 项目五 \ 实训一 \ 天空 .jpg、鲸 .psd、女孩 .psd、桥 .psd
效果所在位置　效果文件 \ 项目五 \ 实训一 \ 鲸和女孩 .psd

【步骤提示】

（1）打开“天空 .jpg”图像文件，使用“画笔工具”在图像下半部分绘制灰色云层图像。

（2）打开“桥 .psd”图像文件，使用“移动工具”将图像拖曳到“天空 .jpg”图像文件中，适当调整图像大小和位置。

（3）新建图层，使用“画笔工具”在图像下方绘制蓝色图像，并设置图层混合模式为“强光”。

（4）将“女孩 .psd”和“鲸 .psd”图像文件拖曳到当前图像中，新建天空图层，在其中绘制黄色柔和背景，添加图层蒙版，遮挡住女孩、鲸图像。

（5）添加“色相 / 饱和度”调整图层，降低饱和度。添加“色彩平衡”调整图层，增加黄色和红色调。添加“色阶”调整图层，增加图像对比度和亮度。

（6）按【Shift+Ctrl+Alt+E】组合键盖印图层，应用“高斯模糊”滤镜，然后设置图层混合模式为“柔光”，完成本实训的制作。

实训二　制作艺术边框效果

【实训要求】

本实训要求为一幅风景图像添加艺术边框，要求简洁大方，并加入适当的装饰图像，最终效果如图 5-58 所示。

图5-58　艺术边框效果

【操作思路】

根据实训要求，可先添加调整图层，再使用“画笔工具” 进行涂抹，制作丰富的效果。

素材所在位置　素材文件 \ 项目五 \ 实训二 \ 蝴蝶 .psd、花朵 .jpg
效果所在位置　效果文件 \ 项目五 \ 实训二 \ 艺术边框 .psd

【步骤提示】

（1）打开“花朵 .jpg”图像文件，单击“图层”面板下方“创建新的填充或调整图层”按钮 ，在打开的下拉列表中选择“纯色”选项。在打开的对话框中设置颜色为“#e3ecf3”。

（2）选择“画笔工具” ，用黑色在调整图层的蒙版中涂抹，隐藏中间的图像，露出底层的花朵图像。

（3）设置前景色为白色，使用“画笔工具” 在画面中画出白色斑点图像。

（4）添加“蝴蝶 .psd”图像文件中的素材，完成艺术边框的制作。

常见疑难解析

问：如果要制作一幅暗调的图像，需要输入深色的文字，怎样才能让文字在画面中变得更加明显？

答：用户可以为文字添加各种图层样式来突出文字，如添加浅色的“投影”“外发光”“斜面和浮雕”图层样式等。另外，也可以在“图层”面板中选择相应的图层，再拖曳不透明度的滑块设置图像内部填充的不透明度。

问：在一幅图像中创建一个选区，然后使用“图层样式”对话框为其添加外发光效果，但是添加图层样式后却看不到效果，这是怎么回事呢？

答：这是因为“图层样式”对话框只对图层中的图像起作用，并不对图层中的图像选区起作用，用户可以将图像选区内容复制到新的图层中，再添加图层样式。

问：为图像中的文字添加图层样式，必须先将文字进行栅格化处理吗？

答：不需要，图层样式可以直接对文字进行操作。只有在使用一些滤镜和色调调整时才需要先对文字进行栅格化处理。

拓展知识

智能对象是包含栅格或矢量图像的图层对象。智能对象将保留图像的源内容及其所有原始特性，从而能够对图层执行非破坏性编辑。使用“打开为智能对象”命令、置入为智能对象、将图层中的对象创建为智能对象、将Illustrator中的图形粘贴为智能对象等操作，均可创建智能对象。

1. 创建智能对象

智能对象的创建方法如下。

- 打开为智能对象：在文件中选择【打开】/【打开为智能对象】菜单命令，即可将图像作为智能对象打开；在“图层”面板中，智能对象缩览图的右下角会显示智能对象的图标，如图 5-59 所示。
- 置入为智能对象：选择【文件】/【置入链接的智能对象】菜单命令，即可将要打开的文件以智能对象的方式置入到当前文件中，如图5-60所示。
- 将图层中的对象创建为智能对象：在“图层”面板中选择一个或多个图层，然后选择【图层】/【智能对象】/【转换为智能对象图层】菜单命令，即可将这一个或多个图层转换为智能对象。

图5-59 智能对象

图5-60 置入为智能对象

- 将Illustrator中的图形粘贴为智能对象：在Illustrator中选择一个对象，按【Ctrl+C】组合键复制，切换到Photoshop CC 2018中，按【Ctrl+V】组合键粘贴，在打开的“粘贴”对话框中选择“智能对象”选项，即可将矢量图形以智能对象的方式粘贴到图像中。

2. 编辑智能对象

用户可对智能对象应用以下操作。

- 执行非破坏性变换。因为变换不会影响原始数据，所以可以对图层进行缩放、旋转、透视变换或图层变形等操作，而不会丢失原始图像数据或降低图像品质。
- 可以随时编辑应用于智能对象的滤镜。
- 编辑一个智能对象时，可自动更新其所有的链接实例。
- 应用与智能对象图层链接或未链接的图层蒙版。

需要注意的是，使用智能对象也有限制，如无法对智能对象图层直接执行可以改变像素数据的操作，除非先将该图层栅格化。

课后练习

（1）本练习要求制作多色金属按钮。在制作按钮时，首先通过“椭圆选框工具”绘制出按钮的基本外形，然后对其进行颜色填充，再打开“图层样式”对话框，对其应用“斜面和浮雕”“渐变叠加”“投影”等图层样式，最后使用“钢笔工具”绘制出按钮的反光图像，将其转换为选区后进行填充。最终效果如图 5-61 所示。

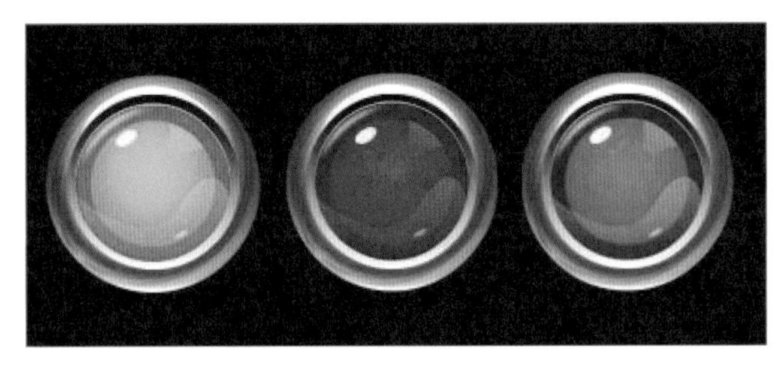

图5-61　金属按钮效果

效果所在位置　效果文件 \ 项目五 \ 课后练习 \ 金属按钮 .psd

（2）本练习要求制作特效文字。打开文字素材，对其进行栅格化处理，并对文字应用“外发光”图层样式，然后绘制圆环图像，同样对其应用“外发光”图层样式，并进行扭曲等操作。最终效果如图 5-62 所示。

图5-62　特效文字效果

素材所在位置　素材文件 \ 项目五 \ 课后练习 \ 特效文字 .psd
效果所在位置　效果文件 \ 项目五 \ 课后练习 \ 特效文字 .psd

06 项目六

使用文字

情景导入

米拉最近需要使用 Photoshop CC 2018 设计漂亮的文字来完善毕业设计，于是她向老洪请教。老洪告诉米拉，除了直接使用横排文字工具组进行文字输入外，还可以对文字进行排版编辑，例如制作变形文字，利用文字与选区的转换编辑特殊效果等，于是米拉开始了与文字设计有关的学习。

课堂学习目标

● 掌握制作儿童游玩区示意图的方法。

如新建文件并输入文字、设置文字格式、制作变形文字等。

● 掌握制作美食画册内页的方法。

如规划版面、创建文字蒙版、创建段落文字、格式化段落等。

▲制作儿童游玩区示意图

▲制作美食画册内页

任务一 制作儿童游玩区示意图

在公共场合通常会有一些示意图，提示人们该区域的主要功能。设计师可以根据实际需要选择图案，然后在其中添加文字，再对添加的文字做适当的调整和美化，使示意图更加形象、美观。

一、任务目标

本任务将使用横排文字工具组来制作儿童游玩区示意图，在制作时首先输入相关文字，然后根据需要设置文字格式，并对文字进行适当变形美化。通过对本任务的学习，用户可掌握Photoshop CC 2018中文字编辑的相关操作。本任务制作完成后的效果如图6-1所示。

图6-1 儿童游玩区示意图效果

素材所在位置 素材文件\项目六\任务一\卡通图.jpg
效果所在位置 效果文件\项目六\任务一\儿童游玩区示意图.psd

二、相关知识

本任务涉及点文字和段落文字的输入，这些操作可通过横排文字工具组及其相关工具属性栏来完成，下面进行简单介绍。

（一）横排文字工具组

Photoshop CC 2018的横排文字工具组中包括“横排文字工具”、“直排文字工具”、“直排文字蒙版工具”和“横排文字蒙版工具”，在工具箱中的“横排文字工具”上单击鼠标右键，展开工具列表，如图6-2所示。

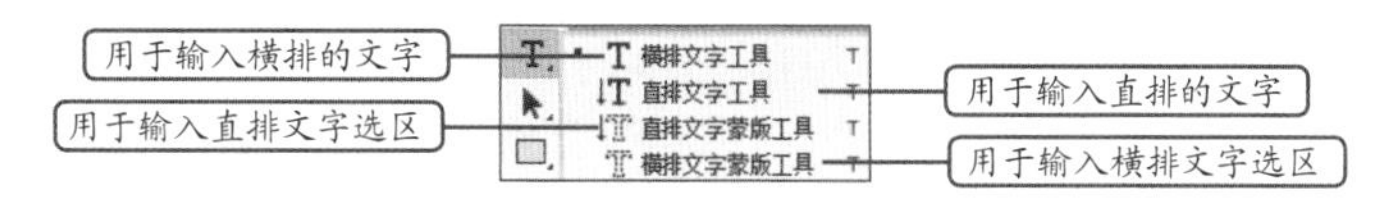

图6-2 横排文字工具组

（二）“横排文字工具”工具属性栏

选择工具箱中的“横排文字工具”，在其工具属性栏中可简单设置文字的相关属性，如图6-3所示为对应的工具属性栏，各选项含义如下。

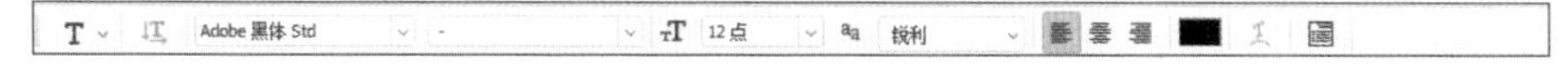

图6-3 “横排文字工具”工具属性栏

- “切换文本取向”按钮：单击该按钮，可以在文字的水平排列状态和垂直排列状态之间切换。
- “字体”下拉列表 Adobe 黑体 Std：用于选择字体。
- “字号”下拉列表 12点：用于选择字体的大小，也可直接在文本框中输入要设置的字体大小。

- “锯齿效果”下拉列表：用于选择是否消除字体边缘的锯齿效果，以及用什么模式消除锯齿，包括锐利、犀利、浑厚、平滑等模式。
- “对齐方式”按钮组：单击按钮，可以使文字向左对齐；单击按钮，可使文字居中对齐；单击按钮，可使文字向右对齐。
- “设置文本颜色”色块：单击该色块，可打开“拾色器”对话框，用于设置文字的颜色。
- “创建文字变形”按钮：单击该按钮，可以设置文字的变形效果。
- “切换字符和段落面板”按钮：单击该按钮，可以显示或隐藏“字符”面板和“段落”面板。

（三）认识“字符”面板

使用“字符”面板可以设置文字各项属性，选择【窗口】/【字符】菜单命令，打开图6-4所示的“字符”面板。面板中包含两个选项卡，“字符”选项卡用于设置字符属性，“段落”选项卡用于设置段落属性。

“字符”面板用于设置字符的字间距、行间距、缩放比例、字体以及尺寸等属性，各选项含义如下。

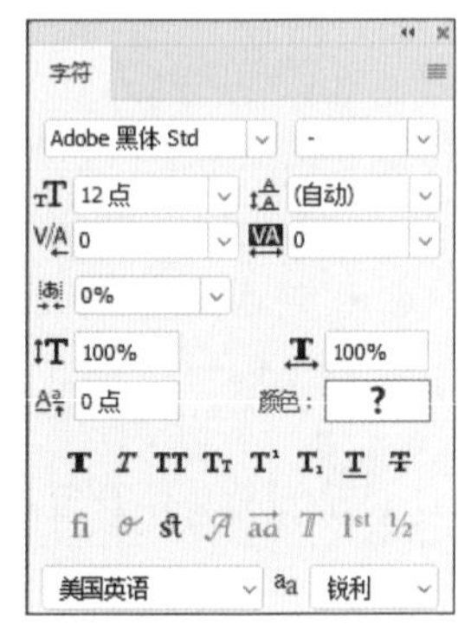

图6-4　“字符”面板

- “字体”下拉列表：单击右侧的下拉按钮，可在打开的下拉列表中选择需要的字体。
- “字号”下拉列表：单击右侧的下拉按钮，可以选择字体大小，也可以直接输入数值设置字体大小。
- “行距”下拉列表：此下拉列表用于设置行距，单击右侧的下拉按钮，在下拉列表中可以选择行间距的大小。
- “字距微调”下拉列表：设置两个字符间的字距微调。
- “字距”下拉列表：设置所选字符的字距调整，单击右侧的下拉按钮，在打开的下拉列表中可以选择字符间距，也可以直接在文本框中输入数值。
- “比例间距”下拉列表：设置所选字符的比例间距。
- “垂直缩放”文本框：设置所选字符的垂直缩放效果。
- “水平缩放”文本框：设置所选字符的水平缩放效果。
- “基线偏移”文本框：设置基线偏移，当设置为正值时，向上移动，当设置为负值时，向下移动。
- “颜色”色块：单击颜色色块，在打开的拾色器中设置文字的颜色。
- 按钮组：分别用于对文字进行加粗、倾斜、全部大写字母、将大写字母转换成小写字母、添加上标、添加下标、添加下划线、添加删除线等操作，设置时选择文字并单击相应的按钮即可。

选择文字的技巧

如果输入的文字过大或过小，可单击工具属性栏中的按钮取消此次输入，然后在工具属性栏中选择合适的文字大小，重新输入文字。

三、任务实施

（一）新建文件并输入文字

要完成本任务，需要新建一个符合示意图尺寸的图像文件，然后进行文字的输入操作，具体操作如下。

（1）选择【文件】/【新建】菜单命令，打开“新建文档”对话框，在其中进行设置，如图 6-5 所示。

（2）打开“卡通图 .jpg”图像文件，使用“移动工具”将其移动到新建的图像文件中。

（3）按【Ctrl+T】组合键，调整图像大小和位置，使其充满整个画面，如图 6-6 所示，按【Enter】键确认。

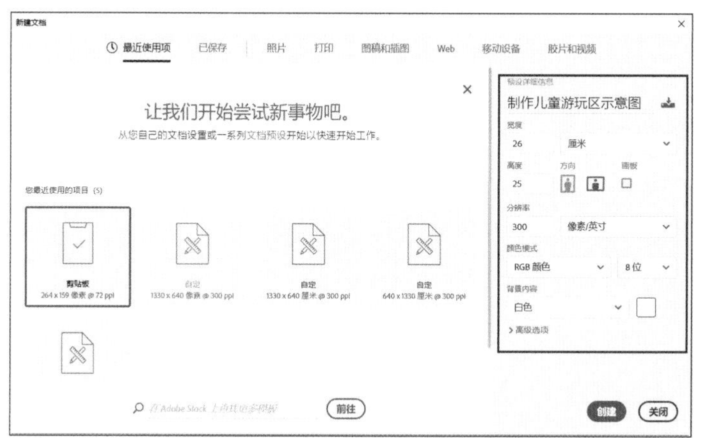

图6-5　新建图像文件

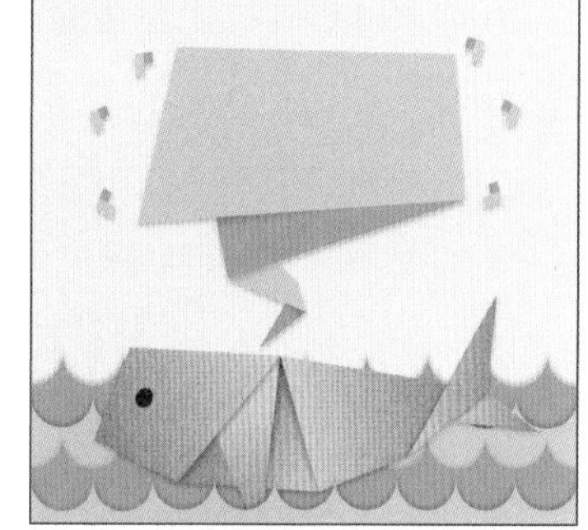

图6-6　调整图像大小和位置

（4）在工具箱中选择“横排文字工具” T，在工具属性栏中单击 Adobe 黑体 Std 下拉列表右侧的下拉按钮，在打开的下拉列表中选择“方正稚艺简体”选项。

（5）单击 12点 下拉列表右侧的下拉按钮，在打开的下拉列表中选择“80 点”选项，如图 6-7 所示。

（6）单击工具属性栏右侧的色块，打开“拾色器（前景色）”对话框，设置文字颜色为“#097783”，如图 6-8 所示。

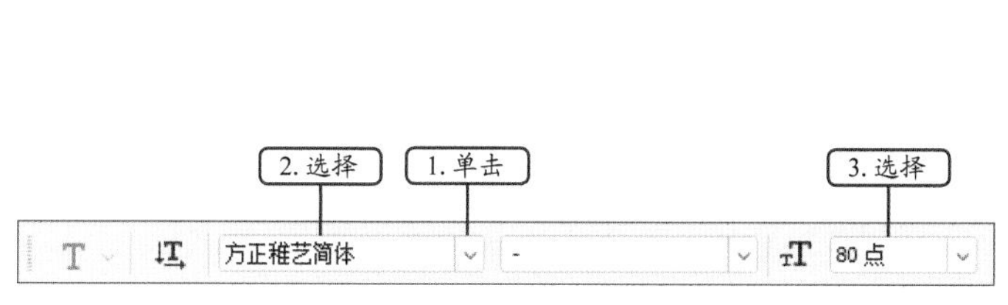

图6-7　设置字体和字号

图6-8　设置文字颜色

（7）将鼠标指针移至图像窗口中单击，定位插入点，切换到中文输入法，输入“儿童玩耍区”，如图 6-9 所示。

（8）按【Ctrl+Enter】组合键确认，“图层”面板中自动创建一个文字图层，名称为输入的文字，如图 6-10 所示。

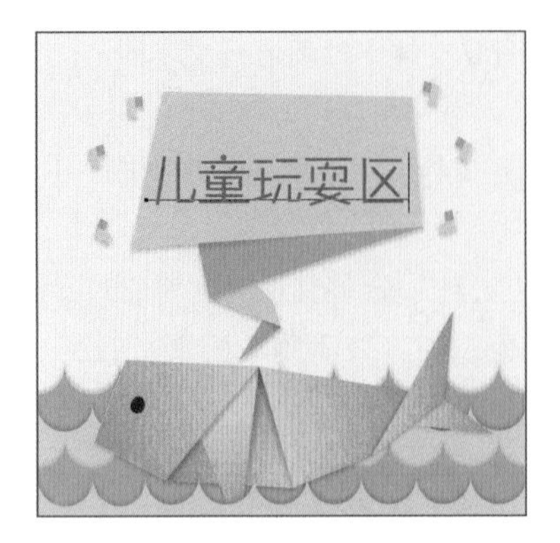

图6-9　输入文字

图6-10　“图层”面板

（9）按【Ctrl+T】组合键，适当旋转文字，如图 6-11 所示。按【Enter】键确认，得到的图像效果如图 6-12 所示。

图6-11　旋转文字

图6-12　图像效果

（二）设置文字格式

输入文字后，还需要对其进行编辑，使文字更具冲击力和吸引力。下面介绍如何设置文字格式，具体操作如下。

（1）在“图层”面板中选择文字图层，然后选择【窗口】/【字符】菜单命令，打开“字符”面板。单击面板下方的“仿粗体”按钮T和“仿斜体”按钮T，如图 6-13 所示。得到文字加粗、倾斜的效果，如图 6-14 所示。

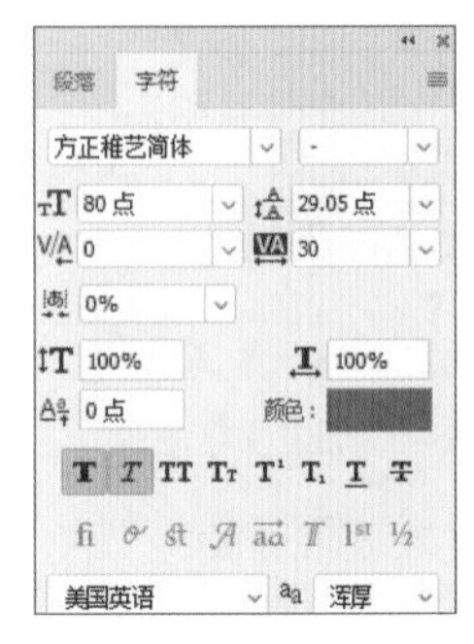

图6-13　设置文字格式

图6-14　文字加粗、倾斜的效果

（2）选择“横排文字工具” T，在文字下方输入“请脱鞋进入”，如图 6-15 所示。将插入点移至末尾文字右侧，按住鼠标左键向左拖曳，选择该行文字，如图 6-16 所示。

（3）在“字符”面板中设置字体为“方正稚艺简体”、字号为“25”，单击下方的色块，设置颜色为“#f7a533”，如图 6-17 所示。

（4）按【Ctrl+T】组合键，适当旋转文字，按【Enter】键确认，得到的旋转文字效果如图 6-18 所示。

图6-15　输入文字

图6-16　选择文字

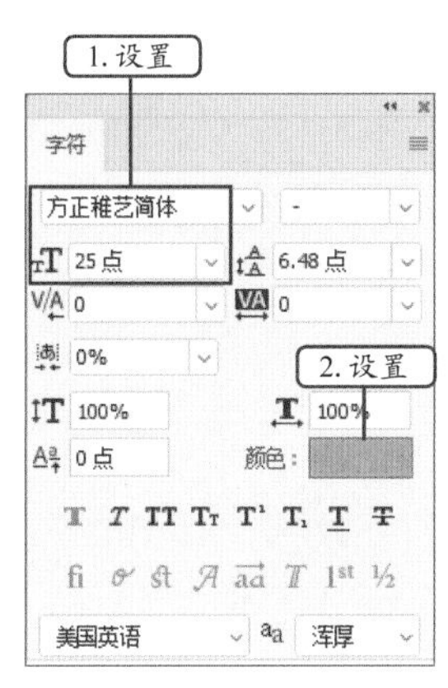

图6-17　设置文字格式

图6-18　旋转文字

101

（三）制作变形文字

文字基本格式设置完成之后，还需要对文字进行细微的变形，使文字效果更出众，具体操作如下。

（1）选择“横排文字工具” T，输入“Children's play area”。选择文字，在“字符”面板中设置字体为“方正稚艺简体”、字号为“29”、颜色为黑色，单击“全部大写字母”按钮 TT，如图 6-19 所示。得到的文字效果如图 6-20 所示。

图6-19　设置文字格式

图6-20　文字效果

（2）在工具属性栏中单击“创建文字变形”按钮，打开“变形文字”对话框。

（3）在“样式”下拉列表中选择“扇形”选项，设置弯曲为“+20%”、水平扭曲为“0%”、垂直扭曲为“0%”，单击 确定 按钮，如图 6-21 所示。得到文字变形效果，如图 6-22 所示。

（4）新建一个图层，选择“矩形选框工具”，在图像中绘制一个细长的矩形，为其填充颜色“#f3f5c4”，然后适当旋转矩形，如图 6-23 所示，完成后保存文件。

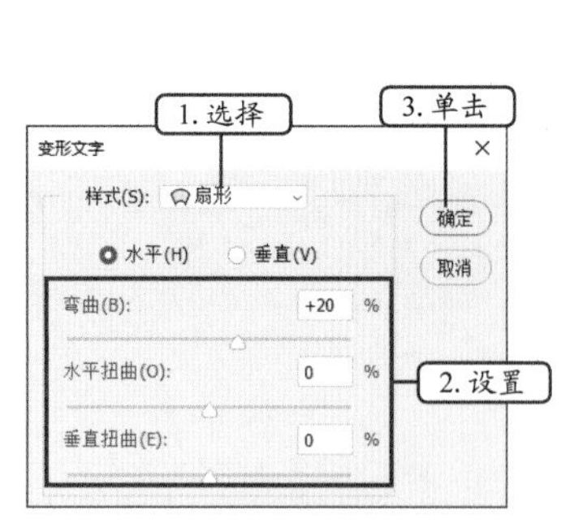

图6-21　设置变形样式

图6-22　文字变形效果

图6-23　绘制矩形

任务二　制作美食画册内页

画册是一种展示方式，主要起到宣传的作用。画册的设计应该真实地反映产品、服务和形象信息等内容，清楚地介绍企业的风貌、产品的信息等。下面将对一个美食画册内页进行设计，包括对产品字体的设计和版面规划等。

一、任务目标

本任务将学习使用 Photoshop CC 2018 的创建和编辑段落文字功能制作一个美食画册内页，主要用到规划版面、创建文字蒙版、创建段落文字、格式化段落等功能。通过对本任务的学习，用户可以掌握段落文字的创建和编辑方法。本任务制作完成后的效果如图 6-24 所示。

图6-24　美食画册内页效果

素材所在位置　素材文件 \ 项目六 \ 任务二 \ 蛋糕 .psd
效果所在位置　效果文件 \ 项目六 \ 任务二 \ 美食画册内页 .psd

二、相关知识

在设置段落文字前，需要先认识“段落”面板中的选项，另外，在Photoshop CC 2018中输入的段落文字与点文字之间可以互相转换，且文字方向也能转换。

（一）“段落”面板

设置段落文字不仅可以通过“横排文字工具” 工具属性栏实现，还可通过“段落”面板实现，如图6-25所示为“段落”面板。

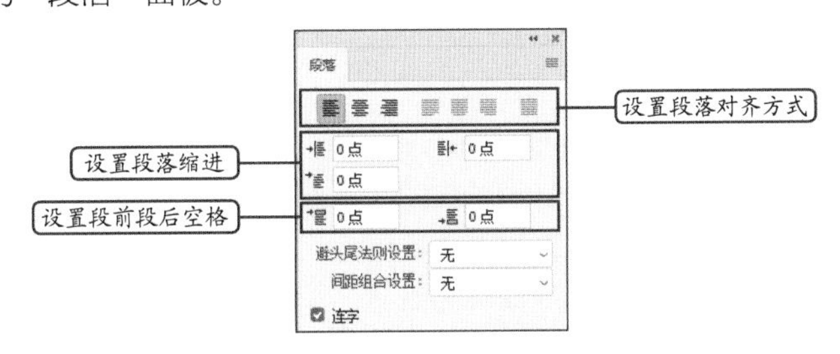

图6-25　“段落”面板

“段落”面板中各选项的含义如下。

- “左对齐文本”按钮：单击此按钮，段落中所有文字居左对齐。
- “居中对齐文本”按钮：单击此按钮，段落中所有文字居中对齐。
- “右对齐文本”按钮：单击此按钮，段落中所有文字居右对齐。
- “最后一行左对齐”按钮：单击此按钮，段落中最后一行左对齐。
- “最后一行居中对齐”按钮：单击此按钮，段落中最后一行居中对齐。
- “最后一行右对齐”按钮：单击此按钮，段落中最后一行右对齐。
- “全部对齐”按钮：单击此按钮，段落中所有行全部对齐。
- “左缩进”文本框 0点：用于设置所选段落文字左边向内缩进的距离。
- “右缩进”文本框 0点：用于设置所选段落文字右边向内缩进的距离。
- “首行缩进”文本框 0点：用于设置所选段落文字首行缩进的距离。
- “前一段落距离”文本框 0点：用于设置插入点所在段落与前一段落间的距离。
- “后一段落距离”文本框 0点：用于设置插入点所在段落与后一段落间的距离。
- “连字”复选框 连字：选中该复选框，表示可以将文字的最后一个外文单词拆开形成连字符号，使剩余的部分自动切换到下一行。

（二）转换点文字与段落文字

在Photoshop CC 2018中，点文字与段落文字之间可以互相转换。在转换之前，先对点文字和段落文字的概念进行介绍。

- 点文字：使用横排文字工具组直接在图像窗口中单击后输入的文字被称为点文字。在输入点文字时，文字不会自动换行，一般用于输入少量的文字。
- 段落文字：使用横排文字工具组在图像窗口中拖出文本框，在文本框中输入的文字就是段落文字。

将点文字转换为段落文字的方法很简单，选择点文字后，选择【文字】/【转换为段落文字】菜单命令，效果如图6-26所示。若要将段落文字转换为点文字，则可选择【文字】/【转换为点文字】菜单命令，效果如图6-27所示。

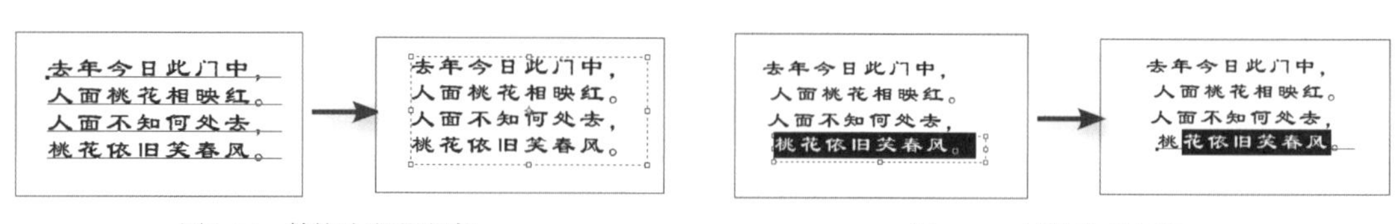

图6-26　转换为段落文字　　图6-27　转换为点文字

将段落文字转换为点文字的注意事项

将段落文字转为点文字时，溢出文本框的字符将被删除，为避免文字丢失，应先调整文本框，在转换前将文字显示完整。

（三）改变文字方向

水平文字和垂直文字之间也可以互相转换，其方法为：选择文字，选择【文字】/【取向】/【水平】或【文字】/【取向】/【垂直】菜单命令，或直接单击工具属性栏中的“更改文字方向”按钮，即可改换文字方向，如图6-28所示。

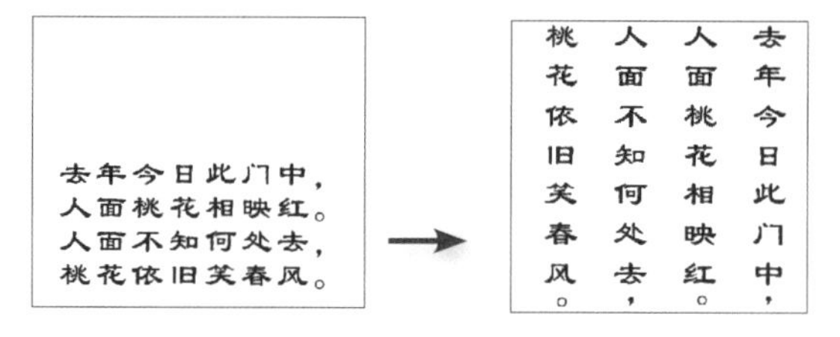

图6-28　改变文字方向

（四）文字蒙版

在工具箱中，还有两个特殊的工具，即“横排文字蒙版工具”和“直排文字蒙版工具”。这两个工具主要用于输入带有蚂蚁线选区的文字，在输入文字时，文字自动以快速蒙版的形式显示，输入完成后的效果如图6-29所示。

图6-29　蒙版文字效果

三、任务实施

（一）规划版面

微课视频

规划版面

在规划版面时，可以先安排好素材图像的位置，然后使用“横排文字工具”绘制文本框，输入文字，具体操作如下。

（1）新建一个图像文件，设置其宽度和高度分别为“42 厘米”“27 厘米”、分辨率为“150 像素”。选择【视图】/【新建参考线】菜单命令，打开“新建参考线”对话框，选中“垂直”单选项，在“位置”文本框中输入“21 厘米”，如图 6-30 所示。

（2）单击确定按钮创建参考线，将背景色填充为“#f6e0d7”，如图 6-31 所示。

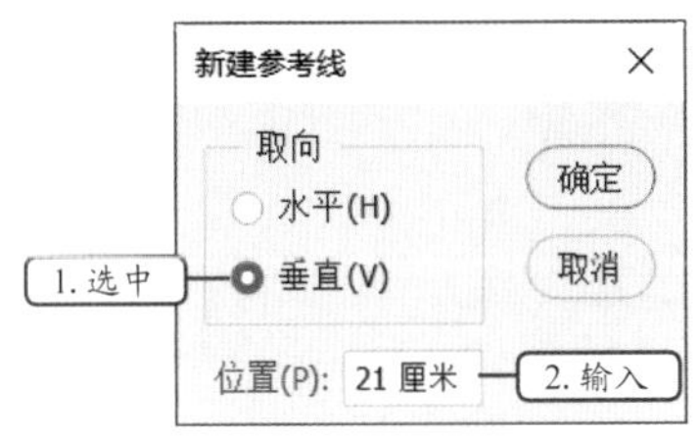

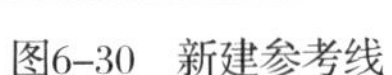
图6-30　新建参考线

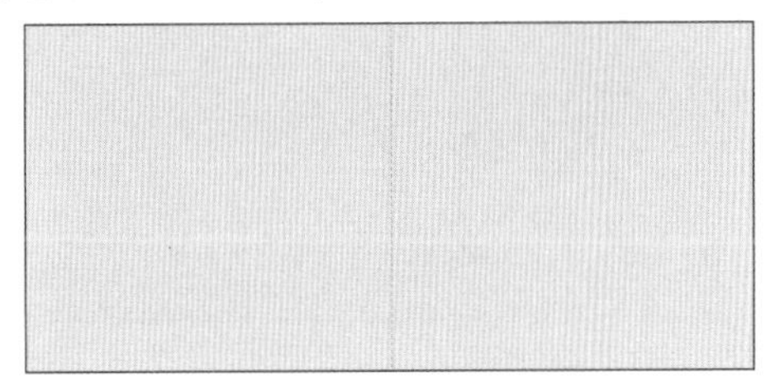

图6-31　填充背景色

（3）打开“蛋糕.psd”图像文件，使用“移动工具”将其中的两个蛋糕图像拖曳到新建图像文件的两侧，如图 6-32 所示。

（4）新建一个图层，选择“矩形选框工具”，在左侧蛋糕图像中绘制一个矩形选区，如图 6-33 所示。

图6-32　添加素材图像

图6-33　绘制选区

（5）选择【编辑】/【描边】菜单命令，打开“描边”对话框，设置描边宽度为“1 像素”、颜色为“#c2b1a9”，选中“居外”单选项，如图 6-34 所示。

（6）单击确定按钮得到描边图像，使用“矩形选框工具”框选左上方的描边图像，按【Delete】键删除图像，以便后期输入文字，如图 6-35 所示。

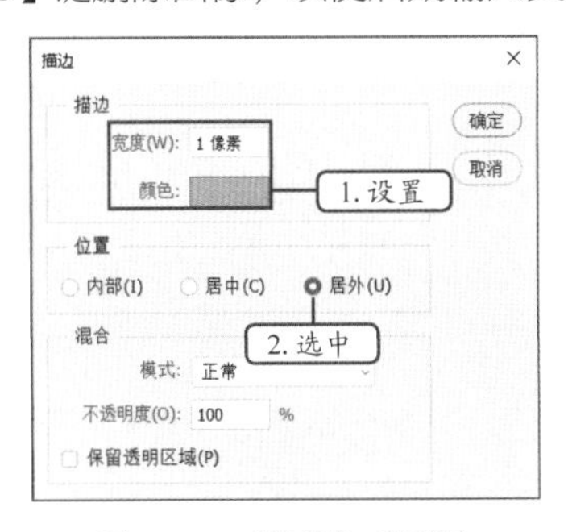

图6-34　“描边”对话框

图6-35　绘制选区

（7）选择“矩形选框工具”，在画面右下方绘制一个矩形选区，设置其填充颜色为“#f1c7b8”，如图 6-36 所示。

（8）选择“矩形工具”，在工具属性栏中设置工具模式为“形状”、填充颜色为“#ffffff”、描边颜色为“#000000”。在画面左侧绘制一个描边矩形，在“图层”面板中设置其不透明度为“51%”，如图 6-37 所示。

图6-36　绘制矩形选区

图6-37　绘制透明描边矩形

（二）创建文字蒙版

创建文字蒙版可以直接获取文字选区，并得到普通图层，具体操作如下。

（1）选择“直排文字蒙版工具”，在图像左侧单击定位插入点。此时，图像中自动添加一个透明红色的快速蒙版，输入“CAKE”，如图 6-38 所示。

（2）选择输入的文字，在工具属性栏中设置文字格式为“方正兰亭中黑简体”“72 点”，按【Ctrl+Enter】组合键确认，创建文字选区，效果如图 6-39 所示。

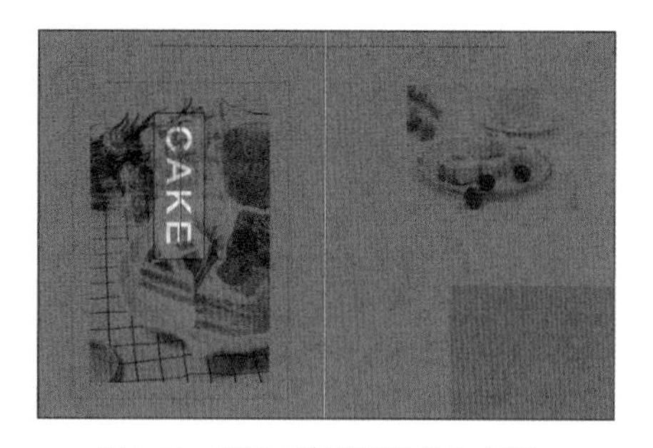

图6-38　添加文字蒙版并输入文字

图6-39　创建文字选区

（3）新建一个图层，设置前景色为黑色，按【Alt+Delete】组合键填充选区，并按【Ctrl+D】组合键取消选区。

（三）创建段落文字

此画册中的文字较多，需要使用“横排文字工具”绘制文本框，然后输入文字，具体操作如下。

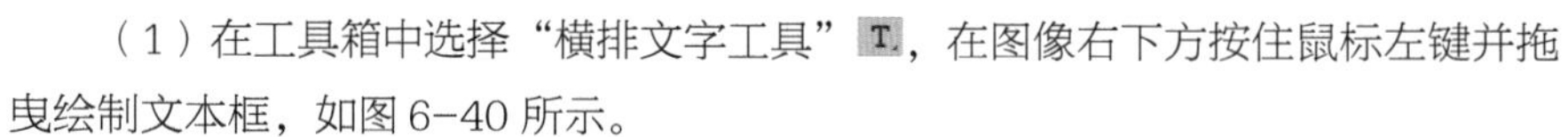

（1）在工具箱中选择“横排文字工具”，在图像右下方按住鼠标左键并拖曳绘制文本框，如图 6-40 所示。

（2）在绘制的文本框中输入图 6-41 所示的文字。

图6-40　绘制文本框

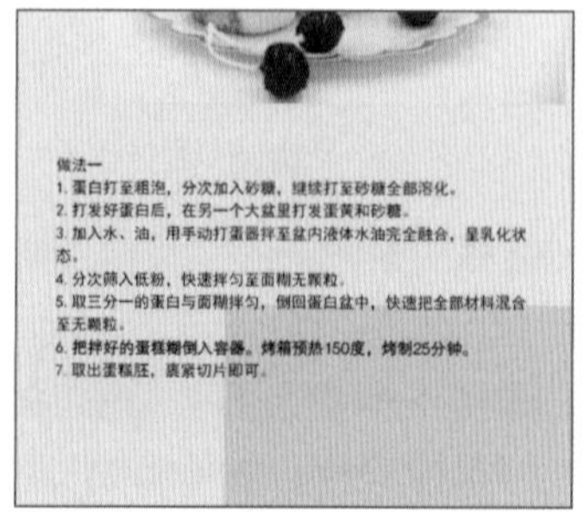

图6-41　输入段落文本

（3）按【Enter】键确认。

（4）利用相同的方法在该段文字下方绘制一个文本框，并输入图 6-42 所示的文字。

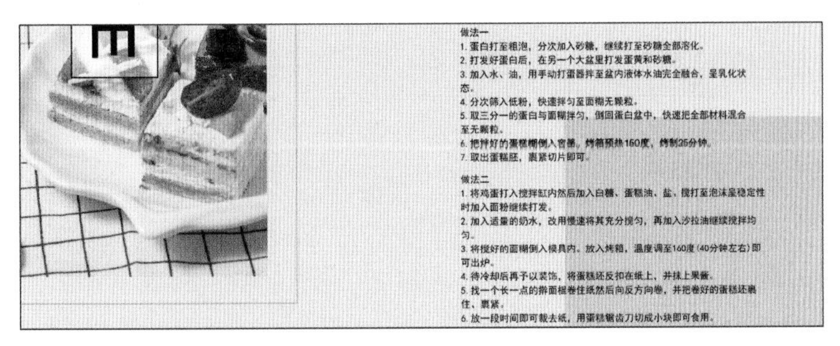

图6-42　绘制文本框并输入文字

使用快捷键切换工具

按【T】键可以快速在工具箱中选择横排文字工具组中的工具，按【Shift+T】组合键可在横排文字工具组内的 4 个工具之间进行切换。

（四）格式化段落

输入大量段落文字后，还需要对文字内容进行美化，使整个图像看上去雅致、美观，具体操作如下。

（1）将插入点定位到第一个文本框中，按住鼠标左键并拖曳，选择整个段落文字，在“字符”面板中设置字体为“方正大标宋简体”、大小为“12 点”、行距为“17 点”、颜色为黑色，如图 6-43 所示。

（2）选择该文本框中的第一行文字，在工具属性栏中设置字体为“方正大黑简体”、大小为“14 点”。

（3）将插入点定位到“做法一”末尾处，打开“段落”面板，设置段后添加空格为“8 点”，如图 6-44 所示。

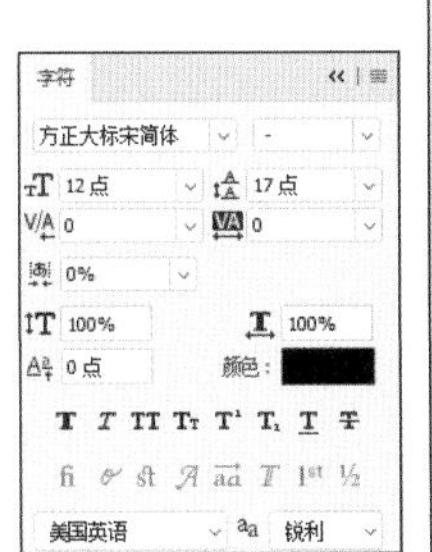

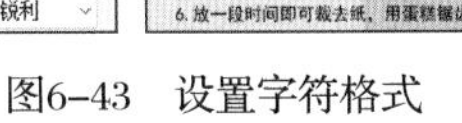

图6-43　设置字符格式

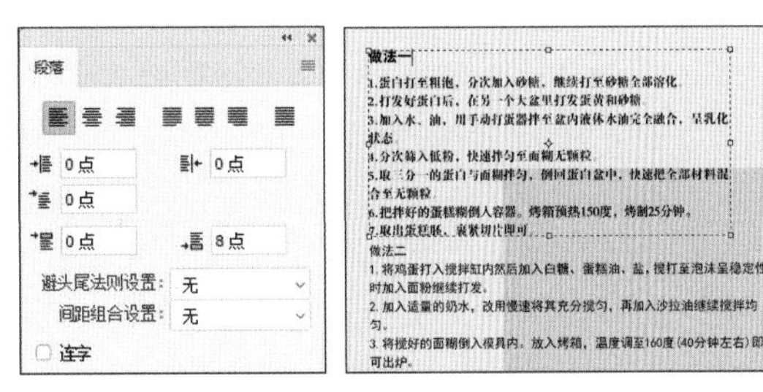

图6-44　添加段后空格

选择文字的技巧

在输入文字状态下，快速单击 3 次可选择一行文字，快速单击 4 次可选择整段文字，按【Ctrl+A】组合键可选择全部文字。

（4）按住鼠标左键并拖曳，选择第一个文本框中的其他文字，如图 6-45 所示。

（5）在“段落”面板中设置左缩进为“15 点”，得到的文字排列效果如图 6-46 所示。

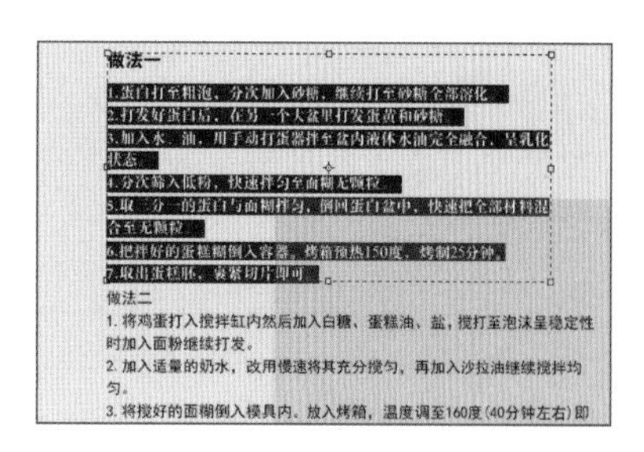

图6-45　选择其他文字

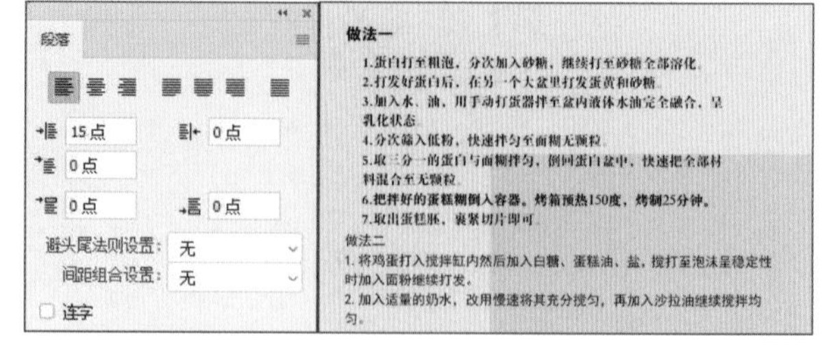

图6-46　设置段落格式后的效果

（6）选择第二个文本框中的段落文字，使用相同的方法设置文字格式和段落格式，得到相同的文字效果，调整文本框的大小与位置，效果如图 6-47 所示。

（7）选择“横排文字工具”T，在段落文字上方输入“Our favorite delicacy”“美味蛋糕卷”。选择中文文字，在“字符”面板中设置字体为“方正兰亭黑 _gbk”、字号为“40”、颜色为黑色，单击“仿粗体”按钮T，得到加粗文字效果。选择英文文字，在“字体”面板中设置字体为“方正兰亭黑 _gbk”、字号为“25”、颜色为黑色，单击“全部大写字母”按钮TT，效果如图 6-48 所示。

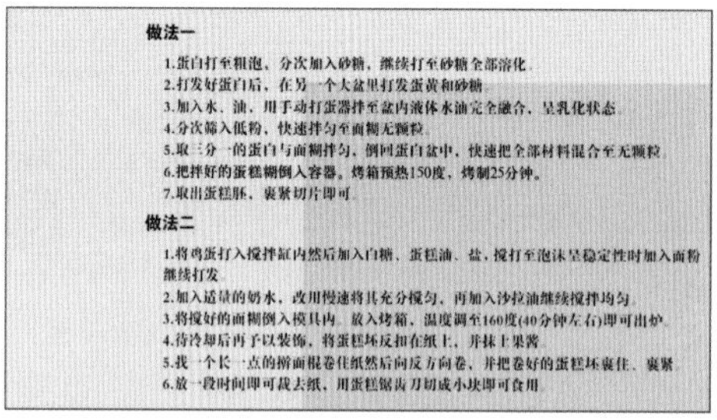

图6-47　设置段落格式和文本格式

图6-48　输入文字并设置文字格式

（8）选择“横排文字工具”T，在画册左上方的描边矩形缺口处输入“暖暖的陪伴”，在工具属性栏中设置字体为“方正兰亭纤黑体”、大小为“15 点”、颜色为灰色，效果如图 6-49 所示。

（9）选择“直线工具”，在图像上方绘制一条黑色直线。选择“横排文字工具”T，输入“DELICIOUS FOOD”，在“字符”面板中设置字体为“黑体”、行距为“12 点”、大小为“8 点”、颜色为黑色。将文字放到画册左上方，复制该文字，适当调整大小和方向，将复制的文字放到画册右上方，效果如图 6-50 所示。

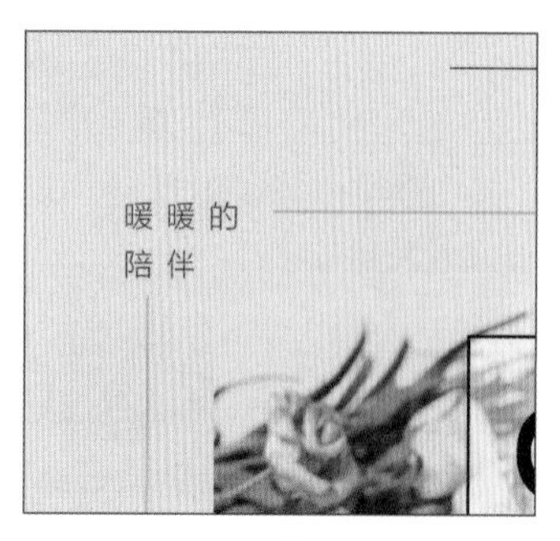

图6-49　输入文字

图6-50　完成效果

显示文本框中的所有文字

当输入的文字充满文本框后，文本框以外的文字不能显示。此时，文本框右下角出现⊞标记，将鼠标指针移动至文本框四周的控制点上，拖曳控制点放大文本框，文字即可全部显示出来。

实训一　制作怀旧往事明信片

【实训要求】

本实训要求制作一张唯美的怀旧往事明信片，要求文字排列有序、美观大方。

【操作思路】

在制作明信片时，首先应选择一幅唯美的背景图像，然后创建文本框，并在其中输入段落文字，在工具属性栏中对文字属性进行编辑，最后输入点文字，并适当调整文字大小。参考效果如图 6-51 所示。

图6-51　怀旧往事明信片效果

素材所在位置　素材文件 \ 项目六 \ 实训一 \ 唯美背景 .jpg

效果所在位置　效果文件 \ 项目六 \ 实训一 \ 怀旧往事 .psd

【步骤提示】

（1）选择【文件】/【打开】菜单命令，打开“唯美背景 .jpg”图像文件。

（2）选择工具箱中的“横排文字工具” T，在图像中创建一个文本框，并在其中输入文字。

（3）分别选择第一行和第二行文字，在工具属性栏中设置不同的字体和大小，打开“段落”面板，调整左缩进为“3 点”。

（4）在段落文字上方输入几个点文字，在工具属性栏中设置其字体为“方正水柱简体”，分别调整文字大小和间距。

（5）输入一行英文文字，在工具属性栏中为其设置合适的字体，设置填充颜色为灰色。

实训二　制作个人名片

【实训要求】

本实训要求制作一张美观又实用的个人名片，名片通常代表个人形象和公司形象，在设计上要讲究实用性和信息传递的准确性。名片主要的内容包括名片持有者的姓名、职业、工作单位和联系方式等个人信息，通过这些内容，名片持有者可以很好地宣传个人与公司。

【操作思路】

因为个人名片的性质较特殊，所以本实训在制作时需要将公司标志添加到名片中，然后添加其他文字信息，完成效果如图 6-52 所示。

图6-52　个人名片效果

素材所在位置　素材文件 \ 项目六 \ 实训二 \ 水墨 .psd
效果所在位置　效果文件 \ 项目六 \ 实训二 \ 名片 .psd

【步骤提示】

（1）新建一个名为“名片 .psd”的图像文件，设置前景色为“#eaeff4”，按【Alt+Delete】组合键填充背景。

（2）打开“水墨 .psd”图像文件，使用“移动工具” 将水墨图像拖曳到当前编辑的图像文件中，适当调整图像大小。

（3）使用“橡皮擦工具” 对水墨图像做适当的擦除处理让水墨图像融入更加自然。

（4）选择工具箱中的“横排文字工具” T，输入人物名称，在工具属性栏中设置字体为“方正行楷简体”、颜色为“#051925”，适当调整文字大小。

（5）输入其他文字，在工具属性栏中设置合适的字体与字体颜色。

常见疑难解析

问：怎样为文字边缘填充颜色？

答：为文字边缘填充颜色，可以使用“描边”命令，也可以使用图层样式中的描边样式。

问：怎样在 Photoshop CC 2018 中添加新的字体？

答：Photoshop CC 2018使用的是Windows系统的字体，所以在操作系统中安装新字体后，Photoshop CC 2018会自动获取新字体。

拓展知识

除了通过“字符”面板和“段落”面板来编排文字外，还可以通过菜单命令进行操作。下面介绍使用菜单命令编辑文字的方法。

- **查找和替换**：Photoshop CC 2018可以查找当前文字中需要修改的汉字、单词、标点等，并将其替换为所需的内容；选择【编辑】/【查找和替换文本】菜单命令，打开“查找和替换文本”对话框，如图6-53所示；在“查找内容”文本框中输入需要替换的内容，在“更改为”文本框中输入修改后的内容，单击 查找下一个(I) 按钮，开始查找，单击 更改全部(A) 按钮即可将查找到的内容全部替换为需要的内容。

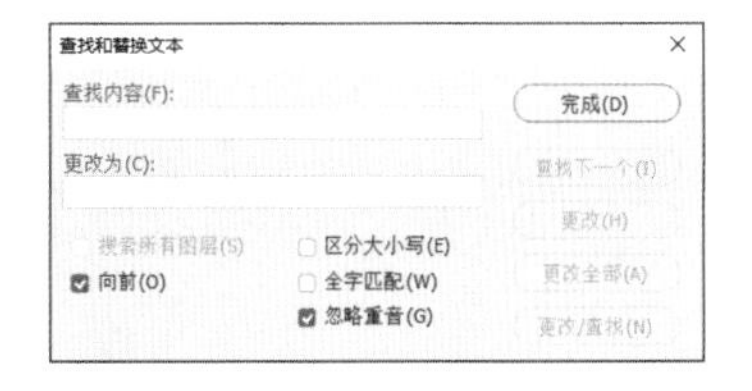

图 6-53　“查找和替换文本”对话框

- **将文字转换为形状**：选择【文字】/【转换为形状】菜单命令，可将文字图层转换为具有路径的形状图层，如图 6-54 所示。

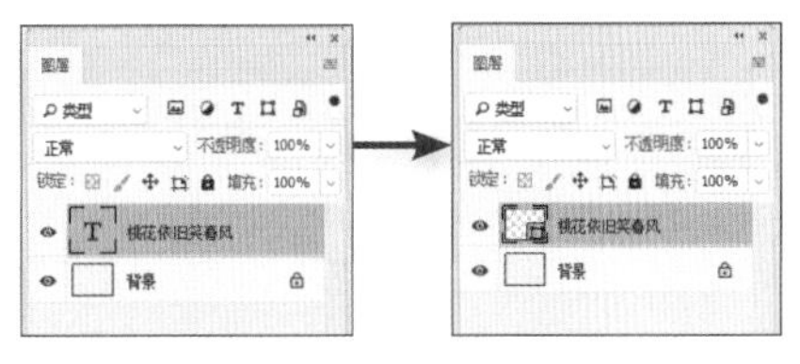

图 6-54　转换为形状图层

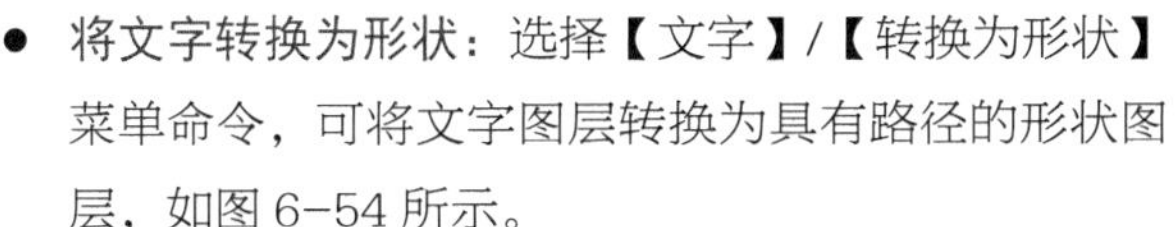

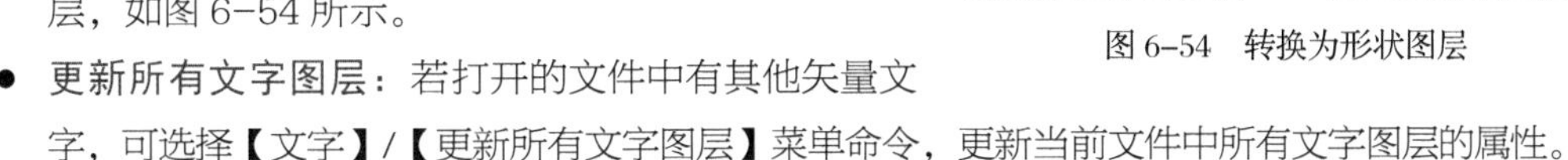

- **更新所有文字图层**：若打开的文件中有其他矢量文字，可选择【文字】/【更新所有文字图层】菜单命令，更新当前文件中所有文字图层的属性。
- **替换所有欠缺字体**：若打开的文件中使用了本地计算机中没有的字体，则会提示文件缺字体，此时，可选择【文字】/【替换所有欠缺字体】菜单命令，将文件中欠缺的字体替换成当前系统中安装的字体。
- **将文字转换为工作路径**：选择【文字】/【创建工作路径】菜单命令，将输入的文字转换为路径，用户可对其进行填充或描边操作，还可以通过改变控制点得到变形文字。

课后练习

（1）本练习要求用图6-55所示的图像制作折扇扇面并添加文字变形效果，完成后的效果如图6-56所示。

图6-55　素材图像

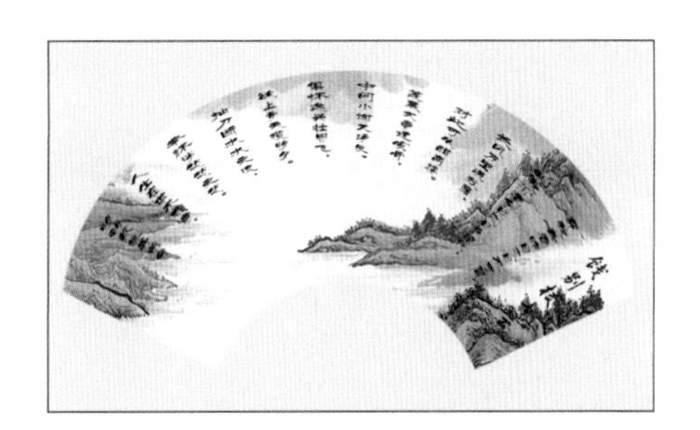

图6-56　折扇效果

素材所在位置 素材文件 \ 项目六 \ 课后练习 \ 国画 .jpg
效果所在位置 效果文件 \ 项目六 \ 课后练习 \ 折扇 .psd

（2）本练习要求制作一个公益广告，效果如图6-57所示。在制作过程中，需在“字符”面板中设置文字属性，包括文字大小、字体和文字间距等。

图6-57 “公益广告”效果

素材所在位置 素材文件 \ 项目六 \ 课后练习 \ 绿叶 .jpg
效果所在位置 效果文件 \ 项目六 \ 课后练习 \ 公益广告 .psd

（3）本练习要求制作一个楼盘宣传广告。广告画面中除了需要展示出楼盘的效果图外，还应该对楼盘进行文字宣传介绍，这就需要对文字进行排版，使文字和图像更好地结合起来，起到相辅相成的作用，效果如图6-58所示。

图6-58 楼盘宣传广告效果

素材所在位置 素材文件 \ 项目六 \ 课后练习 \ 报纸广告 \ 风景 .jpg、楼盘 .psd、地图 .psd、标志 .psd
效果所在位置 效果文件 \ 项目六 \ 课后练习 \ 楼盘宣传广告 .psd

07 项目七

通道与蒙版

情景导入

米拉最近在处理图像时遇到了困难，她始终无法让两个素材的边缘平滑过渡，老洪告诉她可以使用通道和蒙版功能解决这个问题。Photoshop CC 2018 中的通道不仅可以用来抠取图像，还可以用来制作图像特效，蒙版则可以用来将图像合成在一起。米拉这时才知道，原来 Photoshop CC 2018 还有这么多知识需要学习。

课堂学习目标

- 掌握调整人像图像的方法。

如分离图像通道、合并通道、复制通道、计算通道等。

- 掌握合成瓶中的风景图像的方法。

如添加图层蒙版、创建剪贴蒙版等。

▲调整人像图像

▲合成瓶中的风景图像

任务一 调整人像图像

使用通道调整图像颜色是Photoshop CC 2018常用的功能，通常用于处理特殊的色调。除此之外，使用通道还能对人物进行磨皮处理。下面为图像调出清新的色调，并进行磨皮处理。

一、任务目标

本任务将练习使用 Photoshop CC 2018 的通道功能调整图像的颜色和效果，在制作时主要使用分离通道和合并通道这两种方法调整图像色调，然后使用“计算”命令对人物进行磨皮处理。通过对本任务的学习，用户可以掌握通道及其相关功能的使用方法。本任务制作完成后的效果如图 7-1 所示。

图7-1 人像图像效果

素材所在位置 素材文件 \ 项目七 \ 任务一 \ 人像 .jpg
效果所在位置 效果文件 \ 项目七 \ 任务一 \ 人像 .psd

二、相关知识

通道用于存储不同类型的灰度图像信息，这些信息通常都与选区有直接的关系，因此对通道的应用实质上就是对选区的应用。利用通道可以将图像调整出多种不同的效果，所以学习通道的作用和类型、“通道”面板、颜色通道与色彩关系等知识点非常有必要，下面进行简单的介绍。

（一）认识通道

在Photoshop CC 2018中打开或创建一个新的文件。“通道”面板中将自动创建颜色信息通道。通道的功能根据其所属类型不同而不同，“通道”面板中列出了图像的所有通道。通道主要有两种作用：一种是保存和调整图像的颜色信息，另一种是保存选择的范围。

RGB 颜色模式的图像有 1 个 RGB 通道和 3 个默认的颜色通道：红色通道用于保存红色信息，绿色通道用于保存绿色信息，蓝色通道用于保存蓝色信息，如图 7-2 所示。而 CMYK 通道是一个复合通道，用于显示所有的颜色信息，CMYK 颜色模式的图像包含 1 个 CMYK 通道和 4 个默认的颜色通道：青色通道、洋红通道、黄色通道、黑色通道，如图 7-3 所示。

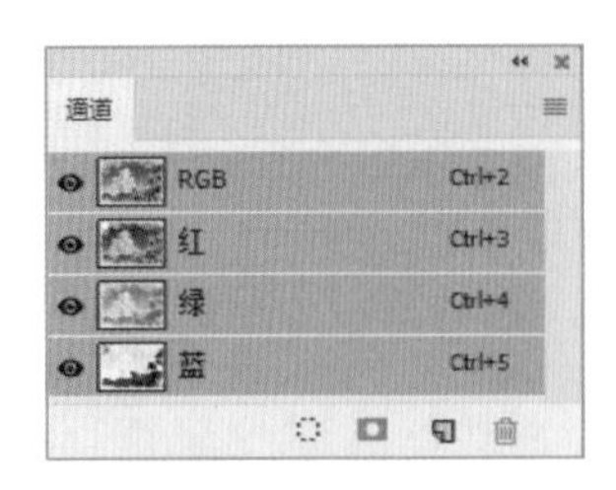

图7-2 RGB通道

图7-3 CMYK通道

（二）“通道”面板

在默认情况下，“通道”面板、“图层”面板和“路径”面板在同一个面板组中，用户可以直接单击“通道”标签，打开“通道”面板，如图 7-4 所示，其中各选项的含义如下。

- “将通道作为选区载入”按钮 ：单击该按钮可以将当前通道中的图像内容转换为选区，单击它的效果与选择【选择】/【载入选区】菜单命令的效果一致。
- “将选区存储为通道”按钮 ：单击该按钮，可以自动创建“Alpha”通道，并自动保存图像中的选区，单击它的效果与选择

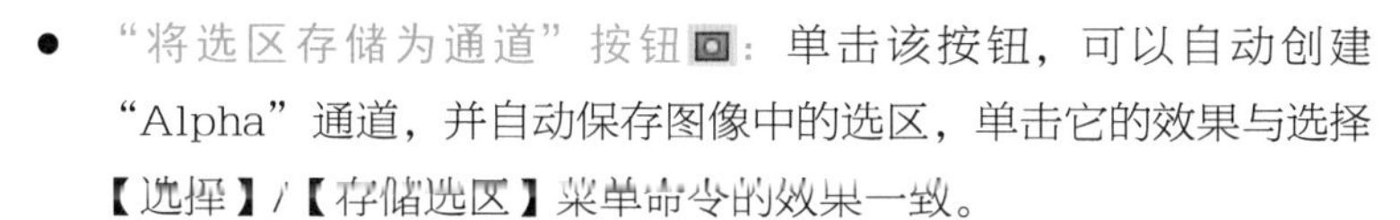

【选择】/【存储选区】菜单命令的效果一致。

图7-4　“通道”面板

- “创建新通道”按钮 ：单击该按钮，可以创建新的“Alpha”通道。
- “删除当前通道”按钮 ：单击该按钮，可以删除选择的通道。
- “面板选项”按钮 ：单击该按钮，可以打开下拉列表，其中包含当前通道可用的部分选项。

（三）通道的类型

Photoshop CC 2018的通道类型主要有默认的“Alpha”通道和“专色”通道两种，下面分别进行介绍。

1. “Alpha”通道

在“通道”面板中创建一个新的通道，这个通道被称为“Alpha”通道。用户可以通过创建“Alpha”通道来保存和编辑图像选区，创建“Alpha”通道后还可根据需要使用工具或命令对其进行编辑，然后再载入通道中的选区。创建“Alpha”通道主要有以下3种方法。

- 单击“通道”面板中的“创建新通道”按钮 。
- 单击“通道”面板右上角的 按钮，在打开的下拉列表中选择“新建通道”选项，打开图 7-5 所示的对话框，单击 确定 按钮，即可创建一个“Alpha”通道。
- 创建一个选区，选择【选择】/【存储选区】菜单命令，打开“存储选区”对话框，如图7-6所示，输入名称，单击 确定 按钮，即可创建以该名称命名的“Alpha”通道。

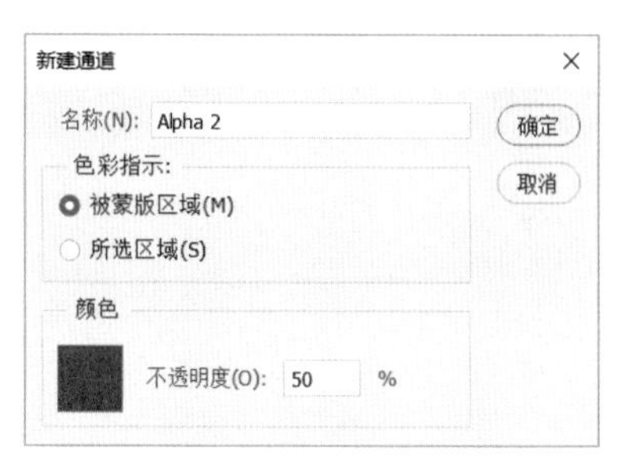

图7-5　“新建通道”对话框

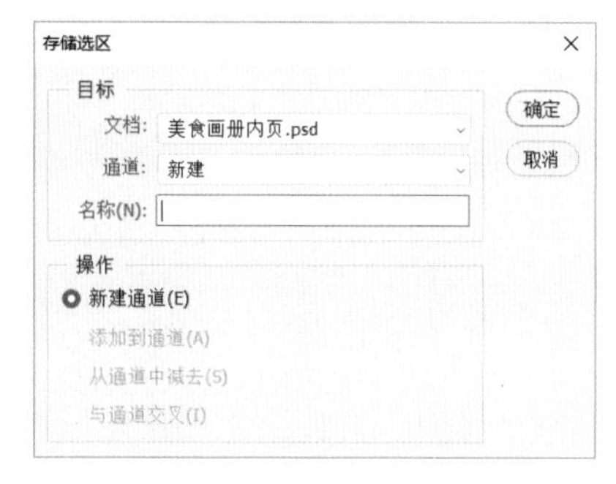

图7-6　“存储选区”对话框

2. “专色”通道

专色指替代或补充CMYK颜色的油墨色。如果要印刷带有专色的图像，需在图像中创建一个存储这种颜色的“专色”通道。

单击“通道”面板右上角的 按钮，在打开的下拉列表中选择“新建专色通道”选项。在打开的对话框中输入新通道名称，单击 确定 按钮，即可得到新建的“专色”通道。

三、任务实施

（一）分离图像通道

微课视频

分离图像通道

要完成本任务，需要先将图像文件在“通道”面板中分离图像通道，然后对

不同的图像通道进行处理，具体操作如下。

（1）打开“人像.jpg”图像文件，如图 7–7 所示。

（2）在“通道”面板右上角单击按钮，在打开的下拉列表中选择“分离通道”选项，如图 7–8 所示。

图7–7　打开“人像.jpg”图像文件

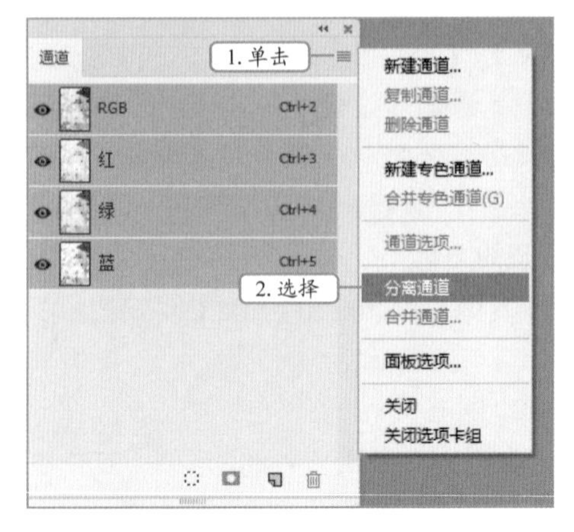

图7–8　选择“分离通道”选项

（3）图像按每个颜色通道进行分离，且每个通道以单独的图像窗口显示，如图 7–9 所示。

图7–9　分离通道

（4）切换到“人像.jpg_红”图像窗口，选择【图像】/【调整】/【曲线】菜单命令，打开“曲线”对话框。

（5）在曲线上单击插入控制点，拖曳控制点调整曲线，单击确定按钮，如图 7–10 所示。

（6）切换到“人像.jpg_绿”图像窗口，选择【图像】/【调整】/【色阶】菜单命令，打开“色阶”对话框，在其中拖曳滑块调整色阶，单击确定按钮，如图 7–11 所示。

（7）切换到“人像.jpg_蓝”图像窗口，选择【图像】/【调整】/【曲线】菜单命令，打开“曲线”对话框，在其中拖曳控制点调整曲线，单击确定按钮，如图 7–12 所示。

（8）返回“人像.jpg_蓝”图像窗口，效果如图 7–13 所示。

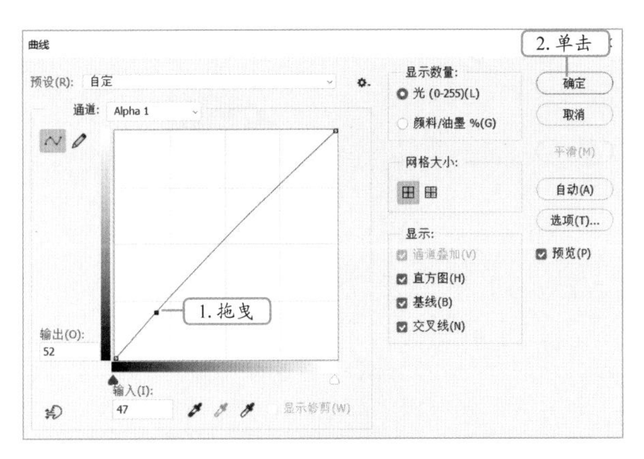

图7-10　调整曲线

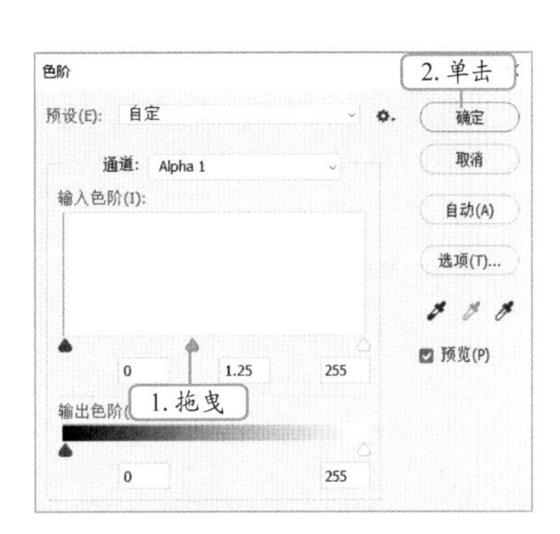

图7-11　调整色阶

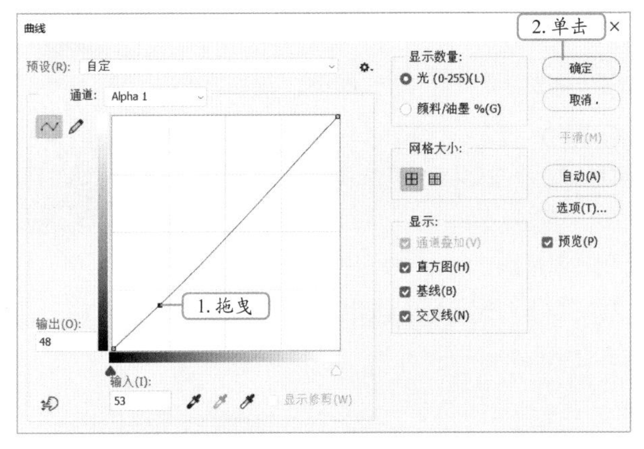

图7-12　调整曲线

图7-13　调整曲线后的效果

（二）合并通道

在调整红、绿、蓝通道后，即可将这3个分离的通道合并，合成完整的图像，具体操作如下。

（1）在“通道”面板右上角单击≡按钮，在打开的下拉列表中选择“合并通道”选项，如图 7-14 所示。

（2）打开“合并通道”对话框，在“模式”下拉列表中选择“RGB 颜色”选项，单击 确定 按钮，如图 7-15 所示。

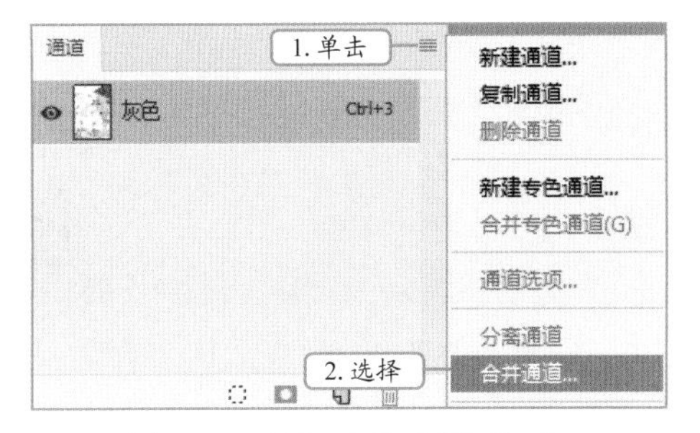

图7-14　选择“合并通道”选项

图7-15　设置合并通道

（3）打开“合并 RGB 通道”对话框，保持默认设置，单击 确定 按钮，如图 7-16 所示。

（4）合并通道后的效果如图 7-17 所示。

图7-16　确定合并通道

图7-17　合并通道后的效果

（三）复制通道

整个图像的色调已基本确定，下面利用通道对人物进行磨皮操作，使人物的皮肤变得光滑，具体操作如下。

（1）切换到“通道”面板，在其中选择“绿”通道，将其拖曳到面板底部的“新建通道”按钮上，复制通道，如图 7-18 所示。

（2）选择【滤镜】/【其他】/【高反差保留】菜单命令，打开“高反差保留”对话框，在“半径”文本框中输入为“20”，单击 确定 按钮，应用设置，如图 7-19 所示。

（3）应用滤镜后的图像效果如图 7-20 所示。

图7-18　复制通道

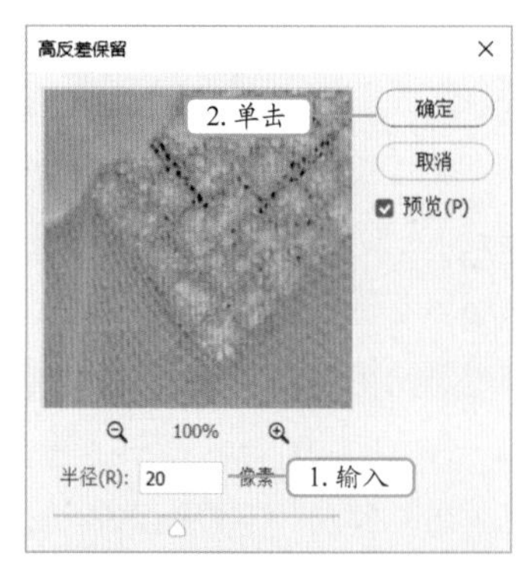

图7-19　设置高反差保留半径

图7-20　应用滤镜后的图像效果

（四）计算通道

下面使用“计算”命令强化图像中的色点，以达到美化人物皮肤的目的，具体操作如下。

（1）保持“绿 拷贝”通道被选中，选择【图像】/【计算】菜单命令，打开“计算”对话框，选择“混合”下拉列表中的“强光”选项，选择“结果”下拉列表中的“新建通道”选项，单击 确定 按钮，应用设置，如图 7-21 所示。

（2）新建的通道自动命名为“Alpha1”，如图 7-22 所示。

（3）利用相同的方法执行两次“计算”命令，强化色点，得到“Alpha2”“Alpha3”通道，如图 7-23 所示。

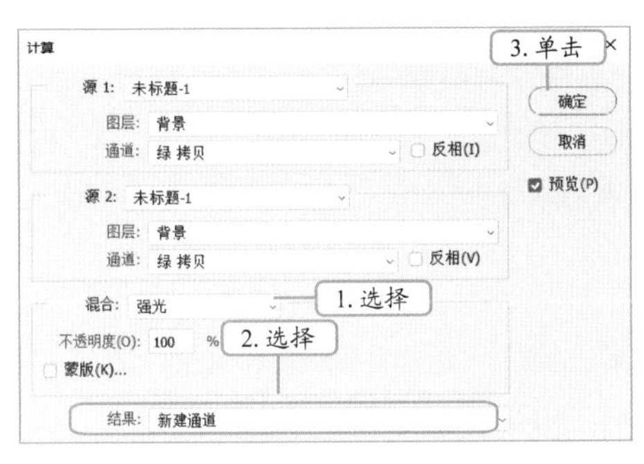

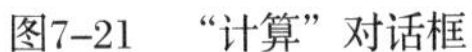
图7-21　“计算”对话框

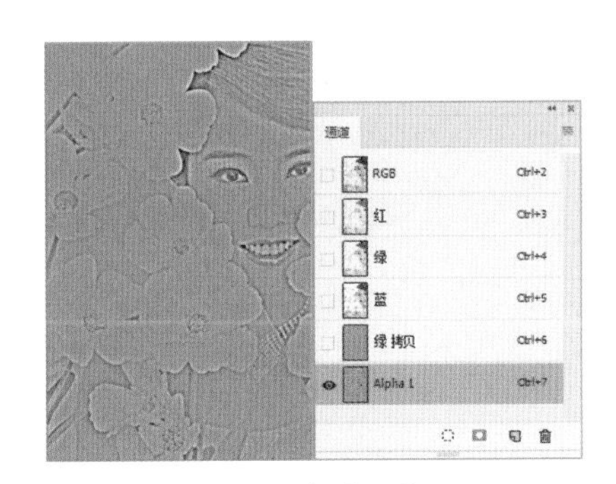

图7-22　新建通道

（4）单击“通道”面板底部的“将通道作为选区载入”按钮 ，载入选区，如图 7-24 所示。

（5）按【Ctrl+2】组合键返回彩色图像编辑状态，按【Ctrl+Shift+I】组合键反选选区。按【Ctrl+H】组合键快速隐藏选区，以便更好地观察图像的变化，如图 7-25 所示。

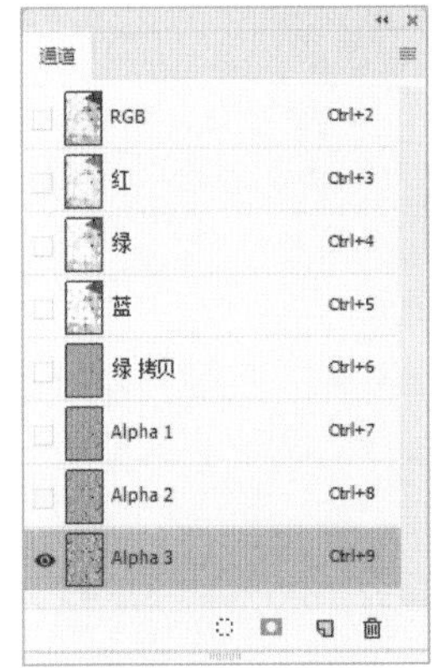

图7-23　执行两次“计算”命令

图7-24　将通道作为选区载入

图7-25　隐藏选区

（6）选择【图像】/【调整】/【曲线】菜单命令，打开“曲线”对话框，按图 7-26 所示进行设置。

（7）调整曲线后，人物的皮肤变得光滑，如图 7-27 所示。

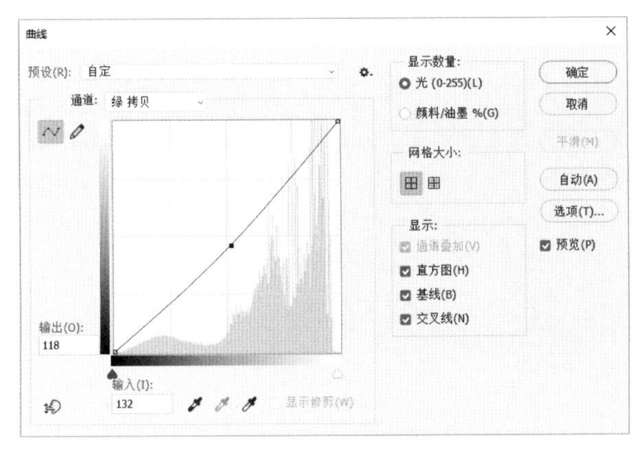

图7-26　调整曲线

图7-27　调整曲线后的效果

多学一招

切换至彩色图像编辑状态

在“通道”面板中单击 RGB 通道，可返回彩色图像编辑状态。若只单击 RGB 通道前的按钮，将显示彩色图像，但图像仍然处于单通道编辑状态。

（8）返回“图层”面板，将背景图层拖曳到面板下方的“创建新图层”按钮上，复制背景图层，设置复制图层的混合模式为“滤色”、不透明度为“65%”，如图 7-28 所示。

（9）最终效果如图 7-29 所示。

图7-28　设置图层的混合模式与不透明度

图7-29　最终效果

任务二　合成瓶中的风景图像

蒙版是人像处理和图像合成中必不可少的工具，使用蒙版可在原图像不损坏的情况下，对图像进行编辑，编辑之后还能通过蒙版对效果进行调整。

一、任务目标

本任务将使用 Photoshop CC 2018 的蒙版功能合成图像，主要用到图层蒙版和剪贴蒙版的相关知识。通过对本任务的学习，用户可以掌握使用图层蒙版抠图的技巧和剪贴蒙版在图像处理中的使用方法。本任务完成后的效果如图 7-30 所示。

图7-30　瓶中的风景图像效果

素材所在位置　素材文件 \ 项目七 \ 任务二 \ 玻璃瓶 .jpg、背景 .jpg、风景 .jpg

效果所在位置　效果文件 \ 项目七 \ 任务二 \ 瓶中的风景 .psd

二、相关知识

在使用蒙版制作图像前，应先了解蒙版的类型与作用，以及蒙版的“属性”面板，具体介绍如下。

（一）蒙版的类型与作用

蒙版技术类似于控制照片不同区域曝光的传统暗房技术，但 Photoshop CC 2018 中的蒙版与曝光无关，它只是借用了这一概念。蒙版用于处理局部图像，特别是图像的抠取和合成。下面分别讲解蒙版的类型与作用。

1. 蒙版的类型

Photoshop CC 2018 提供了图层蒙版、剪贴蒙版、矢量蒙版和快速蒙版，下面分别进行介绍。

- 图层蒙版：通过蒙版中的灰度信息来控制图像的显示区域，可用于合成图像，也可控制填充图层、调整图层、智能滤镜的有效范围。
- 剪贴蒙版：通过一个对象的形状来控制其他图层的显示区域。
- 矢量蒙版：通过路径和矢量形状来控制图像的显示区域。
- 快速蒙版：在工具箱中单击“以快速蒙版模式编辑”按钮，进入快速蒙版编辑模式，在图像中使用画笔工具进行绘制，可调整蒙版的区域。

2. 蒙版的作用

蒙版会对图像产生类似遮罩的作用，是图像合成必不可少的技术。使用不同的蒙版可以得到不同效果，下面分别介绍。

- 图层蒙版：通过蒙版中的黑、白、灰控制图像的显示范围。
- 剪贴蒙版：通过图层与图层之间的关系控制图像的区域与效果，可进行一对一或一对多的遮罩。
- 矢量蒙版：通过矢量图形控制图像显示，可与图层蒙版同时作用于图像。
- 快速蒙版：主要用于创建选择区域，即通过对图像中某一部分的遮罩达到制作精确选区的目的。

蒙版的形象解读

可以将蒙版看作是一块玻璃，在图层上添加蒙版如同盖上一层玻璃。当透明的玻璃呈黑色时，才能达到隐藏图层内容的目的。如果要让隐藏的图层内容再显示出来，就需要将玻璃上的黑色抹去，这时就可以清楚地看到玻璃下方的图层内容。

（二）蒙版“属性”面板

蒙版“属性”面板用于调整所选图层中图层蒙版和矢量蒙版的不透明度和羽化范围，为图层添加蒙版后，将自动打开相应的蒙版“属性”面板，如图7-31所示。

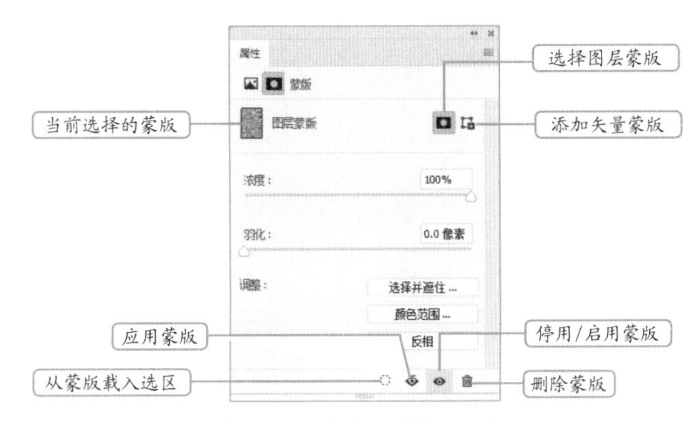

图7-31 蒙版“属性”面板

蒙版“属性”面板中相关选项的含义如下。

- 当前选择的蒙版：显示了在“图层”面板中选择的蒙版类型，当选择蒙版后，可在“蒙版”

面板中对其进行编辑。

- “选择图层蒙版”按钮：单击该按钮，可以为当前图层添加一个图层蒙版。
- “添加矢量蒙版”按钮：单击该按钮，可以添加矢量蒙版。
- 浓度：拖动滑块可调整蒙版的不透明度，即蒙版的遮盖强度。
- 羽化：拖动滑块可调整蒙版的羽化程度，即蒙版边缘部分的虚化范围。
- 选择并遮住... 按钮：单击该按钮，打开“选择并遮住”工作区，可在其中的“属性”面板中修改蒙版设置，并在不同的背景下查看蒙版。
- 颜色范围... 按钮：单击该按钮，打开“色彩范围”对话框，可在图像中取样并调整颜色容差来修改蒙版范围。
- 反相 按钮：单击此按钮，可以反转蒙版的遮盖区域。
- “从蒙版载入选区”按钮：单击该按钮，可以载入蒙版中包含的选区。
- “应用蒙版”按钮：单击该按钮，可以将蒙版应用到图像中，同时删除被蒙版遮盖的图像部分。
- “停用/启用蒙版”按钮：单击该按钮，或按住【Shift】键单击蒙版的缩略图，可停用或重新启用蒙版，停用蒙版时，蒙版缩略图上会出现一个红色的“×”。
- “删除蒙版”按钮：单击该按钮，可删除当前蒙版，将蒙版缩略图拖曳到“图层”面板底部的“删除”按钮上，也可将其删除。

三、任务实施

（一）添加图层蒙版

在合成瓶中的风景图像时，需要先对“玻璃瓶.jpg”图像文件进行处理，使其呈透明状态。下面通过图层蒙版来抠取透明的玻璃瓶图像，使图像边缘过渡平滑，具体操作如下。

（1）打开“玻璃瓶.jpg”图像文件，双击“图层”面板中的“背景”图层，弹出“新建图层”对话框，如图 7-32 所示。保持默认设置，单击 确定 按钮，将“背景”图层转换为普通图层，如图 7-33 所示。

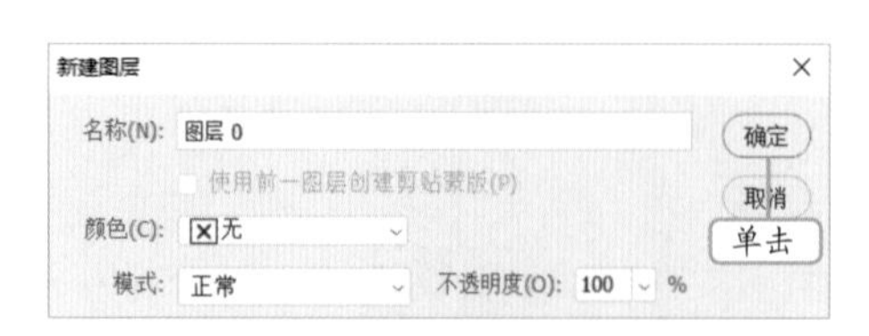

图7-32　“新建图层”对话框

图7-33　转换图层

（2）选择“魔棒工具”，在工具属性栏中设置容差为“50”，单击白色背景图像获取选区，按【Delete】键删除选区中的背景图像，按【Ctrl+D】组合键取消选择选区，效果如图 7-34 所示。

（3）选择“橡皮擦工具”，对瓶底残留的阴影图像做擦除处理，如图 7-35 所示。

（4）单击“图层”面板底部的“添加图层蒙版”按钮，添加一个图层蒙版，如图 7-36 所示。

图7-34　删除背景图像

图7-35　擦除阴影图像

图7-36　添加图层蒙版

（5）选择“画笔工具”，在工具属性栏中设置画笔样式为“柔边圆”、大小为“300 像素”、不透明度为“70%”，如图 7-37 所示。在瓶子图像中进行涂抹，操作过程中可以适当缩小画笔和调整其不透明度，隐藏部分图像，效果如图 7-38 所示。

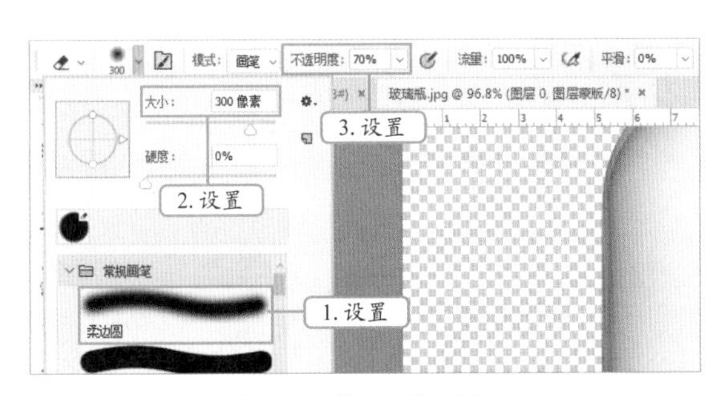

图7-37　设置画笔属性

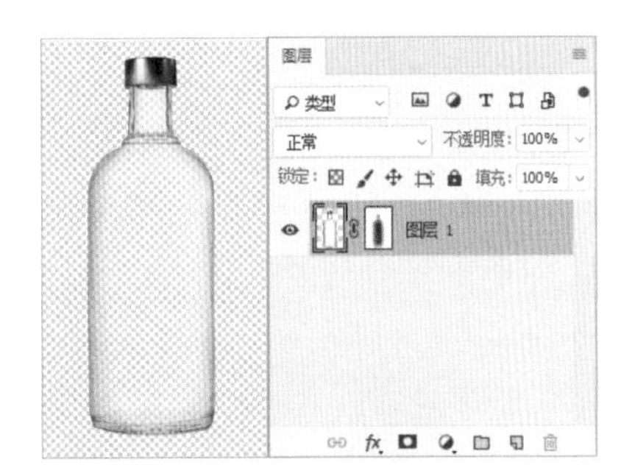

图7-38　图层蒙版效果

（二）创建剪贴蒙版

下面为图像创建剪贴蒙版，制作瓶子中的图像效果，具体操作如下。

（1）打开“背景.jpg”图像文件，选择“移动工具”，将抠取出来的玻璃瓶图像拖曳到画面中间，如图 7-39 所示。

（2）打开“风景.jpg”图像文件，使用“移动工具”将其拖曳到“背景.jpg”图像文件中，并在“图层”面板中设置图层混合模式为“正片叠底”，如图 7-40 所示。

图7-39　移动图像

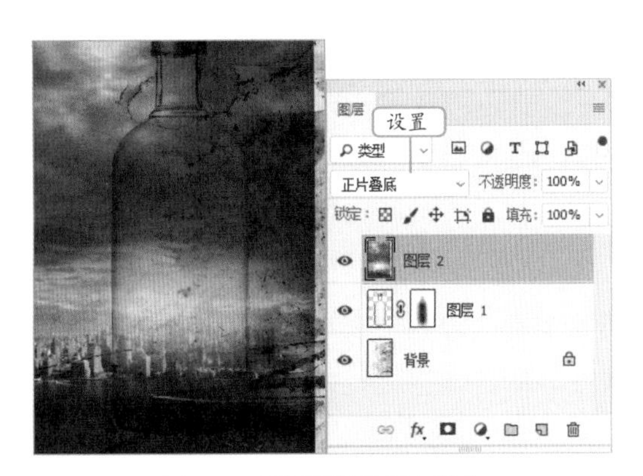

图7-40　设置图层的混合模式

（3）选择【图层】/【创建剪贴蒙版】菜单命令或按【Ctrl+Alt+G】组合键，创建剪贴蒙版，效果如图 7-41 所示。

（4）按【Ctrl+J】组合键复制图层，得到“图层 2 拷贝”图层，如图 7-42 所示。

图7-41　创建剪贴蒙版

图7-42　复制图层

（5）选择“图层 2 拷贝”图层，设置图层混合模式为“正常”。按住【Ctrl】键单击“图层 1”图层，载入玻璃瓶图像选区，按【Shift+Ctrl+I】组合键反选选区，按【Delete】键删除选区中的图像，按【Ctrl+D】组合键取消选择选区，效果如图 7-43 所示。

（6）为“图层 2 拷贝”图层添加图层蒙版，使用“画笔工具” 在图像边缘涂抹，隐藏部分图像，效果如图 7-44 所示。

图7-43　删除图像

图7-44　添加图层蒙版

（7）选择“图层 1”图层，按【Ctrl+J】组合键复制图层，得到“图层 1 拷贝”图层，将其调整至所有图层的最上方，设置图层混合模式为“叠加”，得到更加透明的玻璃瓶效果，如图 7-45 所示。

图7-45　复制图层并调整图层混合模式

实训一 使用通道校正图像颜色

【实训要求】

本实训要求对提供的素材图像进行颜色校正。

【操作思路】

本实训校正“风景.jpg”图像文件的颜色，首先观察图像的偏色情况，然后在“通道”面板中选择正确的通道进行操作，再通过“曲线”对话框校正图像。校正图像颜色前后效果对比如图7-46所示。

图7-46 校正图像颜色前后效果对比

素材所在位置 素材文件\项目七\实训一\风景.jpg
效果所在位置 效果文件\项目七\实训一\校正图像颜色.jpg

【步骤提示】

（1）打开“风景.jpg”图像文件，按【Ctrl+J】组合键复制背景图层，得到“图层1”图层。

（2）切换到“通道”面板，选择红色通道。

（3）选择【图像】/【调整】/【曲线】菜单命令，打开“曲线”对话框，在曲线上添加控制点，向上拖曳控制点，增加红色亮度。

（4）单击 确定 按钮，图像颜色得到校正。

（5）选择蓝色通道，打开“曲线”对话框，调整曲线，增加蓝色亮度。

（6）单击 确定 按钮，得到校正后的图像效果。

微课视频

使用通道校正图像颜色

实训二 制作海市蜃楼图像效果

【实训要求】

本实训要求制作海市蜃楼图像效果，主要通过图层蒙版制作出朦胧的楼房图像效果，如图7-47所示。

图7-47　海市蜃楼图像效果

【操作思路】

本实训使用提供的两张素材图像，将这两张图像进行融合，将其中的楼房图像通过图层蒙版自然地融合在沙漠图像中，得到海市蜃楼图像效果。在制作时可以先对图像中的色调进行简单的调整，再合成图像。

素材所在位置　素材文件 \ 项目七 \ 实训二 \ 城市风光 .psd、沙漠 .psd
效果所在位置　效果文件 \ 项目七 \ 实训二 \ 海市蜃楼 .psd

【步骤提示】

（1）打开“城市风光 .psd”和“沙漠 .psd”图像文件，选择城市风光图像，使用“移动工具”将其拖曳到沙漠图像中，这时“图层”面板中自动生成“图层 1”图层。

微课视频

制作海市蜃楼图像效果

（2）适当调整城市风光图像的大小，选择【图像】/【调整】/【亮度 / 对比度】菜单命令，打开“亮度 / 对比度”对话框，调整亮度为“12”。

（3）单击“图层”面板底部的“添加图层蒙版”按钮，使用“画笔工具”在楼房图像周围进行涂抹，隐藏部分图像。

（4）设置“图层 1”图层的混合模式为“线性加深”、不透明度为“34%”，得到海市蜃楼图像效果。

常见疑难解析

问：如何快速选择通道？

答：在设计过程中，为了提高工作效率，用户可以使用快捷键来选择通道：按【Ctrl+3】组合键可选择红色通道，按【Ctrl+4】组合键可选择绿色通道，按【Ctrl+5】组合键可选择蓝色通道，按【Ctrl+6】组合键可选择蓝色通道下面的通道，按【Ctrl+2】组合键可快速返回RGB通道。

问：存储包含“Alpha”通道的图像会占用较多的磁盘空间，有什么解决办法？

答：完成图像制作后，用户可以删除不需要的“Alpha”通道，从而节约空间。

问：为什么添加了图层蒙版，并对蒙版进行编辑后，图像效果未发生变化？

答：可能是因为没有选择蒙版。添加蒙版后，蒙版缩略图外侧四角会有一个边框，它表示蒙版处于被选中状态，此时所有的操作都将应用于蒙版。若要将操作应用于图像，则需要单击图像缩略图，并确认未选择蒙版。

问："应用图像"命令与"计算"命令有什么区别？

答：使用"应用图像"命令需要先选择要被混合的目标通道，之后再打开"应用图像"对话框指定混合通道。"计算"命令则不会受到这种限制，打开"计算"对话框后，可以指定任意目标通道。所以，"计算"命令相对于"应用图像"命令而言更加灵活，但对同一个通道进行多次混合时，使用"应用图像"命令操作会更加方便。

拓展知识

在添加图层蒙版后，若不需要图层蒙版，将其停用即可，并不一定要将蒙版删除。若想再次使用蒙版效果，将其启用即可。下面分别讲解图层蒙版的停用、应用和删除操作。

- 停用图层蒙版：在"图层"面板中蒙版的缩略图上单击鼠标右键，在弹出的快捷菜单中选择"停用图层蒙版"命令，如图 7-48 所示，可以将图像恢复为原始状态，但蒙版仍被保留在"图层"面板中，蒙版缩略图上将出现一个红色的"×"，如图 7-49 所示。
- 应用图层蒙版：用鼠标右键单击蒙版缩略图，在弹出的快捷菜单中选择"应用图层蒙版"命令，可以应用添加的图层蒙版。
- 删除图层蒙版：用鼠标右键单击蒙版缩略图，在弹出的快捷菜单中选择"删除图层蒙版"命令，可以删除图层蒙版。

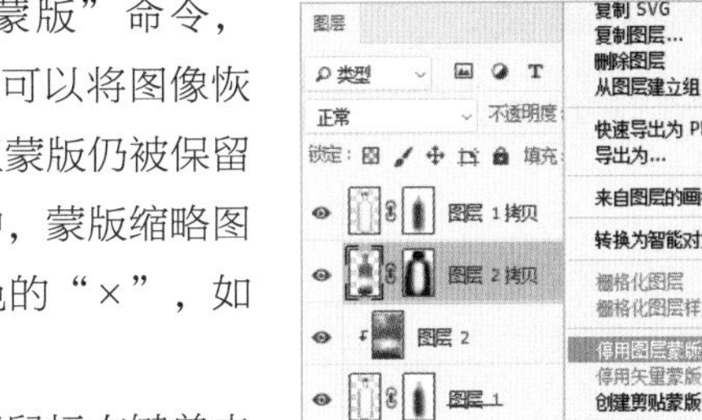

图7-48 选择"停用图层蒙版"命令

图7-49 停用图层蒙版

课后练习

（1）本练习要求利用通道抠取图 7-50 所示的"大树 .jpg"图像文件中的树图像。打开"曲线"对话框，在其中选择一个颜色通道，并进行曲线调整，然后将树图像从背景中抠取出来，得到的图像效果如图 7-51 所示。通过该练习用户可以掌握编辑通道的方法。

图7-50 素材图像

图7-51 抠取图像效果

素材所在位置 素材文件 \ 项目七 \ 课后练习 \ 大树 .jpg
效果所在位置 效果文件 \ 项目七 \ 课后练习 \ 大树 .psd

（2）本练习要求制作旋转图像效果，旋转效果能让原本单一的图案产生奇特的变化。打开“荷花.jpg”图像文件，如图 7-52 所示。在画面中创建椭圆形选区，然后添加快速蒙版，对其应用“高斯模糊”和“旋转扭曲”等滤镜，得到的图像效果如图 7-53 所示。

图7-52　素材图像

图7-53　旋转图像效果

素材所在位置 素材文件 \ 项目七 \ 课后练习 \ 荷花 .jpg
效果所在位置 效果文件 \ 项目七 \ 课后练习 \ 影荷花 .psd

（3）本练习要求利用提供的“照片2.jpg”和“瓶子.jpg”图像文件合成瓶中图像效果，完成后的图像效果如图7-54所示。

图7-54　瓶中图像效果

素材所在位置 素材文件 \ 项目七 \ 课后练习 \ 照片 2.jpg、瓶子 .jpg
效果所在位置 效果文件 \ 项目七 \ 课后练习 \ 瓶中图像 .psd

08 项目八

使用滤镜

情景导入

米拉在学习 Photoshop CC 2018 的过程中发现有一个滤镜菜单，但不知道有何作用，于是她去请教老洪。老洪告诉米拉，使用这些滤镜可以制作出丰富的特效，如下雪、水滴等。最近米拉经常在一些海报上看到这类特效，想到自己也可以制作出来，她非常期待。

课堂学习目标

- 掌握使用滤镜制作运动图像的方法。

如使用“消失点”滤镜补全、使用“液化”滤镜为人物瘦身、使用滤镜库中的滤镜等。

- 掌握使用滤镜制作油画和画框的方法。

如使用“彩块化”滤镜、使用“喷溅”滤镜、使用“纹理化”滤镜等。

▲制作运动图像

▲制作油画和画框

任务一 制作装饰画图像

在Photoshop CC 2018中，滤镜对图像的处理起着十分重要的作用，使用滤镜可以制作出各种特效，如模拟素描、油画等。不同的滤镜产生不同的效果，同一滤镜经过设置也会产生不同的效果。下面介绍“液化”“消失点”等滤镜及滤镜库的用法。

一、任务目标

本任务将通过滤镜制作装饰画图像，先使用“液化”工具对人物进行处理，再使用“消失点”滤镜制作具有透视的画框，最后添加“绘画涂抹”滤镜效果。通过对本任务的学习，用户可掌握在Photoshop CC 2018中使用滤镜的相关操作。本任务完成后的效果如图8-1所示 。

图8-1　运动图像效果

素材所在位置　素材文件 \ 项目八 \ 任务一 \ 背景 .psd、人物 .jpg
效果所在位置　效果文件 \ 项目八 \ 任务一 \ 装饰画 .psd

二、相关知识

滤镜是 Photoshop CC 2018 中使用较多的功能，用它可以编辑当前可见图层或图像选区内的图像，制作出各种特效。通过滤镜，用户可以制作出富有艺术性的专业图像效果。

（一）认识滤镜

在 Photoshop CC 2018 的“滤镜”菜单中提供了多个特殊滤镜、滤镜组和安装的外挂滤镜，在滤镜组中还包含了多种不同的滤镜效果，如图 8-2 所示。各种滤镜的使用方法基本相似，只需选择需要处理的图像，再选择“滤镜”菜单下相应的命令，在打开的对话框中进行设置后单击 确定 按钮即可。

下面以“动感模糊”滤镜为例，介绍滤镜相关选项的作用。选择【滤镜】/【模糊】/【动感模糊】菜单命令，打开“动感模糊”对话框，如图8-3所示，相关选项作用介绍如下。

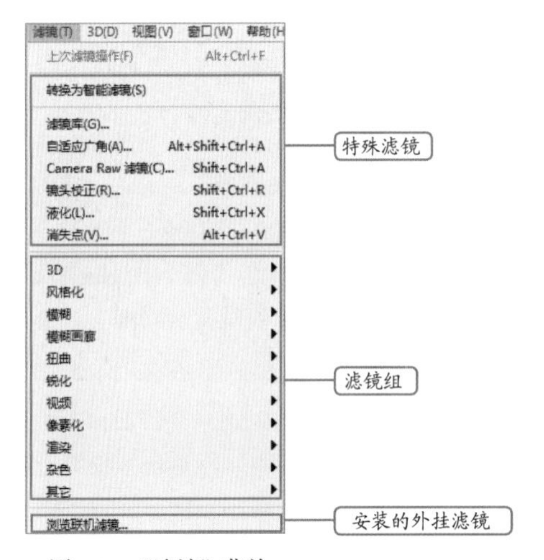

图8-2　“滤镜”菜单

图8-3　“动感模糊”对话框

- “预览”复选框：选中该复选框，可在原图像中观察使用该滤镜后的效果；撤销选中该复选框，则只能通过对话框中的预览框来观察滤镜的效果。
- 按钮组：用于控制预览框中图像的显示比例；单击按钮可缩小图像的显示比例，单击按钮可放大图像的显示比例。
- “角度”文本框：用于设置角度，生成对应角度方向的动感模糊效果。
- 图标：拖曳图标中间横线可调整角度。
- “距离”文本框：用于设置距离来调整动感模糊的程度。
- 滑块：拖曳滑块可调整距离。

在对话框中，将鼠标指针移动到预览框中，当鼠标指针变成形状时，按住鼠标左键并拖曳可移动视图的位置；将鼠标指针移动到原图像中，当鼠标指针变为□形状时，在图像上单击，可将预览框中的视图调整到单击处的图像位置。

（二）滤镜库的设置与应用

Photoshop CC 2018 中的滤镜库整合了“风格化”“画笔描边”“扭曲”“素描”“纹理”“艺术效果”6 种滤镜，通过该滤镜库，可对图像应用这 6 种滤镜。

打开一张图片，选择【滤镜】/【滤镜库】菜单命令，打开图 8-4 所示的“滤镜库”对话框，具体选项作用介绍如下。

图8-4　“滤镜库”对话框

- 在展开的滤镜库中选择一个滤镜，可以在左边的预览框中查看应用该滤镜后的效果。
- 单击对话框右下角的“新建效果图层”按钮，可新建一个效果图层。单击“删除效果图层”按钮，可删除效果图层。
- 在对话框中单击按钮，可隐藏效果选项，从而增大预览框中的视图范围。

（三）“液化”滤镜的设置与应用

“液化”滤镜用来使图像产生扭曲，用户不但可以自定义扭曲的范围和强度，还可以将调整好的变形效果存储起来，或载入以前存储的变形效果。选择【滤镜】/【液化】菜单命令，打开图 8-5

所示的“液化”对话框，左侧列表中部分工具含义如下。

图8-5 “液化”滤镜对话框

- 向前变形工具：使用此工具可使被涂抹区域内的图像产生向前位移的效果。
- 重建工具：使用此工具在液化变形后的图像上涂抹，可以将图像中的变形效果还原为原图像效果。
- 平滑工具：使用此工具在液化变形后图像边缘的小波浪或小锯齿上涂抹，可以使图像边缘轮廓变得平滑。
- 顺时针旋转扭曲工具：使用此工具可以让图像按照顺时针方向扭曲，按住【Alt】键可以逆时针旋转扭曲。
- 褶皱工具：使用此工具，可以使图像产生向内压缩变形的效果。
- 膨胀工具：使用此工具，可以使图像产生向外膨胀放大的效果。
- 左推工具：使用此工具，可以使图像中的像素发生位移变形效果。
- 冻结蒙版工具：使用此工具，可以冻结蒙版内的内容，这样液化蒙版周边的内容时，蒙版内的内容不受影响。
- 解冻蒙版工具：使用此工具，可以解冻被冻住的蒙版。
- 脸部工具：使用此工具，可以自动识别图像中人物面部，然后在右侧列表中“人脸识别液化”下拉列表框中修改人物面部设置。

（四）“消失点”滤镜的设置与应用

使用“消失点”滤镜在选择的图像区域内进行克隆、喷绘、粘贴图像等操作时，会自动应用透视原理，按照透视的角度和比例自适应图像的修改，从而大大节约精确设计和修饰照片所需的时间。

选择【滤镜】/【消失点】菜单命令，打开图8-6所示的“消失点”对话框，左侧列表中部分工具含义如下。

图8-6　“消失点”对话框

- 编辑平面工具：用来调整透视平面，其调整方法与图像变换操作一样，拖曳平面边缘的控制点即可进行调整。
- 创建平面工具：打开“消失点”对话框后，系统默认选择该工具，这时可在对话框中不同的地方单击 4 次，以创建一个透视平面，如图 8-7 所示；使用“编辑平面工具”可调整透视平面的大小，如图 8-8 所示；在对话框顶部的“网格大小”下拉列表中可设置显示的密度。

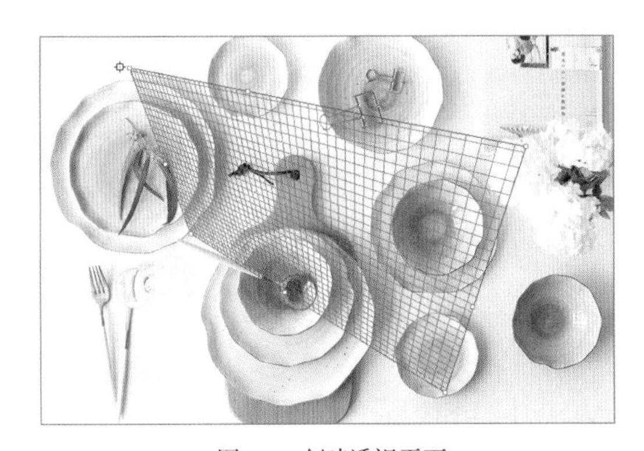

图8-7　创建透视平面

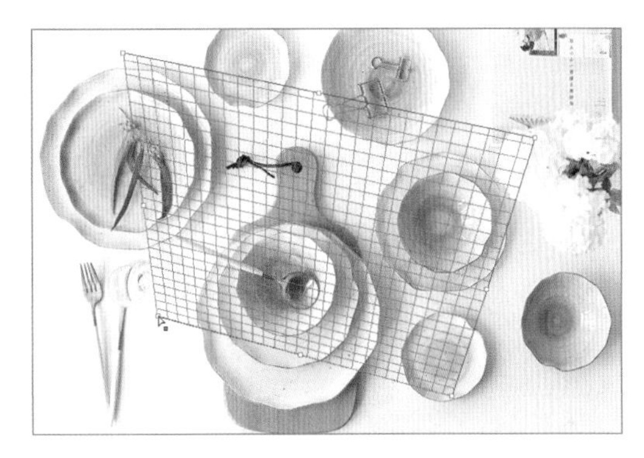

图8-8　调整透视平面

- 选框工具：在透视平面中单击并拖曳可绘制选区，单击并拖曳选区可调整选区位置，选区与透视平面保持同样的透视关系。
- 图章工具：该工具的用法与工具箱中“仿制图章工具”的用法一致，即在透视平面内按住【Alt】键并单击，对图像取样，然后在透视平面上的其他地方单击，将取样图像复制到单击处，复制后的图像保持与透视平面一样的透视关系。
- 画笔工具：该工具的用法与工具箱中“画笔工具”的用法一致，即在平面内单击并拖动可进行绘画，在对话框顶部可调整画笔的直径、硬度、不透明度和画笔颜色。

- 测量工具 ：使用该工具可以测量透视平面中的距离。

（五）“镜头校正”滤镜的设置与应用

使用“镜头校正”滤镜可修复常见的镜头缺陷，如桶形和枕形失真、晕影以及色差。选择【滤镜】/【镜头校正】菜单命令，打开“镜头校正”对话框，如图8-9所示，部分选项含义如下。

图8-9 “镜头校正”对话框

- 移去扭曲：用来调整图像中产生的镜头变形失真，当数值为正时产生内陷效果，为负值时则产生向外膨胀的效果。
- 垂直透视：用来使图像在垂直方向上产生透视效果。
- 水平透视：用来使图像在水平方向上产生透视效果。

三、任务实施

（一）使用“液化”滤镜修饰人物

微课视频

使用“液化”滤镜修饰人物

使用“液化”滤镜对人物进行修饰，使图像更真实，具体操作如下。

（1）选择【文件】/【打开】菜单命令，打开“人物.jpg”图像文件。

（2）选择【滤镜】/【液化】菜单命令，打开“液化”对话框，单击“冻结蒙版工具” ，在右侧的“画笔工具选项”栏中调整画笔大小为“50”，在图像编辑区域中涂抹人物手臂，效果如图 8-10 所示，防止在修饰人物腰身时误碰到人物手臂导致的变形。

（3）单击“向前变形工具” ，在右侧的“画笔工具选项”栏中调整画笔大小为“120”，将鼠标指针移动到图像编辑区域的人物腰部，按住鼠标左键并拖曳，修饰人物腰身，效果如图 8-11 所示。

图8-10　涂抹人物手臂

图8-11　修饰人物腰身

（4）单击“缩放工具”，在图像编辑区域的人物脚部单击，放大人物脚部，然后使用“冻结蒙版工具”冻结人物左脚，使用“向前变形工具”缩小人物右脚，效果如图 8-12 所示。

（5）单击“抓手工具”，在图像编辑区域按住鼠标左键并向上拖曳，显示人物上半身。单击“解冻蒙版工具”，在人物手臂的红色区域涂抹解冻，再使用“冻结蒙版工具”冻结已经修饰完成的人物腰身，效果如图 8-13 所示。

图8-12　缩小人物右脚

图8-13　冻结人物腰身

（6）使用“向前变形工具”修饰人物的手臂和肩膀，修饰完成后解冻人物腰身，效果如图8-14所示。

（7）按住【Alt】键，滚动鼠标滚轮缩小图像，使用“解冻蒙版工具”解冻人物脚部，然后单击“向前变形工具”，设置画笔大小为“200”，将鼠标指针移动到人物头部，按住鼠标左键向上拖动，使用相同的方法向下拖动人物脚部，使人物变得更加修长，效果如图 8-15 所示。完成后单击 确定 按钮。

图8-14　修饰人物的手臂和肩膀

图8-15　修饰人物的头部和脚部

（二）使用“消失点”滤镜制作装饰画

微课视频

使用“消失点”滤镜制作装饰画

使用“消失点”滤镜在墙壁上添加装饰画，由于自动产生的透视效果，可以使图像融合得更完美，具体操作如下。

（1）选择【文件】/【打开】菜单命令，打开“背景.jpg”图像文件。

（2）选择【滤镜】/【消失点】菜单命令，打开“消失点”对话框，其中自动选择“创建平面工具”，在对话框中的画框左上角单击左键，如图8-16所示。

（3）然后依次在画框右上角、右下角和左下角单击，形成编辑平面，如图8-17所示。

（4）在“人物.jpg”图像文件中将图像以5:7的比例裁剪，然后按【Ctrl+A】组合键全选图像，按【Ctrl+C】组合键复制图像。

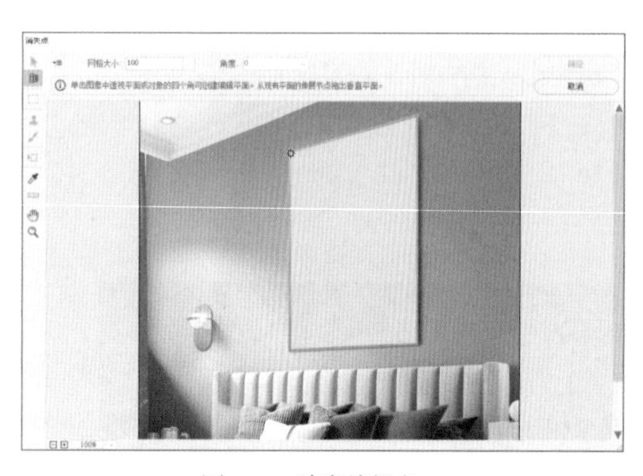

图8-16 确定编辑点

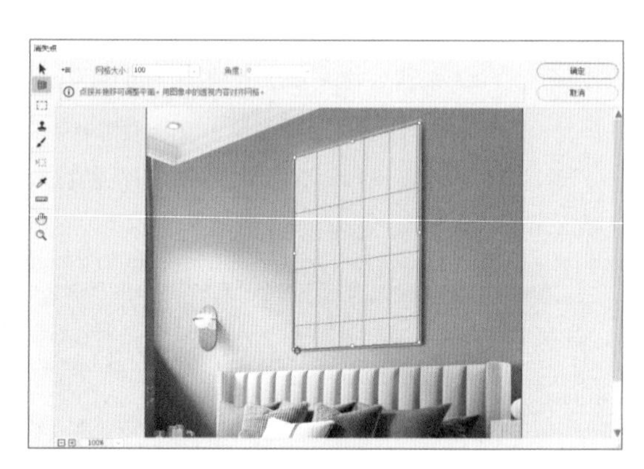

图8-17 形成编辑平面

（5）在“消失点”对话框中按【Ctrl+V】组合键粘贴复制的图像，然后选择“变换工具”，拖曳复制图像的四角，调整为合适大小，如图8-18所示。

（6）单击 确定 按钮，关闭“消失点”对话框，最终效果如图 8-19 所示。

图8-18 粘贴并调整图像

图8-19 装饰画效果

（三）使用滤镜库

微课视频

使用滤镜库

下面使用滤镜库中的“绘画涂抹”滤镜为图像添加绘画效果，具体操作如下。

（1）选择“钢笔工具”，在图像编辑区域中为装饰画绘制路径，然后将其转换为选区，并复制该选区。

（2）选择【滤镜】/【滤镜库】菜单命令，打开“滤镜库”对话框，单击“艺术效果”栏前的▶按钮，将该栏展开。

（3）选择“绘画涂抹”选项，在对话框右侧将画笔大小设置为“5”，将锐化程度设置为“3”，如图8-20所示。

（4）单击 确定 按钮，以“装饰画”为名保存文件，效果如图 8-21 所示。

图8-20 设置“绘画涂抹”滤镜参数

图8-21 最终效果

任务二 制作油画和画框

综合使用多个滤镜，可以制作出许多特殊的图像效果。对于一些风景画，使用滤镜可以制作出素描、油画、版画等效果，下面介绍具体制作方法。

一、任务目标

本任务将使用Photoshop CC 2018的“风格化”滤镜组、“模糊”滤镜组、“扭曲”滤镜组、“锐化”滤镜组、“像素化”滤镜组、“渲染”滤镜组和“杂色”滤镜组中的相关滤镜制作一幅油画，并为其添加画框。通过对本任务的学习，用户可以掌握相关滤镜的使用方法，同时对滤镜组中其他滤镜的使用方法和效果有一定的了解。本任务完成后的效果如图8-22所示。

图8-22 油画和画框效果

素材所在位置 素材文件\项目八\任务二\风景图.jpg、画框.jpg

效果所在位置 效果文件\项目八\任务二\制作油画效果.psd、制作画框.psd

二、相关知识

Photoshop CC 2018的“滤镜”菜单中提供了多个滤镜组，选择每一个滤镜组，可在其子菜单中选择该滤镜组中的具体滤镜，下面对这些滤镜组进行介绍。

（一）“风格化”滤镜组

“风格化”滤镜组主要通过移动和置换图像的像素并增加图像像素的对比度，生成绘画或印象派的图像效果。选择【滤镜】/【风格化】菜单命令，展开的子菜单中共有以下9种滤镜，如图8-23所示。

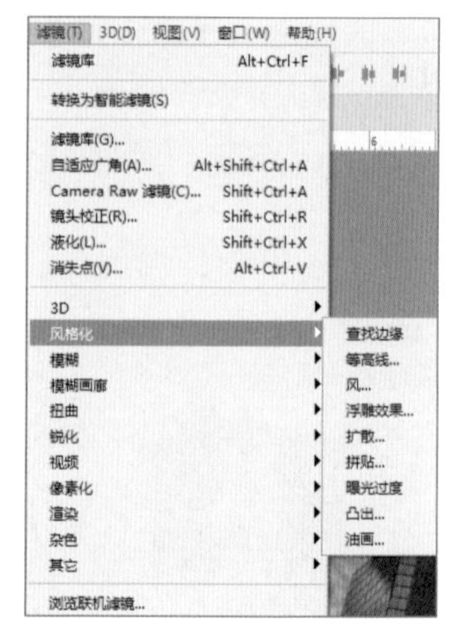

图8-23 “风格化”滤镜组

- 查找边缘：使用“查找边缘”滤镜可以突出图像边缘，该滤镜无设置对话框。
- 等高线：使用“等高线”滤镜可以沿图像的亮区和暗区的边界绘出线条比较细、颜色比较浅的效果。
- 风：使用“风”滤镜可在图像中添加一些短而细的水平线来模拟风吹的效果。
- 浮雕效果：使用“浮雕效果”滤镜可以通过勾划选区的边界并降低周围的颜色值，使选区凹凸，生成浮雕效果。
- 扩散：使用“扩散”滤镜可以根据在其设置对话框中所选择的选项搅乱图像中的像素，使图像产生模糊的效果。
- 拼贴：使用“拼贴”滤镜可以将图像分解成许多小块，并使每块内的图像都偏移原来的位置，让整幅图像好像是画在方块瓷砖上一样。
- 曝光过度：使用“曝光过度”滤镜可以产生图像正片和负片混合的效果，类似于显影过程中将摄影照片短暂曝光，该滤镜无设置对话框。
- 凸出：使用“凸出”滤镜可以将图像分成一系列大小相同、有机叠放的三维块或立方体，生成一种3D纹理效果。
- 油画：使用“油画”滤镜可以通过控制画笔的样式及光线的方向和亮度使图像呈现油画效果。

（二）“模糊”滤镜组

使用“模糊”滤镜组可以通过削弱相邻像素的对比度，使相邻像素间过渡平滑，从而产生边缘柔和、模糊的效果。选择【滤镜】/【模糊】菜单命令，在“模糊”子菜单中提供了“表面模糊”“动感模糊”“方框模糊”等多种滤镜，如图8-24所示。

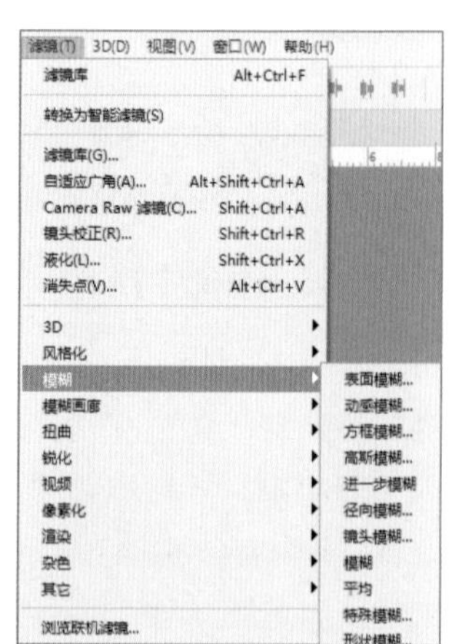

图8-24 “模糊”滤镜组

- 表面模糊：使用“表面模糊”滤镜模糊图像时保留图像边缘，该滤镜可用于创建特殊效果，以及去除噪点和颗粒。
- 动感模糊：使用“动感模糊”滤镜可以使静态图像产生运动的效果，原理是通过对某一方向上的像素进行线性位移来产生运动的模糊效果。
- 方框模糊：使用“方框模糊”滤镜可以以邻近像素颜色平均值为基准模糊图像。
- 高斯模糊：使用“高斯模糊”滤镜可以对图像总体进行模糊处理。
- 模糊、进一步模糊：“模糊”和“进一步模糊”滤镜都用于消除图像中颜色明显变化处的杂色，使图像更加柔和，并隐藏图像中的一些缺陷，柔化图像中过于强烈的区域；“进一步模糊”滤镜产生的效果比“模糊”滤镜强，这两个滤镜都没有设置对话框，可多次应用这两个滤镜来加强模糊效果。
- 径向模糊：使用“径向模糊”滤镜可以使图像产生旋转或放射状模糊效果。

- 镜头模糊：使用“镜头模糊”滤镜可以使图像模拟摄像时镜头抖动产生的模糊效果。
- 平均：使用“平均”滤镜可以对图像的平均颜色值进行柔化处理，从而产生模糊效果，该滤镜无设置对话框。
- 特殊模糊：使用“特殊模糊”滤镜可以对图像进行精确模糊，这是唯一不模糊图像轮廓的模糊方式，包括3种模式；在“正常”模式下，与其他模糊滤镜差别不大；在“仅限边缘”模式下，适用于边缘有大量颜色变化的图像，增大边缘，图像边缘将变白，其余部分将变黑；在“叠加边缘”模式下，滤镜将覆盖图像的边缘。
- 形状模糊：使用“形状模糊”滤镜可以使图像按照某一形状进行模糊处理。

（三）“扭曲”滤镜组

“扭曲”滤镜组用于对当前图层或选区内的图像进行各种各样的扭曲变形处理。选择【滤镜】/【扭曲】菜单命令，其子菜单中提供了9种滤镜，如图8-25所示。

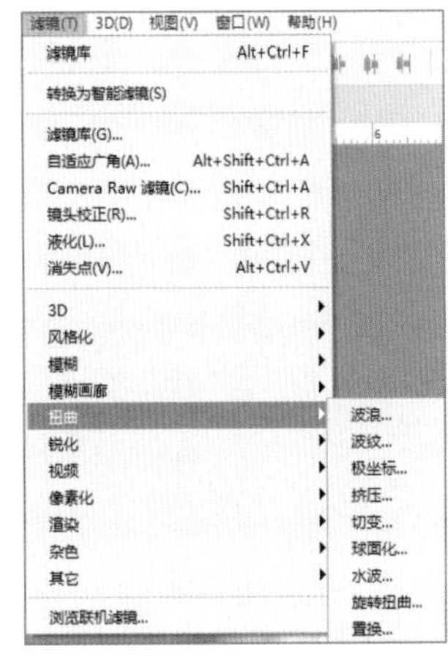

图8-25　“扭曲”滤镜组

- 波浪：“波浪”滤镜的设置对话框中提供了许多设置波长的选项，用以在选择的范围或图像上创建波浪起伏的图像效果。
- 波纹：使用“波纹”滤镜可以产生水波荡漾的涟漪效果。
- 极坐标：使用“极坐标”滤镜可以将图像的坐标从直角坐标系转换到极坐标系。
- 挤压：使用“挤压”滤镜可以使全部图像或选择区域内的图像产生一个向外或向内挤压的变形效果。
- 切变：使用“切变”滤镜可以使图像在水平方向产生弯曲效果；选择【滤镜】/【扭曲】/【切变】菜单命令，打开“切变”对话框，在对话框左侧方框中的垂直线上单击可创建切变点，拖动切变点可实现图像的切变。
- 球面化：使用“球面化”滤镜可以模拟将图像包在球上的效果，并可以扭曲、伸展来适合球面，从而产生球面化效果。
- 水波：使用“水波”滤镜可以沿径向扭曲选择范围或图像，产生类似水面涟漪的效果。
- 旋转扭曲：使用“旋转扭曲”滤镜可以对图像产生顺时针或逆时针旋转效果。
- 置换：“置换”滤镜的使用方法较特殊，使用该滤镜后，图像的像素可以向不同的方向移位，其效果不仅依赖于设置对话框，而且还依赖于置换的置换图；简单来说，“置换”滤镜可以对图像A按照图像B的显示纹理产生凹凸效果。

（四）“锐化”滤镜组

“锐化”滤镜组能通过增加相邻像素的对比度来聚焦模糊的图像。选择【滤镜】/【锐化】菜单命令，在子菜单中提供了6种滤镜，如图8-26所示。

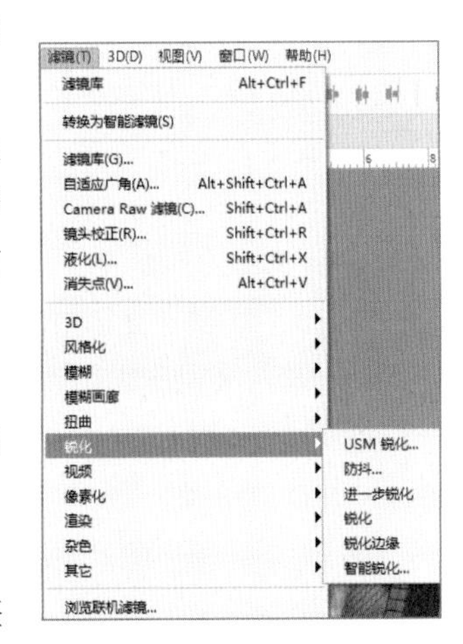

图8-26　“锐化”滤镜组

- USM锐化：使用“USM锐化”滤镜可以锐化图像边缘，通过调整边缘细节的对比度，在边缘的每侧生成一条亮线和一条暗线。

- 防抖：使用“防抖”滤镜可以将拍摄时因抖动而模糊的图片修改为正常的清晰效果。
- 进一步锐化：“进一步锐化”滤镜要比“锐化”滤镜的锐化效果更强烈，该滤镜无设置对话框。
- 锐化：使用“锐化”滤镜可以增加图像中相邻像素点之间的对比度，从而聚焦选区并提高其清晰度，该滤镜无设置对话框。
- 锐化边缘：“锐化边缘”滤镜用来锐化图像的轮廓，使不同颜色之间分界更明显，该滤镜无设置对话框。
- 智能锐化：相较于标准的USM锐化滤镜，“智能锐化”滤镜可以改善边缘细节、阴影及高光锐化，在阴影和高光区域对锐化提供了良好的控制。

（五）“像素化”滤镜组

“像素化”滤镜组中的大多滤镜会将图像转换成平面色块组成的图案，并通过不同的设置达到截然不同的效果。选择【滤镜】/【像素化】菜单命令，在子菜单中提供了 7 种滤镜，如图 8-27 所示。

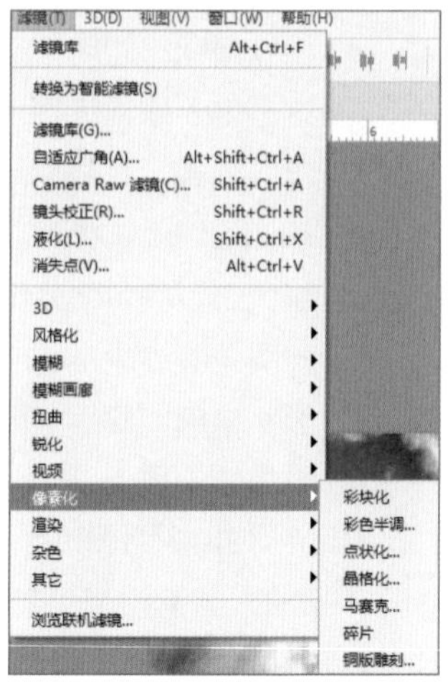

图8-27 “像素化’滤镜组

- 彩块化：使用“彩块化”滤镜可以使图像中纯色或相似颜色的像素结为彩色像素块，从而使图像产生类似宝石刻画的效果，该滤镜没有设置对话框，应用该滤镜的效果比原图像更模糊。
- 彩色半调：“彩色半调”滤镜用于模拟在图像的每个通道上使用扩大的半调网屏效果，对于每个通道，该滤镜用小矩形将图像分割，并用圆形图像替换矩形图像，其中圆形的大小与矩形的亮度成正比。
- 点状化：使用“点状化”滤镜可以使图像产生随机的彩色斑点效果，点与点间的空隙将用当前背景色填充。
- 晶格化：使用“晶格化”滤镜是可以相近的像素集中到一个纯色多边形网格中。
- 马赛克：使用“马赛克”滤镜可以把一个单元内所有相似色彩像素统一颜色后再合成更大的方块，从而产生马赛克效果，对话框中的“单元格大小”选项用于设置产生的方块大小。
- 碎片：使用“碎片”滤镜可以将图像的像素量复制4倍，然后将它们平均移位并降低不透明度，从而产生模糊效果，该滤镜无设置对话框。
- 铜版雕刻：使用“铜版雕刻”滤镜可以在图像中随机分布各种不规则的线条和斑点，产生镂刻的版画效果。

（六）“渲染”滤镜组

“渲染”滤镜组用于在图像中创建火焰、云彩、折射和模拟光线等。选择【滤镜】/【渲染】菜单命令，在子菜单中提供了 8 种滤镜，如图 8-28 所示。

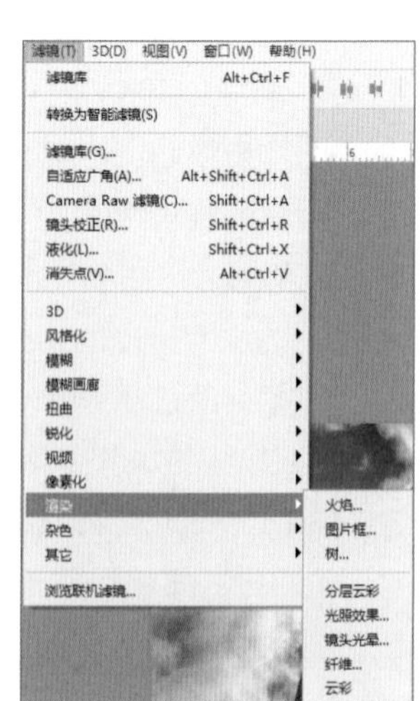

图8-28 “渲染”滤镜组

- 火焰、图片框、树：使用这3个滤镜可以分别为图像添加火焰、相框和树木效果；需要注意的是，“火焰”滤镜是基于路径的滤镜，所以使用前需要建立路径。

- 分层云彩：使用“分层云彩”滤镜可以随机生成的介于前景色与背景色之间的值生成云彩图案效果，该滤镜无设置对话框。
- 光照效果：“光照效果”滤镜的功能非常强大，可以通过改变17种光照样式、3种光源，在RGB颜色模式的图像上产生多种光照效果。
- 镜头光晕：使用“镜头光晕”滤镜可以模拟亮光照射到相机镜头所产生的折射。
- 纤维：使用“纤维”滤镜可以将前景色和背景色混合生成一种纤维效果。
- 云彩：使用“云彩”滤镜可以在当前前景色和背景色间随机抽取像素值，生成柔和的云彩图案效果，该滤镜无设置对话框。需要注意的是，应用此滤镜后，原图层上的图像会被替换。

（七）“杂色”滤镜组

“杂色”滤镜组主要用来向图像中添加杂色或去除图像中的杂色，通过混合干扰，制作出着色像素图案的纹理。此外，“杂色”滤镜组还可以创建一些具有特点的纹理效果，或去掉图像中有缺陷的区域。选择【滤镜】/【杂色】菜单命令，在子菜单中提供了5种滤镜，如图8-29所示。

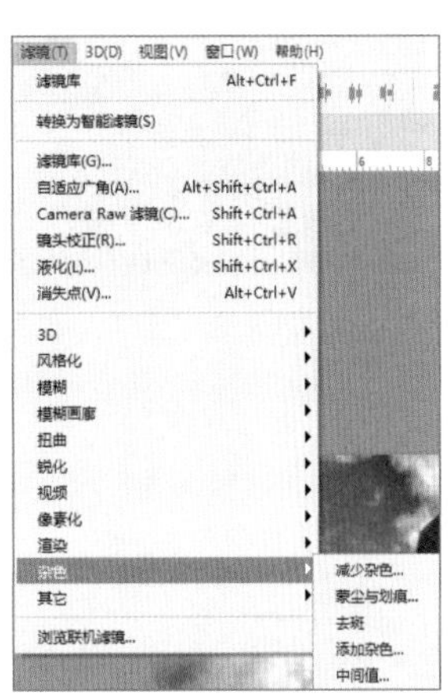

图8-29 “杂色”滤镜组

- 减少杂色：“减少杂色”滤镜用于去除在数码拍摄中因为ISO值（即光感度）设置不当而导致的杂色，同时也可去除使用扫描仪扫描图像时，由于扫描传感器导致的图像杂色。
- 蒙尘与划痕：使用“蒙尘与划痕”滤镜可以将图像中有缺陷的像素融入周围的像素，达到除尘和隐藏瑕疵的目的。
- 去斑：使用“去斑”滤镜可以对图像或选择区内的图像进行轻微的模糊和柔化处理，从而实现移去杂色的同时保留细节的目的，该滤镜无设置对话框。
- 添加杂色：使用“添加杂色”滤镜可以向图像随机混合彩色或单色杂色。
- 中间值：使用“中间值”滤镜可以通过混合图像中像素的亮度来减少图像的杂色。

三、任务实施

（一）使用“彩块化”滤镜

下面使用“彩块化”滤镜制作特殊风景效果。首先调整图像亮度，然后使用“像素化”滤镜组中的“彩块化”滤镜为图像添加特殊效果，具体操作如下。

（1）打开“风景图.jpg”图像文件，如图8-30所示。

（2）在“图层”面板底部单击“创建新的填充或调整图层”按钮，在打开的下拉列表中选择“亮度/对比度”选项。打开“属性”面板，在其中设置亮度为“25”、对比度为“10”，如图8-31所示。

（3）按【Alt+Ctrl+Shift+E】组合键盖印可见图层，得到“图层1”图层，如图8-32所示。

（4）选择【滤镜】/【像素化】/【彩块化】菜单命令，如图8-33所示，得到一种具有绘画风格的滤镜效果，如图8-34所示。

图8-30　打开“风景图.jpg”图像文件

图8-31　调整亮度和对比度

图8-32　盖印可见图层

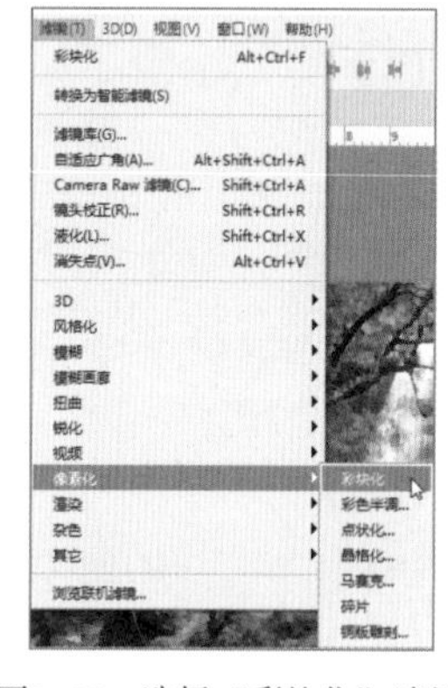

图8-33　选择“彩块化”滤镜

图8-34　“彩块化”滤镜效果

（二）使用“喷溅”滤镜

下面使用“喷溅”滤镜制作出图像的凹凸效果，使画面更有质感，具体操作如下。

（1）选择【滤镜】/【滤镜库】菜单命令，打开“滤镜库”对话框。在“画笔描边”栏中选择“喷溅”选项，然后在对话框右侧设置喷色半径为“8”、平滑度为“15”，单击 确定 按钮，如图 8-35 所示。

（2）完成后的图像效果如图 8-36 所示。选择背景图层，按【Ctrl+J】组合键复制图层，得到“背景拷贝”图层，将其放到所有图层的最上方，如图 8-37 所示。

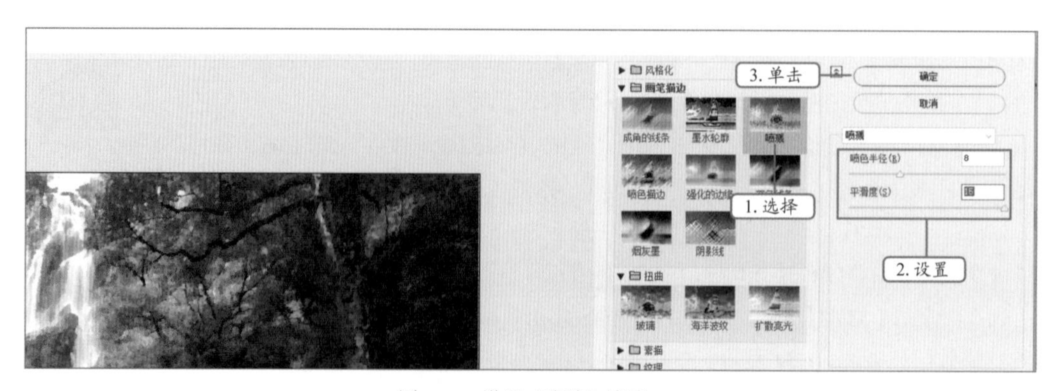

图8-35　设置“喷溅”滤镜

图8-36　图像效果

图8-37　复制图层

（3）选择【滤镜】/【风格化】/【查找边缘】菜单命令，得到图 8-38 所示的效果。在“图层”面板中设置图层混合模式为“柔光”，如图 8-39 所示。

图8-38　使用滤镜后的效果

图8-39　设置图层混合模式

（三）使用“纹理化”滤镜

下面使用“纹理化”滤镜为画面添加纹理，具体操作如下。

（1）按【Alt+Ctrl+Shift+E】组合键盖印图层，得到“图层 2”图层。

（2）选择【滤镜】/【滤镜库】菜单命令，打开“滤镜库”对话框。在“纹理”栏中选择“纹理化”选项，然后在对话框右侧进行图 8-40 所示的设置，单击确定按钮应用设置。

（3）使用滤镜后的图像效果如图 8-41 所示。

（4）打开“画框 .jpg”图像文件，将制作好的图像移动到画框图像中，适当调整大小，效果如图 8-42 所示。

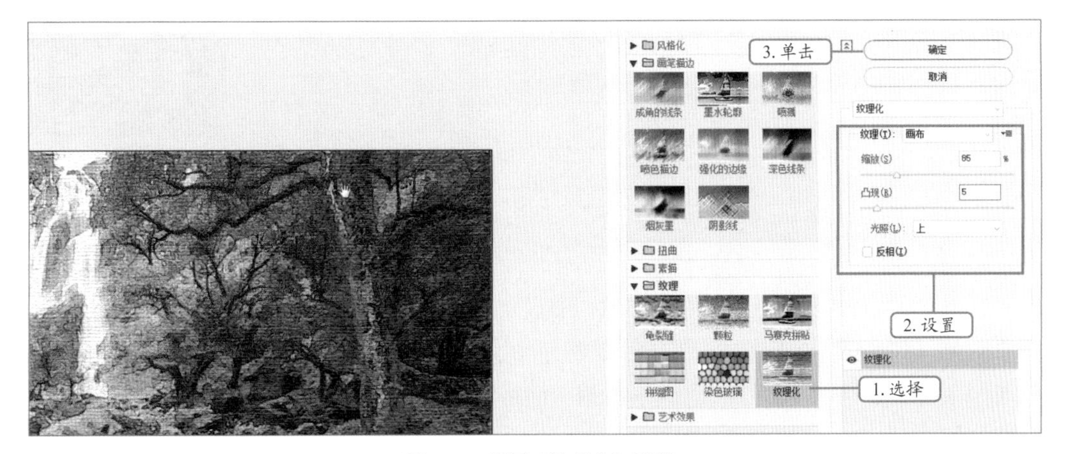

图8-40　设置“纹理化”滤镜

图8-41 使用“纹理化”滤镜后的图像效果

图8-42 油画和画框效果

知识提示

滤镜库与滤镜组的区别

滤镜库中有些滤镜的名称与滤镜组的名称一样，但它们的效果并不一样。在滤镜库中设置的效果可以更改，在滤镜组中设置的滤镜效果无法更改。

职业素养

为拍摄的照片添加滤镜

对于摄影爱好者来说，添加不同的滤镜镜头，可以使拍摄的照片呈现出不一样的效果。若前期没有添加这样的滤镜镜头，用户也可在后期通过 Photoshop CC 2018 来添加相应的滤镜效果。

实训一 制作液体巧克力特效

【实训要求】

本实训要求制作液体巧克力特效，效果如图 8-43 所示。通过本实训的练习，用户可以掌握“画笔工具”和“液化”滤镜的使用方法。

【操作思路】

根据实训要求，首先绘制出一些杂乱的线条，然后对其应用“液化”滤镜，最后调整图像颜色。

素材所在位置 效果文件\项目八\实训一\液体巧克力特效.psd

图8-43 液体巧克力特效

【步骤提示】

（1）新建一个图像文件，使用“画笔工具”在图像中绘制多条较粗的线条。

（2）按【Ctrl+E】组合键合并图层。选择【滤镜】/【滤镜库】菜单命令，打开“滤镜库”对话框，在“素描”栏中选择“铬黄渐变”选项，然后在对话框右侧进行设置。

微课视频

制作液体巧克力特效

（3）选择【滤镜】/【液化】菜单命令，打开“液化”对话框，使用“向前变形工具”在图像中进行拖曳。

（4）添加“色相 / 饱和度”调整图层，在“属性”面板中选中“着色”复选框，将图像调整为土红色，最后保存图像。

实训二 制作透明水泡

【实训要求】

本实训要求在海底世界图像中制作透明水泡，效果如图8-44所示。通过本实训的操作，用户可以掌握“镜头光晕”滤镜、“极坐标”滤镜等的使用方法。

图8-44 透明水泡

【操作思路】

根据实训要求，先使用“镜头光晕”滤镜，然后添加“极坐标”滤镜，并变换选区，合成海底世界图像，再对创建的框架和框架集进行编辑，最后保存框架。

素材所在位置 素材文件 \ 项目八 \ 实训二 \ 海底世界 .jpg

效果所在位置 效果文件 \ 项目八 \ 实训二 \ 透明水泡 .psd

【步骤提示】

（1）新建一个图像文件，新建“图层 1”图层，将其填充为黑色。选择【滤镜】/【渲染】/【镜头光晕】菜单命令，设置镜头光晕效果。

微课视频

制作透明水泡

（2）选择【滤镜】/【扭曲】/【极坐标】菜单命令，在打开的对话框中选中“极坐标到平面坐标”单选项，垂直翻转图像。

（3）选择【滤镜】/【扭曲】/【极坐标】菜单命令，在打开的对话框中选中“平面坐标到极坐标”单选项。绘制椭圆形选区，选择【选择】/【变换选区】菜单命令，对选区进行调整。按【Shift+F6】组合键打开“羽化选区”对话框，设置羽化选区。

（4）打开“海底世界 .jpg”图像文件，拖曳制作的水泡图像到“海底世界 .jpg”图像文件中，按【Ctrl+T】组合键调整水泡大小。

（5）设置“图层 1”图层的混合模式为“滤色”，得到透明水泡效果。复制多个水泡，调整各水泡的大小与位置，完成水泡效果的制作。

常见疑难解析

问：为什么使用相同的滤镜处理同一幅图像，处理后的图像效果却不同？

答：滤镜对图像的处理是以像素为单位进行的，即使是同一幅图像，使用同样的滤镜参数进行处理，也会因为图像的分辨率不同而形成不同效果。

问：为什么有些滤镜不能使用？

答：若“滤镜”菜单中的某些滤镜命令显示为灰色，就表示它们不能使用。这些问题通常是由图像模式的不同而造成。RGB颜色模式的图像可以使用全部滤镜，CMYK颜色模式的图像有一部分滤镜不能使用，索引颜色模式和位图模式的图像不能使用滤镜。若要对位图、索引或CMYK颜色模式的图像应用滤镜，可先将其转换为RGB颜色模式再进行操作。

拓展知识

1. 智能滤镜

选择【滤镜】/【转换为智能滤镜】菜单命令，可以将图层转换为智能对象，应用于智能对象的任何滤镜都是智能滤镜。智能滤镜将出现在“图层”面板中应用这些智能滤镜的智能对象图层的下方。

普通滤镜在设置好效果后不能再进行编辑，但如果将滤镜转换为智能滤镜，就可以对原来应用的滤镜效果重新进行编辑。单击“图层”面板中添加的滤镜效果，打开滤镜设置对话框，在其中可以重新进行编辑。

2. Camera Raw 滤镜

“Camera Raw 滤镜”是 Adobe Photoshop 官方内置的数码相片调色滤镜，有调整图像色彩、增加图像质感、镜头校正、效果增强、相机校准等多种功能，常用于调节在复杂光线下拍摄的照片。选择【滤镜】/【Camera Raw 滤镜】菜单命令，打开“Camera Raw 滤镜”对话框，在其中可以设置多种效果。

课后练习

（1）本练习要求为“酒杯.jpg”图像文件添加水珠效果，如图 8-45 所示。本练习涉及“纤维”滤镜、“染色玻璃”滤镜、“塑料效果”滤镜、图层混合模式、图层蒙版的使用。

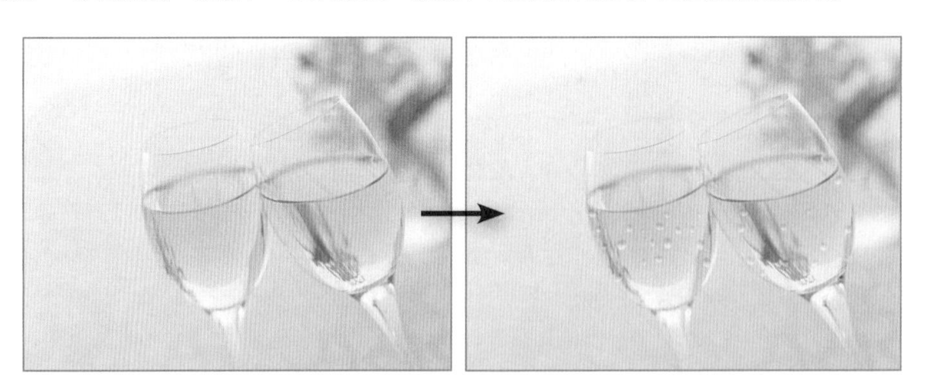

图8-45　给酒杯图像添加水珠效果

素材所在位置　素材文件\项目八\课后练习\酒杯.jpg
效果所在位置　效果文件\项目八\课后练习\给酒杯添加水珠.psd

（2）本练习要求为“枝条.jpg”图像文件添加下雪效果，如图8-46所示。本练习涉及“点状化”滤镜、“阈值”命令、“高斯模糊”滤镜、“反相”命令和图层混合模式的使用。

图8-46　制作下雪效果

素材所在位置　素材文件\项目八\课后练习\枝条.jpg
效果所在位置　效果文件\项目八\课后练习\下雪效果.psd

09 项目九

矢量工具和路径

情景导入

米拉知道 Photoshop CC 2018 是一款图像处理软件，她最近要帮朋友制作一个标志，想使用 Photoshop CC 2018 来绘制，于是去请教老洪。老洪告诉米拉运用 Photoshop CC 2018 提供的矢量工具和路径可以完成标志的制作，也可以绘制矢量图并将其导出到其他软件中进行处理。米拉很高兴，便认真学习起来。

课堂学习目标

- **掌握制作房地产标志的方法。**

如绘制描边路径、使用“钢笔工具”绘制图形、转换和添加锚点等的方法。

- **掌握制作网店价格标签的方法。**

如使用“圆角矩形工具”添加底色、使用“多边形工具”绘制图形、绘制圆点路径图形等的方法。

▲制作房地产标志

▲制作网店价格标签

任务一 制作房地产标志

标志设计在近几年得到了快速发展和广泛使用。标志作为企业CIS（Corporate Identity System，企业形象系统）的主要部分，在企业形象传递过程中，是应用广泛的关键元素。标志是企业的无形资产，是传递企业综合信息的媒介。

一、任务目标

本任务将制作房地产标志，在制作时先使用“钢笔工具”创建路径，然后对路径进行调整，复制路径得到相关图形，最后描边和填充路径，完成图像的制作。通过对本任务的学习，用户可掌握Photoshop CC 2018中路径工具的相关操作。本任务制作完成后的效果如图9-1所示。

图9-1 房地产标志效果

效果所在位置 效果文件\项目九\任务一\房地产标志.psd

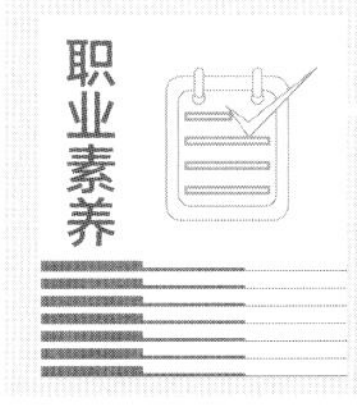

标志的重要性

标志对于企业有很重要的意义，一个好的标志应该含义深刻、造型优美，能让目标客户牢记。这就要求标志设计无论是从色彩还是构图上一定要讲究、简约，并要与其他的标志有所区别。

二、相关知识

路径是以矢量方式定义的线条轮廓，它可以是一条直线、一个矩形、一条曲线或者各种各样形状的线条，这些线条可以是闭合的也可以是不闭合的。下面进行具体讲解。

（一）认识路径

路径是可以转换为选区或使用颜色填充和描边的轮廓，它包括有起点和终点的开放式路径（如图9-2所示），以及没有起点和终点的闭合式路径（如图9-3所示）。路径也可由多个相互独立的路径组成，如图9-4所示。

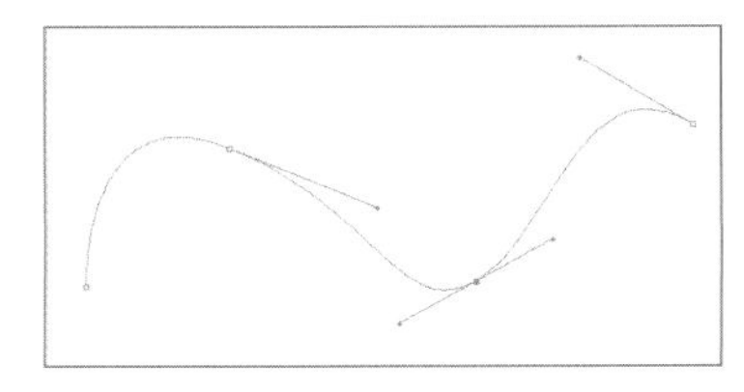

图9-2 有起点和终点的开放式路径

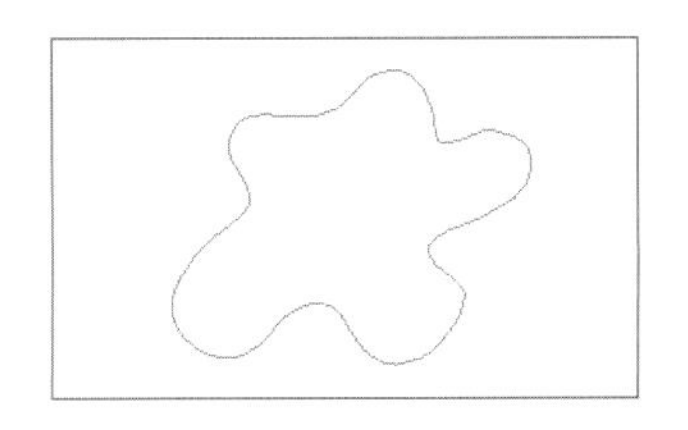

图9-3 没有起点和终点的闭合式路径

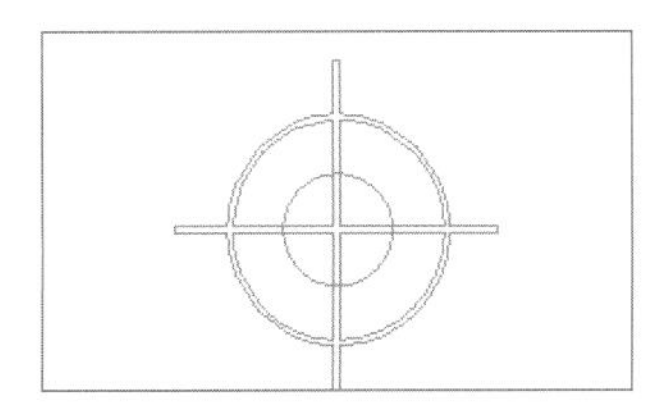

图9-4 多个相互独立的路径

（二）使用“钢笔工具”

“钢笔工具”属于矢量绘图工具，使用该工具可以直接绘制出直线路径和曲线路径。选择工具箱中的“钢笔工具”，其对应的工具属性栏如图9-5所示。

图9-5 “钢笔工具”工具属性栏

在“钢笔工具”工具属性栏中展开下拉列表，在其中可选择绘图模式，包含“形状”“路径”“像素”3个选项。选择的绘图模式不同，“钢笔工具”工具属性栏中的选项也会发生改变。

（三）“钢笔工具”使用技巧

在使用“钢笔工具”时，鼠标指针在路径和锚点上的不同位置会呈现不同的状态，具体介绍如下。

- ：当鼠标指针显示为该形状时，单击可创建一个角点，长按鼠标左键并拖曳可创建一个平滑点。
- ：在工具属性栏中选中“自动添加 / 删除”复选框，当鼠标指针在路径上显示为该形状时，单击可在该处添加锚点。
- ：选中“自动添加 / 删除”复选框，当鼠标指针在锚点上显示为该形状时，单击可删除该锚点。
- ：在绘制路径的过程中，将鼠标指针移至路径起始的锚点处，此时指针变为该形状，单击可闭合路径。
- ：选择一个开放式路径，将鼠标指针移至该路径的一个端点上，当鼠标指针显示为该形状时单击，即可继续绘制该路径，如图 9-6 所示；若在绘制路径的过程中将“钢笔工具”移至另一条开放路径的端点上，鼠标指针显示为该形状时单击，可将这两段开放式路径连接成为一条路径，如图 9-7 所示。

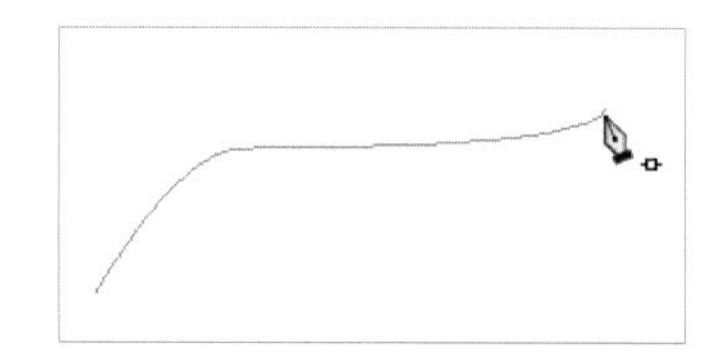

图9-6 单击继续绘制路径

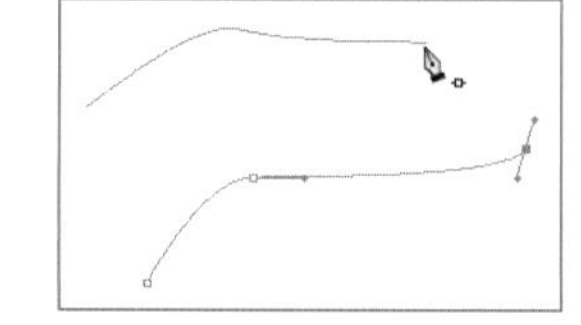

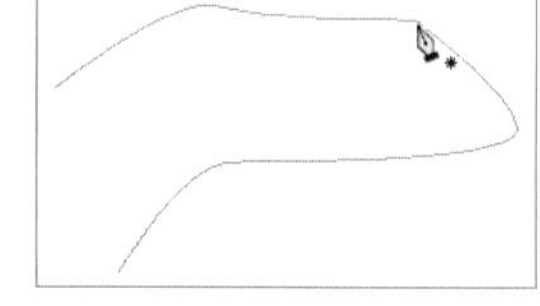

图9-7 单击连接两段路径

（四）认识“路径”面板

选择【窗口】/【路径】菜单命令，打开“路径”面板。“路径”面板默认情况下与“图层”面板在同一面板组中，由于路径不是图层，因此路径创建后不会显示在“图层”面板中，而是显示在专门的“路径”面板中。“路径”面板主要用来储存和编辑路径，如图 9-8 所示，部分选项含义如下。

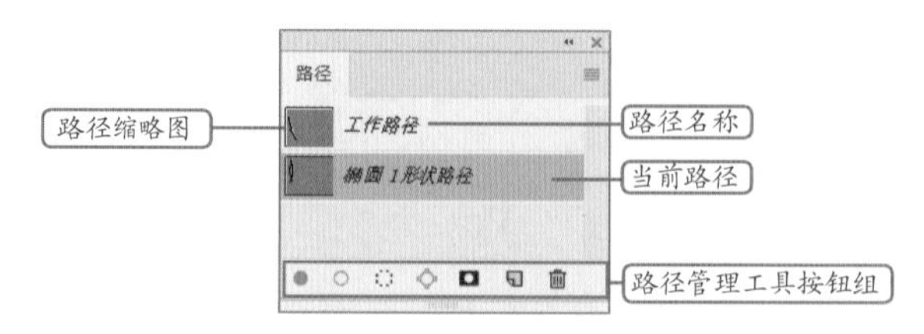

图9-8 “路径”面板

- 当前路径：面板中以蓝色显示的路径为当前路径，用户所做的操作都是针对当前路径的。
- 路径缩略图：用于显示该路径的缩略图，在其中可以查看路径的大致样式。
- 路径名称：显示该路径的名称，用户可以对其进行修改。
- “前景色填充路径”按钮：单击该按钮，可以使用前景色在选择的图层上填充该路径。

- “画笔描边路径”按钮 ：单击该按钮，可以使用画笔在选择的图层上为该路径描边。
- “将路径作为选区载入”按钮 ：单击该按钮，可以将当前路径转换成选区。
- “从选区生成工作路径”按钮 ：单击该按钮，可以将当前选区转换成路径。
- “添加图层蒙版”按钮 ：单击该按钮，可以添加一个新的图层蒙版。
- “新建路径”按钮 ：单击该按钮，可以建立一个新路径。
- “删除路径”按钮 ：单击该按钮，可以删除当前路径。

三、任务实施

（一）描边路径

本任务要制作一个房地产公司的标志。首先绘制矩形，然后绘制三角形路径并对其进行描边操作，具体操作如下。

（1）新建一个名为“房地产标志”、宽和高分别为“20 厘米”“13 厘米”、分辨率为“300 像素 / 英寸”、颜色模式为“RGB”的图像文件。在该图像文件中新建“图层 1”图层，选择工具箱中的“矩形选框工具” ，在图像中绘制一个矩形选区，如图 9-9 所示。

（2）设置前景色为黑色，按【Alt+Delete】组合键填充选区，如图 9-10 所示。按【Ctrl+D】组合键，取消选择选区。

（3）按【Ctrl+J】组合键复制“图层 1”图层，得到“图层 1 拷贝”图层，如图 9-11 所示。按【Ctrl+T】组合键适当调整矩形的宽度，并将其向右移动，如图 9-12 所示。

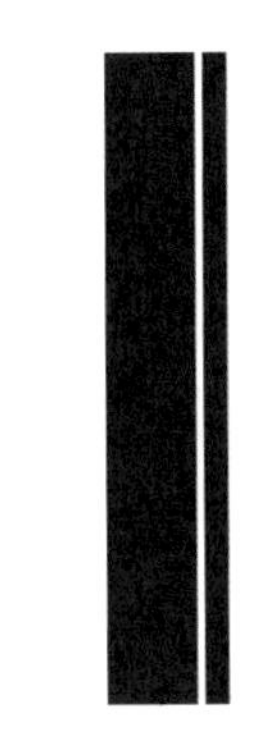

图9-9　绘制选区　　图9-10　为选区填充颜色　　图9-11　复制图层　　图9-12　移动图像

（4）在工具箱中选择“多边形工具” ，在工具属性栏中选择“路径”模式，设置边为“3”，如图 9-13 所示。

图9-13　“多边形工具”工具属性栏

（5）在矩形图像上方绘制一个三角形路径，按【Ctrl+T】组合键，调整路径的大小和位置，如图 9-14 所示，按【Enter】键确认。

（6）选择“铅笔工具” ，单击工具属性栏最左侧的下拉按钮 ，在打开的面板中设置大小为

“6 像素”，如图 9-15 所示。

（7）新建“图层 2”图层，在工具箱中选择“路径选择工具”，选择绘制的三角形路径。切换到“路径”面板，单击面板底部的“用画笔描边路径”按钮，得到描边路径，如图 9-16 所示。在“路径”面板中的空白处单击，退出路径图层的选择状态。

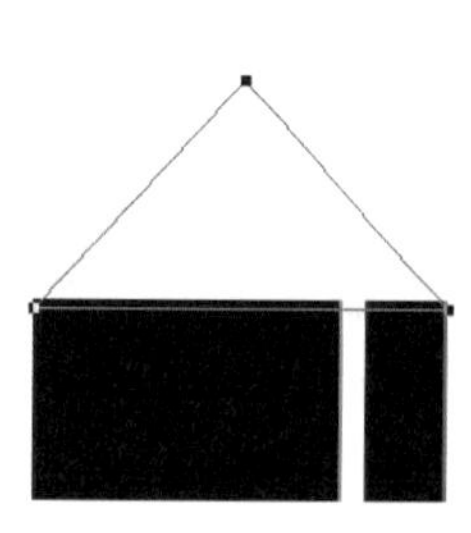

图9-14　绘制路径

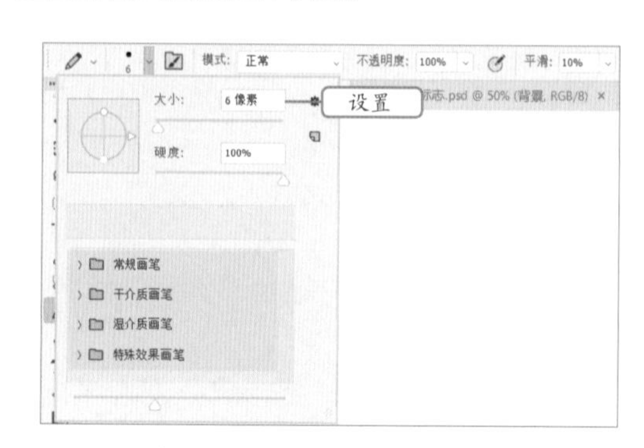

图9-15　设置“铅笔工具”的大小

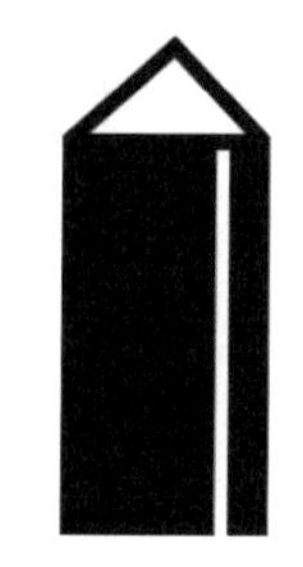

图9-16　描边路径

（8）选择“矩形选框工具”，在三角形与矩形交界处绘制一个矩形选区，按【Delete】键删除选区中的图像，如图 9-17 所示。按【Ctrl+D】组合键，取消选择选区。

（9）选择【图层】/【图层样式】/【渐变叠加】菜单命令，打开“图层样式”对话框，设置渐变色为“#1163a5”~“30b2eb”，其他设置如图 9-18 所示。单击 确定 按钮，得到图像渐变叠加效果。

（10）按住【Ctrl】键选择除背景图层以外的所有图层。按【Ctrl+E】组合键合并图层，然后复制多个图层，适当调整组合图像的位置和大小，如图 9-19 所示。

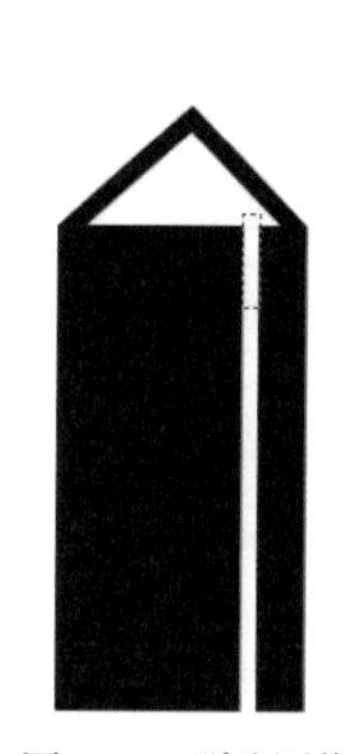

图9-17　删除图像

图9-18　设置图层样式

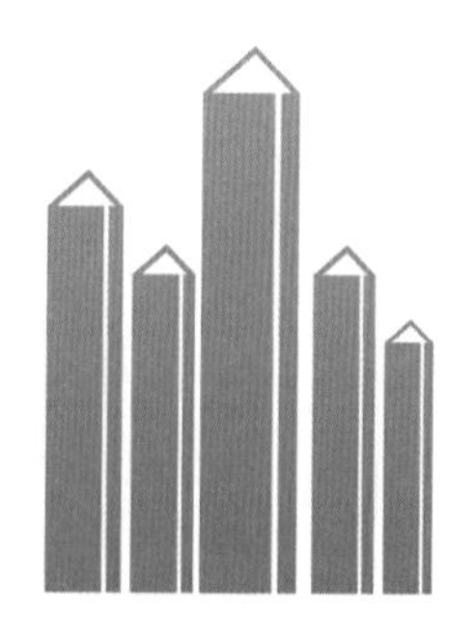

图9-19　组合图像效果

（二）使用“钢笔工具”绘制图形

下面使用“钢笔工具”绘制标志的其他图形，具体操作如下。

（1）选择工具箱中的“钢笔工具”，在图像左下方单击，移动鼠标指针到另一处后单击，绘制出一条直线，如图 9-20 所示。

（2）拖曳鼠标指针并在合适的位置单击，绘制出其他的直线，然后回到起点处单击，得到一条闭合的三角形路径，如图 9-21 所示。

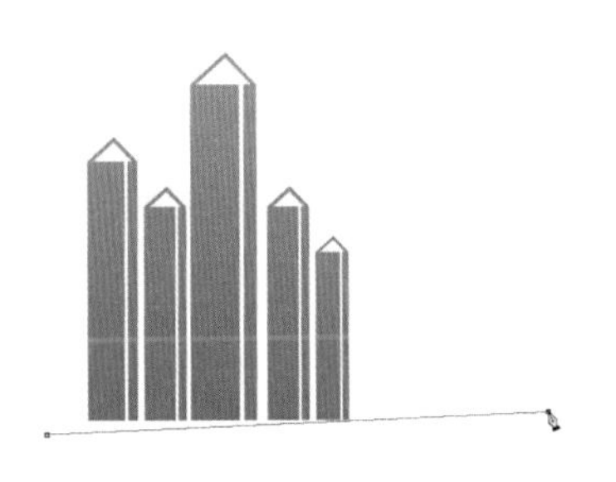

图9-20 绘制直线

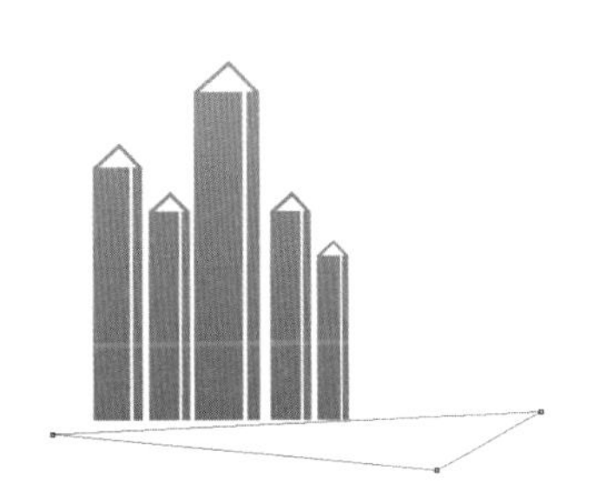

图9-21 闭合路径

（三）转换和添加锚点

下面对绘制的路径进行编辑，具体操作如下。

（1）在工具箱中选择“转换点工具” ，单击最下方的锚点，按住鼠标左键拖曳，得到曲线路径。在该锚点两侧出现控制手柄，如图 9-22 所示。

（2）调整左侧的控制手柄，改变曲线弧度，然后选择路径最左侧的锚点，将其转换为曲线并做调整，如图 9-23 所示。

（3）选择“添加锚点工具” ，在曲线上适当的位置单击，即可得到添加的锚点，如图 9-24 所示。

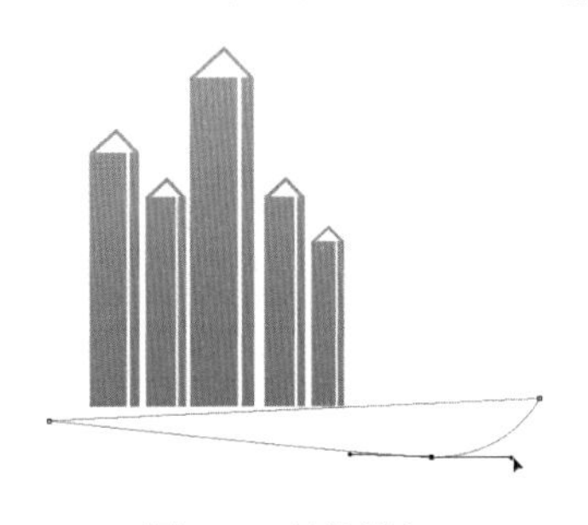

图9-22 转换锚点

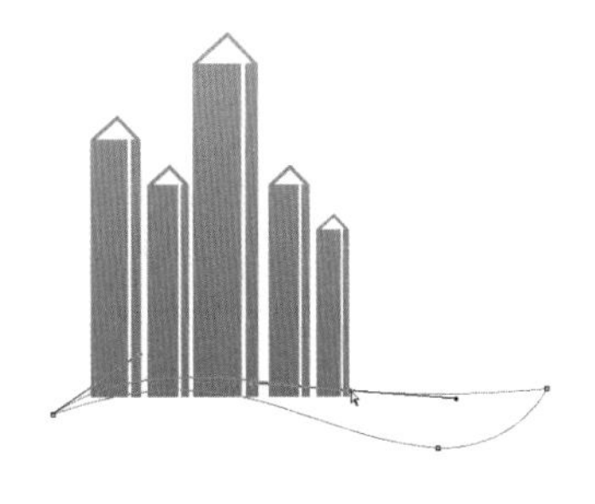

图9-23 调整曲线

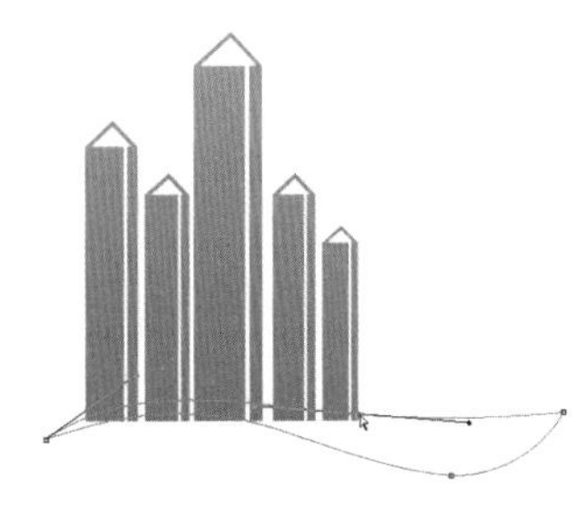

图9-24 添加锚点

知识提示

路径的组成

路径由直线路径段或曲线路径段组成，它们通过锚点连接。锚点有两种：平滑点和角点。平滑点可连接平滑的曲线，角点连接有角度的直线或者转角曲线；锚点上有控制手柄，用于调整曲线的形状。

（4）调整锚点两侧的控制手柄，调整曲线弧度，如图 9-25 所示。

（5）使用同样的方法，绘制出其他两条曲线路径，如图 9-26 所示。

（6）新建一个图层，按【Ctrl+Enter】组合键将路径转换为选区。选择“渐变工具” ，对选区从左到右应用线性渐变填充，填充颜色为“#1163a5”~“#30b2eb”，如图 9-27 所示。

多学一招

编辑锚点

在使用“直接选择工具” 时，按住【Ctrl+Alt】组合键，可切换为“转换点工具” ，进行锚点的编辑操作。在使用“钢笔工具” 时，将鼠标指针移至锚点上，按住【Alt】键可转换为“转换点工具” ，进行锚点编辑操作。

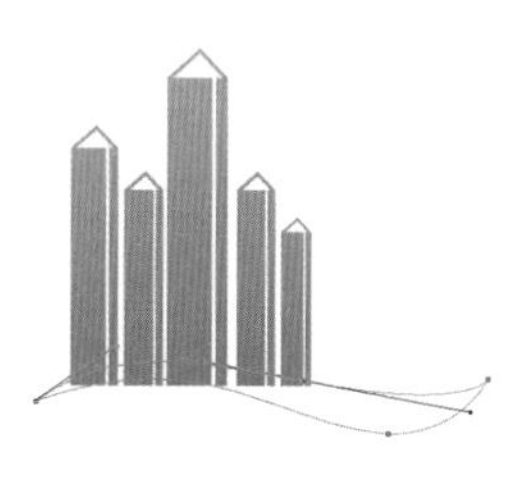
图9-25　调整曲线弧度

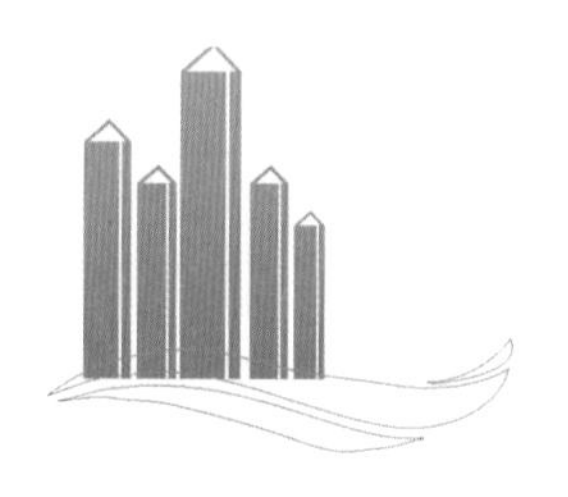
图9-26　绘制其他曲线路径

图9-27　填充颜色

（7）新建一个图层，选择“椭圆选框工具”，在图像中绘制一个圆形选区，如图 9-28 所示。

（8）选择【编辑】/【描边】菜单命令，打开“描边”对话框，设置描边宽度为“10 像素”、颜色为“#1978b7”，单击确定按钮，如图 9-29 所示。

（9）描边效果如图 9-30 所示。

图9-28　绘制圆形选区

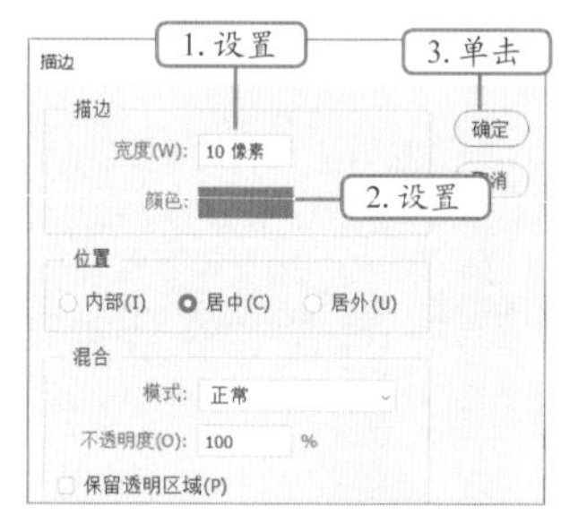

图9-29　为选区设置描边

图9-30　描边效果

（10）选择“矩形选框工具”，绘制一个矩形选区，按【Delete】键删除选区中的描边圆形。选择组合图像所在图层，绘制选区，删除超出曲线的组合图像，如图 9-31 所示。

（11）选择“横排文字工具”，在图像右侧输入“鼎盛房产”“-DINGSHENGFANGCHAN-”，并设置字体为不同粗细的“**黑体**”，如图 9-32 所示。

图9-31　删除部分图像

图9-32　添加文字

任务二　制作网店价格标签

价格标签中的规则性图形较多，可以通过多种元素（如线条、符号、数字、色彩等）的组合来展现。本任务将制作一个网店价格标签，效果如图9-33所示，下面进行详细介绍。

图9-33　网店价格标签

一、任务目标

本任务将使用矩形工具组中的相关工具制作网店价格标签，在制作时先绘制标签基本造型并填充颜色，然后再绘制圆点描边图形，并添加文字。通过对本任务的学习，用户可以掌握使用矩形工具组绘制路径的方法。

效果所在位置　效果文件\项目九\任务二\网店价格标签.psd

二、相关知识

本任务将制作网店价格标签，制作过程中将应用到矩形工具组、编辑路径等知识，下面进行介绍。

（一）矩形工具组

在工具箱中的“矩形工具” 上单击鼠标右键，将展开矩形工具组列表，如图9–34所示。矩形工具组中包括“矩形工具” 、“圆角矩形工具” 、“椭圆工具” 、“多边形工具” 、“直线工具” 及“自定形状工具” 6种工具。下面进行介绍。

- **矩形工具**：该用于绘制矩形和正方形；选择该工具后，在绘图区域按住鼠标左键并拖曳即可创建矩形。
- **圆角矩形工具**：该工具用于创建圆角矩形，它的使用方法及工具属性栏中的选项都与“矩形工具” 相同，不同之处在于“圆角矩形工具” 对应的工具属性栏还包含“半径”选项，用于设置圆角半径，值越大，圆角越大。
- **椭圆工具**：该工具用于创建椭圆形和圆形，其使用方法及工具属性栏中的相关选项与“矩形工具” 相同，这里不再赘述。
- **多边形工具**：该工具用于创建多边形和星形；选择该工具后，在工具属性栏的“边”文本框中可以设置多边形或星形的边数，范围为3~100。
- **直线工具**：该工具用于创建直线和带有箭头的线段；选择该工具，在绘图区域按住鼠标左键并拖曳可创建直线或线段，同时按住【Shift】键可创建水平、垂直或以45°角为增量的直线，在其工具属性栏的“粗细”文本框中可设置直线的粗细。
- **自定形状工具**：使用该工具可创建Photoshop CC 2018预设的、自定义或外部提供的形状；单击“形状”下拉列表右侧的按钮，在打开的下拉列表中选择一种形状，如图9–35所示，然后在绘图区域按住鼠标左键并拖曳即可创建该图形，同时按住【Shift】键绘制可保持形状的比例不变。

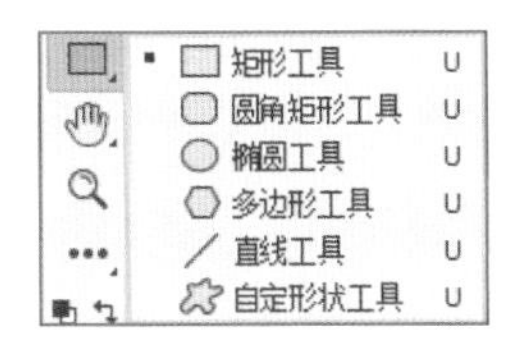

图9–34　矩形工具组

图9–35　选择形状

多学一招

绘制形状时移动形状

绘制矩形、圆形、多边形、直线和自定形状时，在绘制过程中按住[space]键，可移动形状。

（二）编辑路径

在使用“钢笔工具” 进行绘制时，经常需要反复对绘制的路径进行修改，以达到绘制正确路径的效果。下面就对编辑路径的相关知识进行介绍。

1. 使用“路径选择工具”

使用“路径选择工具” 可以选择和移动完整的子路径。单击工具箱中的“路径选择工具” ，将鼠标指针移动到需选择路径上单击，即可选择完整的子路径，如图 9-36 所示。按住鼠标左键并拖曳，即可移动路径，移动路径时按住【Alt】键，可以复制路径，如图 9-37 所示。

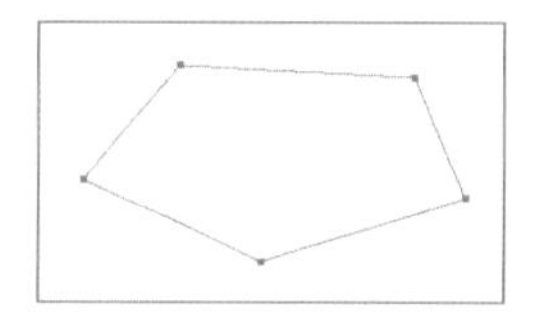

图9-36　选择子路径

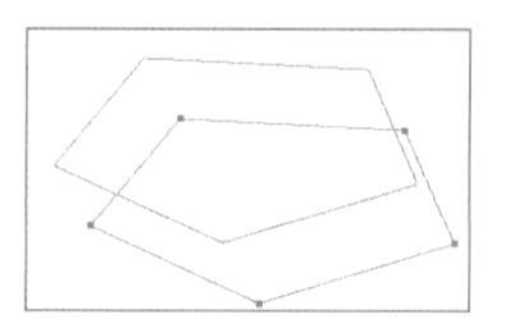

图9-37　复制路径

2. 使用“直接选择工具”

使用“直接选择工具” 可以选择或移动某个路径中的部分路径，将路径变形。选择工具箱中的“直接选择工具” ，在图像中拖曳鼠标指针框选路径及锚点，如图 9-38 所示，即可选择包括锚点在内的路径段，被选中的锚点为实心方块，未被选中的锚点为空心方块，如图 9-39 所示。单击一个锚点也可选择该锚点，单击一个路径段时，可选择该路径段。

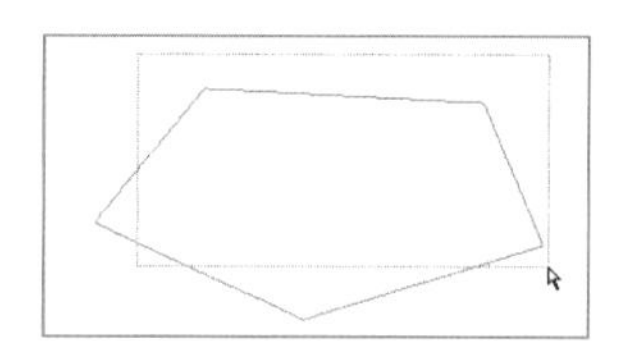

图9-38　框选路径段

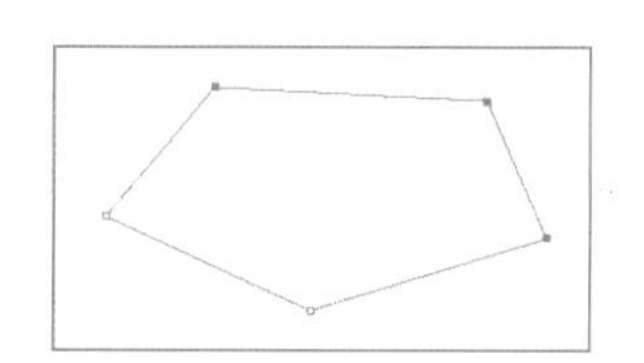

图9-39　框选部分锚点

三、任务实施

（一）使用“圆角矩形工具”绘制图形

使用“圆角矩形工具” 可以绘制标签的大致外观，然后为其填充颜色，具体操作如下。

（1）新建宽和高均为“10 厘米”、分辨率为“300 像素 / 英寸”、颜色模式为“RGB”的图像文件。选择工具箱中的“圆角矩形工具” ，在工具属性栏中选择“形状”选项，设置填充颜色为黑色、描边颜色为“#ffff00”、描边大小为“5 像素”、“半径”为“30 像素”，如图 9-40 所示。

图9-40　设置“圆角矩形工具”工具属性栏

（2）在图像中按住鼠标左键并拖曳，绘制一个圆角矩形，如图 9-41 所示。

图9-41　绘制圆角矩形

使用“圆角矩形工具”绘制其他图形

在使用“圆角矩形工具”时，按住【Shift】键可绘制周边等长的圆角矩形；按住【Alt】键进行绘制，将以单击点为中心向外创建圆角矩形；按住【Shift+Alt】组合键进行绘制，将以单击点为中心向外创建圆角正方形。

（二）使用“多边形工具”绘制图形

下面使用“多边形工具”绘制三角形，具体操作如下。

（1）选择“多边形工具”，在工具属性栏中设置边数为“3”，然后单击“路径操作”按钮，在打开的下拉列表中选择“合并形状”选项，如图 9-42 所示。

（2）在圆角矩形下方按住鼠标左键拖曳，绘制一个三角形，与圆角矩形合并为一个图像，如图 9-43 所示。

图9-42　选择选项

图9-43　绘制三角形

（3）选择【图层】/【图层样式】/【渐变叠加】菜单命令，打开“图层样式”对话框，设置渐变色为“#a90000”~“#fc0606”，如图 9-44 所示。

（4）在“图层样式”对话框中选中“投影”复选框，设置投影颜色为“#5f0000”、不透明度为“50%”、角度为“90”、大小为“13”，其他设置如图 9-45 所示，单击确定按钮。

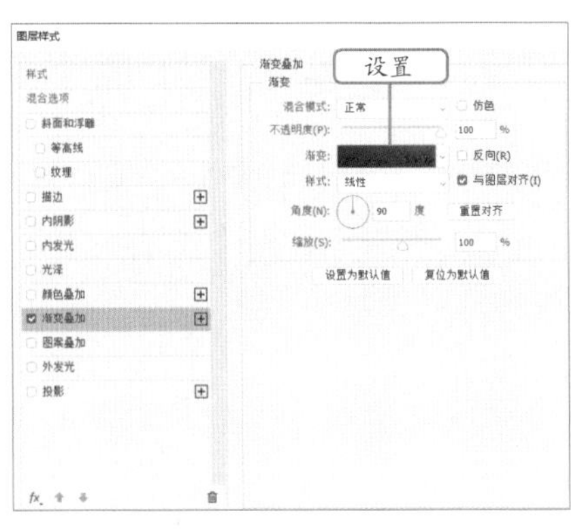

图9-44　设置“渐变叠加”

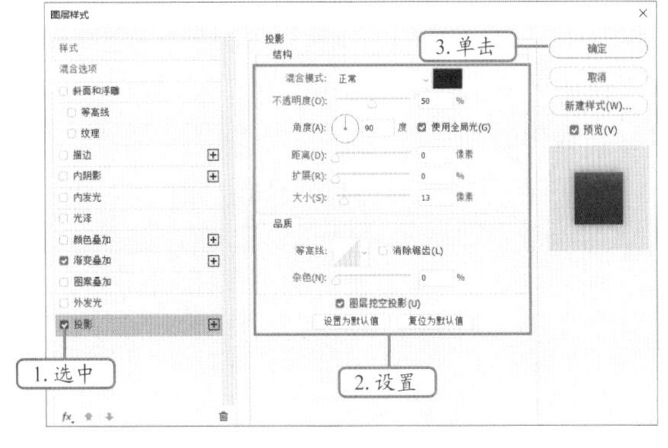

图9-45　设置“投影”

（三）绘制圆点路径图形

下面通过工具属性栏的设置绘制圆点路径图形，具体操作如下。

（1）选择“圆角矩形工具”，在工具属性栏中设置填充为无、描边为白色，设置半径为“30 像素”，选择第 3 种描边样式，如图 9-46 所示。

图9-46　设置“圆角矩形工具”工具属性栏

（2）在图像中按住鼠标左键并拖曳，绘制白色圆点图像，如图 9-47 所示。

（3）使用“圆角矩形工具”绘制一个较小的圆角矩形，并将其填充为淡黄色，如图 9-48 所示。

（4）选择“横排文字工具”，在图像中输入“活动到手价”“￥168”“立即抢购 >”，并设置合适的字体和颜色，如图 9-49 所示。

图9-47　绘制白色圆点图像

图9-48　绘制圆角矩形

图9-49　输入文字

实训一　制作网页按钮

【实训要求】

本实训要求制作网页按钮，该按钮将应用于学院艺术类网站，因此按钮的设计应该体现出简洁、大气的特点，并且应当具有一定的艺术性。本实训的效果如图 9-50 所示。

图9-50　网页按钮效果

【操作思路】

根据实训要求，需要制作网页按钮，其风格和色调要与网站内容相符。在制作时首先绘制出按钮的基本外形，然后为其添加投影效果，得到立体图像，最后添加文字和指示箭头。

效果所在位置　效果文件 \ 项目九 \ 实训一 \ 网页按钮 .psd

【步骤提示】

（1）新建一个名为“网页按钮”的图像文件，填充其背景为蓝色，选择“矩形选框工具”，分别绘制出两个矩形选区，使用“加深工具”对矩形选区的边缘进行涂抹，得到加深效果。

（2）选择“钢笔工具”，绘制出按钮的基本造型，将其转换为选区后填充选区为蓝色，然后使用“加深工具”对其周围进行加深处理，得到投影效果。

（3）使用“椭圆工具”绘制出按钮中的圆形，为其添加“内阴影”“渐变叠加”“投影”图层样式。选择“自定形状工具”，绘制出箭头图形，将其填充为白色。

（4）在按钮中输入文字，然后复制按钮，改变其颜色和方向，最后保存文件。

实训二 绘制信封图标

【实训要求】

本实训使用“钢笔工具”绘制一个信封图标，其制作涉及锚点的转换、添加、删除，以及将路径转换为选区等操作，效果如图 9-51 所示。

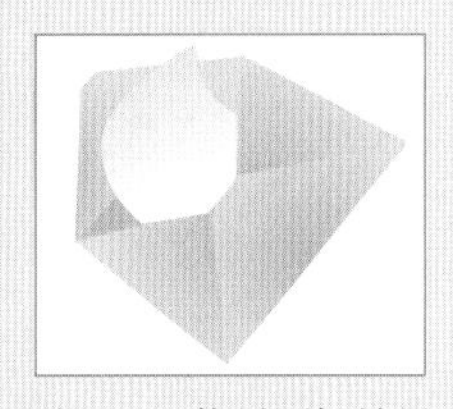

图9-51 信封图标效果

【操作思路】

根据实训要求，需要先绘制信封最底层的图像，并进行填充，然后逐一绘制其他部分的图像，并进行填充，最后保存文件。

效果所在位置 效果文件 \ 项目九 \ 实训二 \ 信封 .psd

【步骤提示】

（1）新建一个名为“信封”的图像文件，新建“图层 1”图层，选择“钢笔工具”，在图像窗口中需要绘制直线的位置单击，绘制信封最底层图形。

（2）将路径转换为选区，选择“渐变工具”，在工具属性栏中设置渐变色为从（R222,G177,B52）到（R251,G227,B41）的径向渐变，填充路径。

（3）新建“图层 2”图层，使用“钢笔工具”绘制信封上方的路径，按【Ctrl+Enter】组合键将其转换为选区，为其填充径向渐变效果。

（4）新建“图层 3”图层，使用同样的方法绘制另一个底层图形，转换路径为选区后对其进行填充，并将图层移至“图层 2”图层之下。

（5）分别新建“图层 4”图层和“图层 5”图层，绘制封口部分及信纸图像的路径，调整路径位置，并将路径转化为选区进行填充。

（6）对信纸部分重新设置填充颜色并进行填充，最后保存文件。

常见疑难解析

问：如何快速获取更多的形状？

答：除了自主绘制并定义形状外，用户还可以访问一些提供形状下载的网站，下载形状后再将其载入Photoshop CC 2018中即可使用，载入方法与载入画笔的方法相同。

问：使用“钢笔工具”创建路径时，怎样快速在各种路径创建工具间切换？

答：使用“钢笔工具”创建路径时，按住【Ctrl】键可切换为“直接选择工具”，按住

【Alt】键可切换为“转换点工具”，按住【Ctrl+Alt】组合键可切换为“路径选择工具”。以方便对路径进行调整，按【Shift+U】组合键可以在矩形工具组的各工具之间进行切换。

问：为什么在一些好的设计作品中文字的排列有一定的走向，这是怎么实现的呢？

答：这是因为在创建文字时应用了路径创建文字功能，其方法为：使用“钢笔工具”创建一个路径，将路径调整到需要的效果，然后选择“横排文字工具”，设置字体、大小和颜色，将鼠标指针移到路径上，当其变为形状时，单击定位插入点，在其中输入需要的文字。

问：在绘制一些规则且有序排列的路径时，有什么快捷方法吗？

答：绘制路径后，用“路径选择工具”选择多个子路径，在工具属性栏中单击对应的对齐按钮即可进行相应的操作。

问：用“钢笔工具”勾选图像后，怎样将其抠取到新建的文件中去？

答：用“钢笔工具”勾出图像后，将路径转换为选区，然后新建一个文件，通过复制、粘贴或者直接拖曳，将选区移动到新建图像文件中。

问：用“直线工具”绘制一条直线后，怎样设置直线由淡到浓的渐变？

答：用“直线工具”绘制直线后，有两种方法可以设置直线由淡到浓的渐变：一种是将其转换为选区，填充渐变色，设置前景色的渐变透明度；另一种是在直线上添加蒙版，用羽化喷枪把直线尾部喷淡。

问：打开绘制了路径的图像文件，怎么看不见绘制的路径？

答：打开创建了路径的图像文件之后，要单击“路径”面板中相应的路径图层，路径才能在图像窗口中显示出来。

拓展知识

若要绘制自由路径，可以单击工具箱中的“自由钢笔工具”，在图像窗口中按住鼠标左键并拖曳即可进行绘制，如图 9-52 所示。

“自由钢笔工具”和“钢笔工具”的工具属性栏类似，不同之处在于“自由钢笔工具”的工具属性栏中有“磁性的”复选框，选中该复选框后，鼠标指针呈形状，此时在拖曳创建路径时会产生一系列的锚点，如图 9-53 所示，双击可闭合路径。

“自由钢笔工具”与“磁性套索工具”非常相似，在使用时，只需在对象边缘单击，然后释放鼠标左键，沿对象边缘拖曳，即可紧贴对象轮廓生成路径。在工具属性栏中单击按钮，可打开如图9-54所示的下拉列表，部分选项介绍如下。

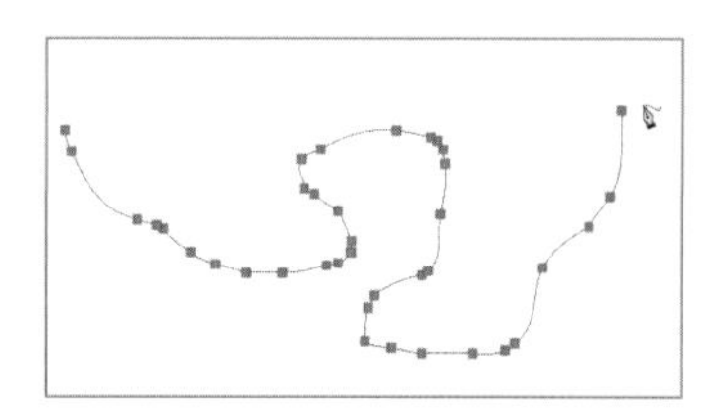

图9-52　绘制自由路径

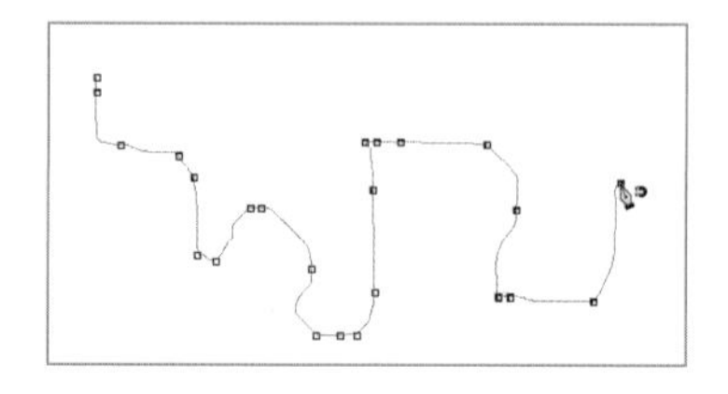

图9-53　路径上产生一系列锚点

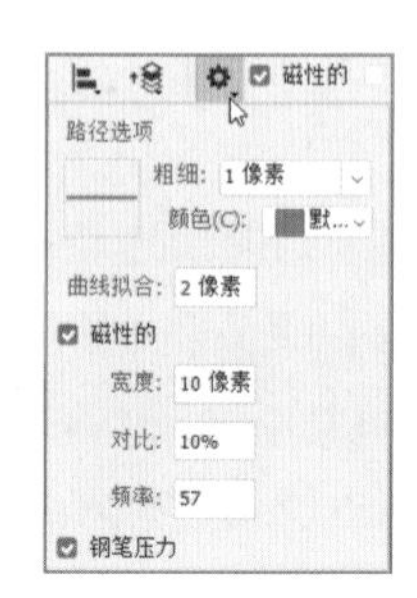

图9-54　下拉列表

- “曲线拟合”文本框：控制鼠标或压感笔移动的灵敏程度，该值越高，生成的锚点越少，路径也越简单。
- “磁性的”复选框：选中该复选框可激活其下 3 个文本框；其中，“宽度”用于设置自由“钢笔工具”的检测范围，值越高，工具的检测范围就越广；“对比”用于设置工具对图像边缘的敏感度，若图像的边缘与背景的色调比较接近，可将该值设置得大一些；“频率”用于确定锚点的密度，值越高，锚点的密度越大。
- “钢笔压力”复选框：若计算机配置了数位板，可选中“钢笔压力”复选框，然后通过钢笔压力控制检测宽度，钢笔压力的增加将导致工具的检测宽度减小。

课后练习

（1）本练习要求绘制网页图标。打开提供的“背景.jpg”图像文件，使用“钢笔工具”绘制路径，并使用“转换点工具”编辑路径，然后对路径进行描边和填充处理，效果如图9-55所示。

图9-55　网页图标效果

素材所在位置　素材文件 \ 项目九 \ 课后练习 \ 背景 .jpg
效果所在位置　效果文件 \ 项目九 \ 课后练习 \ 网页图标 .psd

（2）本练习要求绘制卡通娃娃图像。首先使用“渐变工具”填充背景，然后使用“钢笔工具”绘制出树叶和人物图像的基本外形，再通过“渐变工具”和“油漆桶工具”为图像添加颜色，得到卡通娃娃图像，效果如图 9-56 所示。

图9-56　卡通娃娃图像效果

效果所在位置 效果文件\项目九\课后练习\卡通娃娃.psd

（3）本练习要求绘制交通标识。首先使用“钢笔工具” 绘制出标识的基本外形，然后用“转换点工具” 转换锚点，并对曲线进行编辑，效果如图9-57所示。

图9-57 交通标识效果

效果所在位置 效果文件\项目九\课后练习\标识.psd

10 项目十

调整图像颜色

情景导入

最近米拉在处理拍摄的照片，但照片都不属于一个色系，她不知道应该怎样在 Photoshop CC 2018 中把这些不同色系的照片调整为一个色系。老洪告诉米拉，只要了解色调和颜色，就能快速掌握 Photoshop CC 2018 中的调色方法。米拉对色调和颜色有一点了解，但对于在 Photoshop CC 2018 中进行调色还需要继续学习。

课堂学习目标

- 掌握调整儿童照颜色的方法。

如添加渐变映射效果、调整色相和饱和度、调整曝光度、增加图像饱和度等。

- 掌握调整“立冬图颜色的方法。

如降低图像饱和度、调整图像曲线、精确调整色阶等。

▲调整风景照的颜色

▲调整立冬图的颜色

任务一 调整风景照颜色

一般来说，图像调整的范围包括色调、颜色等，如将偏暗的图像调亮，使曝光过度的图像变得平衡等。下面对图像颜色的调整方法进行介绍。

一、任务目标

本任务将使用调整命令调整风景照的颜色，首先使用“渐变映射”命令为图像添加渐变色，再调整图像的色相和饱和度，最后调整图像的曝光度，增加图像的饱和度，完成图像颜色的调整。通过对本任务的学习，用户可掌握在 Photoshop CC 2018 中调整图像颜色的相关操作。本任务制作完成后的效果如图 10-1 所示。

图10-1 调整风景照的效果

素材所在位置 素材文件 \ 项目十 \ 任务一 \ 未调色风景照 .jpg
效果所在位置 效果文件 \ 项目十 \ 任务一 \ 风景照 .psd

二、相关知识

使用调整命令对图像颜色进行调整前，需要先熟悉相关知识。下面就对这些知识进行简单介绍。

（一）颜色的基本知识

颜色是由色相、纯度和明度组成，下面对色相、纯度、明度和对比度的基本知识进行介绍。

1. 色相

色相是指颜色的相貌，是区别颜色种类的名称，即通常所说的不同颜色。例如，红、紫、橙、蓝、青、绿、黄等颜色都分别代表一类具体的色相，而黑、白及各种灰色属于无色系的颜色。色相是颜色最显著的特征，对色相进行调整即在多种颜色之间加入其他颜色。

2. 纯度

纯度是指色彩的纯净程度，也称饱和度。调整颜色的饱和度也就是调整图像的纯度。

3. 明度

明度是指颜色的明暗程度，也称为亮度。明度是任何颜色都具有的属性。白色是明度最高的颜色，因此加入白色可提高图像的明度；黑色是明度最低的颜色，因此加入黑色可降低图像的明度。

4. 对比度

对比度是指不同颜色之间的差异，调整对比度的实质就是调整颜色之间的差异。提高对比度，可使颜色之间的差异变得很明显。

（二）调整命令的分类和作用

Photoshop CC 2018 的“图像”菜单中包含调整色调和颜色的各种命令，选择【图像】/【调整】菜单命令即可查看，如图 10-2 所示。

图10-2 “调整”菜单

下面将对这些调整命令进行分类，并讲解其作用。

- 调整颜色和色调命令：“色阶”“曲线”是重要且常用的颜色和色调调整命令；“自然饱和度”“色相 / 饱和度”命令用于调整色彩；“曝光度”和“阴影 / 高光”命令用于调整色调的明暗；“HDR 色调”命令可以让一张图像在暗部和亮部同时保留细节，多用于调整专业摄影作品；使用“颜色查找”命令可以打开很多色调预设文件，可以为图像应用多种预设色调。
- 快速调整命令：“色彩平衡”和“照片滤镜”命令用于快速调整色彩；“亮度 / 对比度”和“色调均化”命令用于快速调整色调。
- 匹配、替换和混合颜色命令：“通道混合器”“可选颜色”“匹配颜色”“替换颜色”命令用于匹配多个图像之间的颜色，并能替换指定颜色，或者对颜色通道进行调整。
- 特殊颜色调整命令：“反相”“色调分离”“阈值”“渐变映射”命令用于将图像转换为负片，将图像简化为黑白，分离图像的色彩，或者用渐变色改变图像中的原有颜色；使用“去色”命令可以在相同的颜色模式下将彩色图像转换为灰度图像。

知识提示

使用“调整”面板

“调整”菜单中的一些常用命令在“调整”面板中也有。选择【窗口】/【调整】菜单命令，即可打开“调整”面板。

（三）快速调整图像

“图像”菜单下有 3 个快速调整图像颜色的命令，即“自动色调”“自动对比度”“自动颜色”，这 3 个命令可自动对图像的颜色和色调进行简单的调整。

- “自动色调”命令：使用“自动色调”命令可自动调整图像中的黑场和白场，将每个颜色通道中最亮和最暗的像素映射到纯白和纯黑，中间像素值按比例重新分布，从而增强图像的对比度。
- “自动对比度”命令：使用该命令可自动调整图像的对比度，使图像看上去更鲜艳，亮的地方更亮，暗的地方更暗。
- “自动颜色”命令：使用该命令可识别图像中的阴影、中间调和高光，从而调整图像的对比度和颜色，常用于校正偏色的图像。

三、任务实施

（一）添加渐变映射效果

微课视频

添加渐变映射效果

下面使用“渐变映射”命令为图像添加单色渐变映射效果，并通过图层混合模式使多个图层之间的图像自然融合，具体操作如下。

（1）打开“未调色风景照.jpg”图像文件，如图 10-3 所示。按【Ctrl+J】组合键复制背景图层，得到“图层 1”图层，如图 10-4 所示。

（2）选择【图像】/【调整】/【渐变映射】菜单命令，打开“渐变映射”对话框，单击对话框中的渐变色条，如图 10-5 所示。

图10-3　打开“未调色风景照.jpg”图像文件

图10-4　复制背景图层

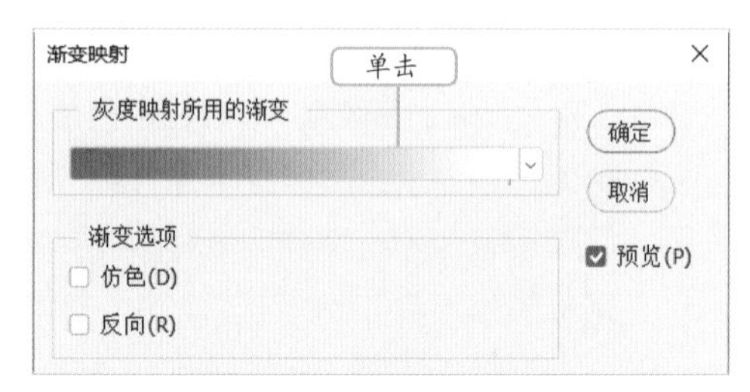

图10-5　“渐变映射”对话框

（3）打开“渐变编辑器”对话框，设置渐变颜色为“045710”~“#ffffff”，单击 确定 按钮，如图 10-6 所示。返回“渐变映射”对话框，其他设置保持不变，单击 确定 按钮，如图 10-7 所示。

图10-6　设置渐变色

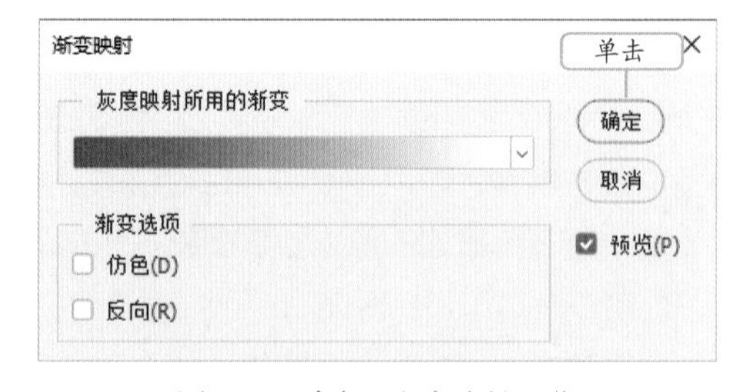

图10-7　确定“渐变映射”设置

调色前应先确定风格

在调整图像颜色和色调前，应先确定要调整的图像风格。在选择调整命令的时候，可以使用多种方法逐一设置并查看，从而得到最好的图像效果。

（4）添加渐变映射效果后的图像如图 10-8 所示。在“图层”面板中设置图层混合模式为“柔光”，得到柔光图像效果，如图 10-9 所示。

图10-8 渐变映射效果　　图10-9 改变图层混合模式

（二）调整色相和饱和度

下面使用“色相 / 饱和度”命令调整图像中的绿色调和蓝色调，使画面色调更加统一，具体操作如下。

（1）选择【图层】/【新建调整图层】/【色相 / 饱和度】菜单命令，打开“新建图层”对话框，如图 10-10 所示。保持其中的默认设置，单击 确定 按钮，“图层”面板中生成一个调整图层，如图 10-11 所示。

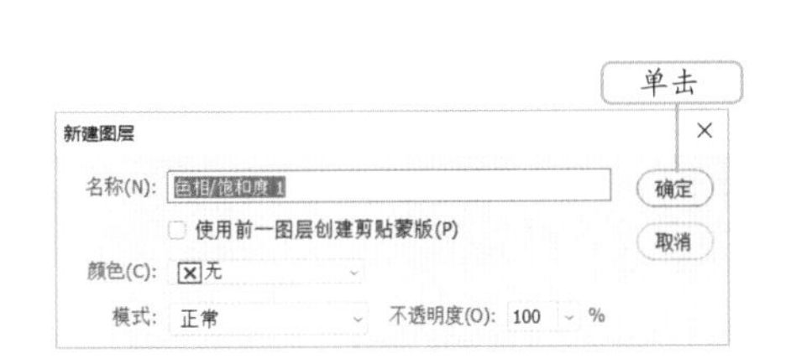

图10-10 “新建图层”对话框

图10-11 “图层”面板

（2）切换到“属性”面板，选择“全图”选项，设置色相为“+2”，如图 10-12 所示。选择“绿色”选项，设置色相为“+24”、饱和度为“+5”、明度为“0”，如图 10-13 所示。选择“蓝色”选项，设置色相为“+8”、饱和度为“+5”、明度为“0”，如图 10-14 所示，得到的图像效果如图 10-15 所示。

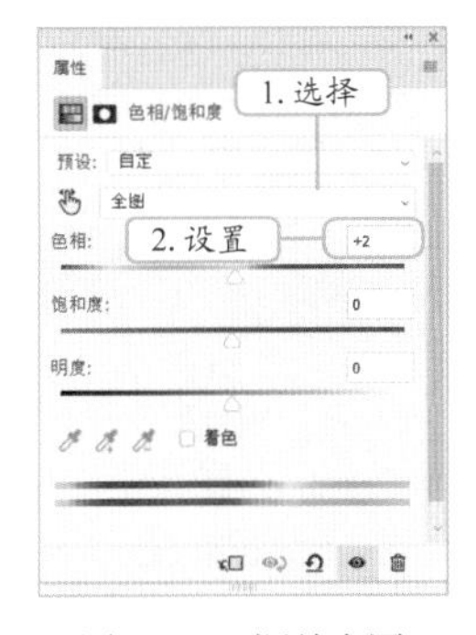

图10-12 调整全图

图10-13 调整绿色

图10-14 调整蓝色

图10-15 图像效果

（三）调整曝光度

经过之前的调整，图像的有些地方太亮，有些地方又太暗。下面通过调整曝光度进一步美化图像，具体操作如下。

（1）选择【图层】/【新建调整图层】/【曝光度】菜单命令，在打开的对话框中保持默认设置，单击 确定 按钮，打开“属性”面板。

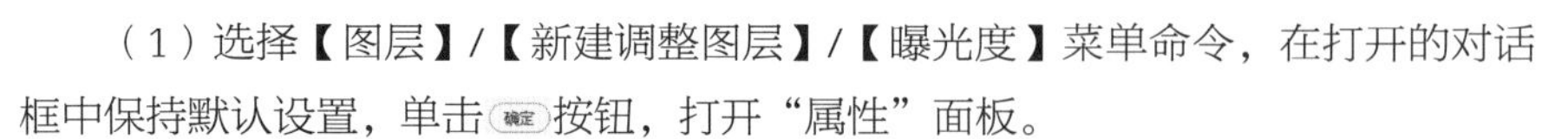

（2）设置位移为“-0.0100”、灰度系数校正为“1.50”，如图 10-16 所示。得到一个调整图层，如图 10-17 所示。

图10-16　调整曝光度

图10-17　新建调整图层

（四）增加图像的饱和度

对于一些颜色较淡的图像，可以增加其饱和度，具体操作如下。

（1）按【Ctrl+Alt+Shift+E】组合键盖印图层，如图 10-18 所示。

（2）选择【图像】/【调整】/【自然饱和度】菜单命令，打开“自然饱和度”对话框，按图 10-19 所示进行调整，单击 确定 按钮。

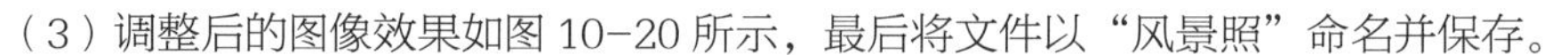

（3）调整后的图像效果如图 10-20 所示，最后将文件以“风景照”命名并保存。

图10-18　盖印图层

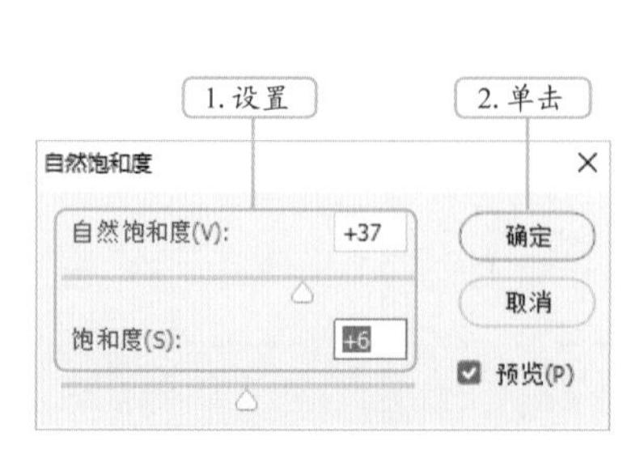

图10-19　调整图像自然饱和度

图10-20　图像效果

任务二　调整立冬图的颜色

将一张普通的风景照进行调色处理，能够使其更加美观。下面详细介绍立冬图的颜色调整方法。

图10-21　调整立冬图的效果

一、任务目标

本任务将调整立冬图的颜色，在制作时先对部分图像做模糊处理，再适当降低图像饱和度，然后使用曲线调整细节，使图片更有质感，最后使用色阶进行精细的调整。通过对本任务的学习，用户可以掌握制作高质量照片的方法。本任务制作完成后的效果如图 10-21 所示。

素材所在位置　素材文件 \ 项目十 \ 任务二 \ 冬季 .jpg、脚印 .jpg、文字 .psd
效果所在位置　效果文件 \ 项目十 \ 任务二 \ 立冬图 .psd

二、相关知识

要想更好地调整图像颜色，应当先了解一些图像的调整方法，如直方图、色阶和曲线等，下面进行简单介绍。

（一）直方图

直方图是一种统计图形，其应用非常广泛，数码相机的显示屏上都可以显示直方图，通过直方图，我们可以查看照片曝光的详细情况。选择【窗口】/【直方图】菜单命令，打开“直方图”面板，如图 10-22 所示。

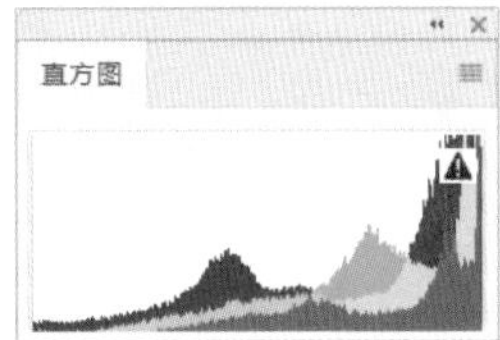

图10-22　“直方图”面板

在 Photoshop CC 2018 中，直方图中的图形表示图像每个亮度级别的像素数量，体现出像素在图像中的分布情况，方便用户判断照片中阴影、中间值和高光的细节是否充足，以便做出正确的调整。

（二）色阶

“色阶”是 Photoshop CC 2018 中重要的调整工具，可通过调整图像的阴影、中间调和高光来校正图像颜色。选择【图像】/【调整】/【色阶】菜单命令，打开图 10-23 所示的“色阶”对话框。下面对其中的部分选项进行介绍。

图10-23　“色阶”对话框

- 通道：用于设置要调整的颜色通道；该选项与当前调整图像的颜色模式有关，如果是 RGB 颜色模式，则当前默认的被调整通道是 RGB 通道；在这里既可以对图像中所有颜色同时进行调整，也可以只对红色通道、绿色通道或蓝色通道进行调整。
- 输入色阶：从左至右分别用于设置图像的暗部色调、中间色调和亮部色调，在对应的文本框中输入相应的数值即可进行调整，拖曳色调直方图底部滑条中的 3 个滑块也可实现调整。
- 输出色阶：用于调整图像的亮度和对比度，与下方的两个三角形滑块对应；渐变色条最左侧的黑色滑块表示图像的最暗值，右侧的无色滑块表示图像中的最亮值；将滑块向左拖曳时图像将变暗，向右拖曳时图像将变亮。

- “吸管工具”按钮组：用黑色吸管单击图像，可使图像变暗；用灰色吸管单击图像，将以吸管单击处的像素亮度调整图像所有像素的亮度；用白色吸管单击图像，图像上所有像素的亮度值都会加上被吸取色的亮度值，使图像变亮。
- 自动(A)：单击该按钮，系统将应用自动校正功能来调整图像。
- 选项(T)...：单击该按钮，将打开“自动颜色校正选项”对话框，在其中可以设置暗部色调和中间色调的切换颜色，以及自动颜色校正的算法。
- 预览：选中该复选框，在图像窗口中可实时预览图像调整后的效果。

（三）曲线

在 Photoshop CC 2018 中，曲线是一个强大的调整工具，其中包含“色阶”“阈值”“亮度 / 对比度”等多个选项。选择【图像】/【调整】/【曲线】菜单命令，打开“曲线”对话框，如图 10-24 所示。其中部分选项介绍如下。

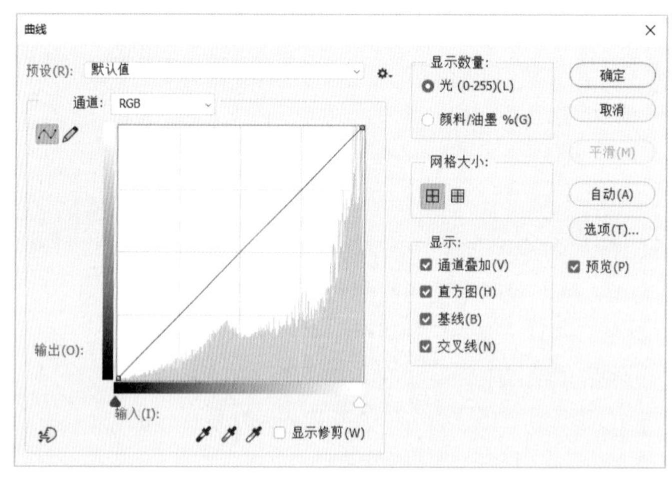

图10-24　“曲线”对话框

- RGB：用于显示当前图像文件的色彩模式，并可从中选择单色通道对单一的颜色进行调整。
- 按钮：是系统默认的曲线工具，单击该按钮，可以通过拖曳曲线上的调节点来调整图像的色调。
- 按钮：单击该按钮，可在曲线图中绘制自由形状的色调曲线。
- 网格大小：单击其中的按钮和按钮，可以控制曲线调节区域的网格数量。

三、任务实施

（一）降低图像饱和度

下面打开需要调整的图像文件，制作部分图像模糊效果，并适当降低图像饱和度，具体操作如下。

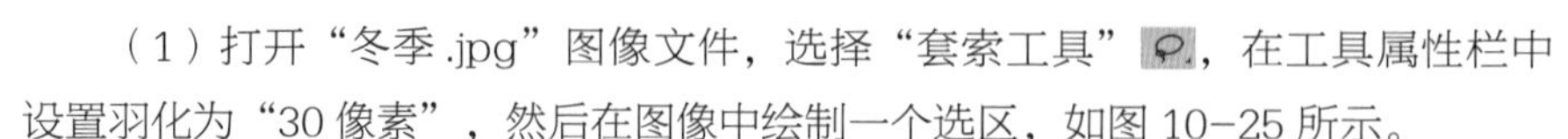

（1）打开“冬季.jpg”图像文件，选择“套索工具”，在工具属性栏中设置羽化为“30 像素”，然后在图像中绘制一个选区，如图 10-25 所示。

（2）按【Shift+Ctrl+I】组合键反选选区，选择【滤镜】/【模糊】/【高斯模糊】菜单命令，

打开“高斯模糊”对话框，设置半径为“4.5”，单击确定按钮，如图 10-26 所示。

图10-25　绘制选区

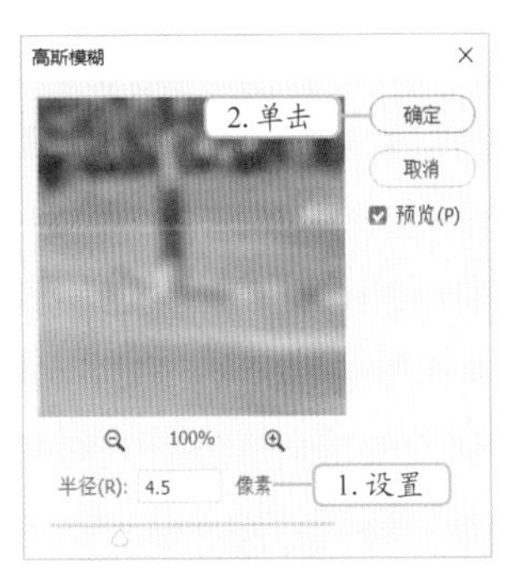

图10-26　“高斯模糊”对话框

（3）得到的图像模糊效果如图 10-27 所示。

（4）选择【图像】/【调整】/【色相 / 饱和度】菜单命令，在对话框中选择“全图”选项并进行调整。设置色相、饱和度、明度分别为“-3”“-43”“-3”，单击确定按钮，如图 10-28 所示。

图10-27　图像模糊效果

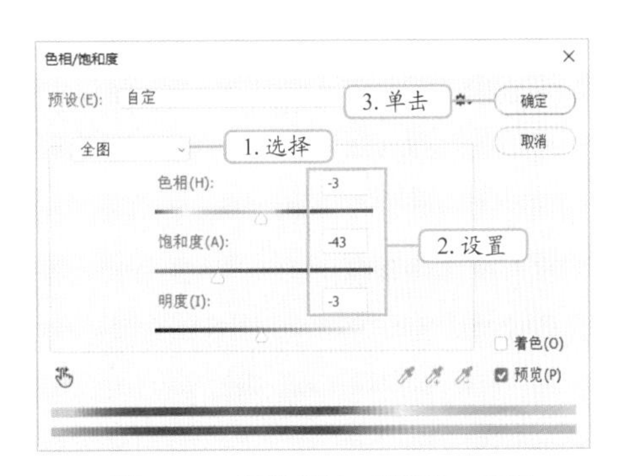

图10-28　调整色相、饱和度、明度

（二）调整图像曲线

下面使用“曲线”命令对图像的细节部分进行调整，使图像更有层次感，具体操作如下。

（1）选择【图像】/【调整】/【曲线】菜单命令，打开“曲线”对话框，分别选择曲线上的两个控制点并向内拖曳，单击确定按钮，如图 10-29 所示。调整后的图像效果如图 10-30 所示。

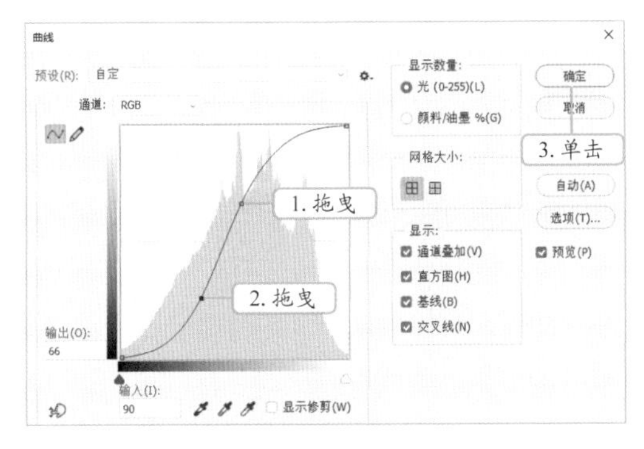

图10-29　“曲线”对话框

图10-30　调整后的图像效果

知识提示

添加与删除控制点

在曲线上可以添加多个控制点来综合调整图像的效果。当该控制点不再被需要时，按【Delete】键或将其拖曳至曲线外，即可删除该控制点。

（2）打开“脚印.jpg”图像文件，选择“套索工具”，框选脚印图像，如图 10-31 所示。使用“移动工具”将脚印图像拖曳到“冬季.jpg”图像文件中，设置其图层混合模式为“正片叠底”，不透明度为“80%”，如图 10-32 所示。

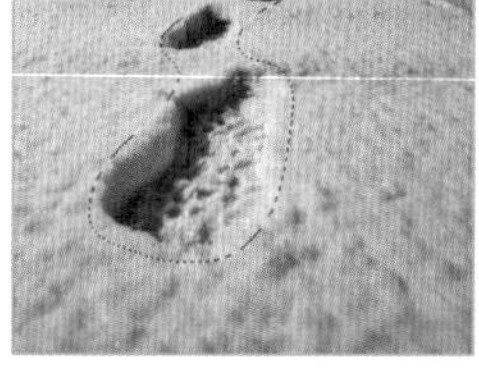

图10-31　框选脚印图像

图10-32　移动图像

（三）精确调整色阶

下面使用“色阶”命令对图像做精确的调整，具体操作如下。

（1）选择【图像】/【调整】/【色阶】菜单命令，打开“色阶”对话框，拖曳“输入色阶”右下方的三角形滑块，或者直接在“输入色阶”下方的文本框中输入参数，如图 10-33 所示。然后拖曳“输入色阶”下方中间的滑块，调整完毕后单击 确定 按钮，如图 10-34 所示。

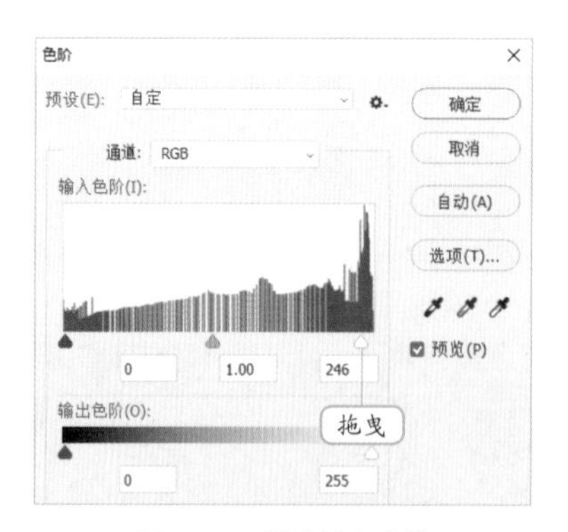

图10-33　调整输入色阶

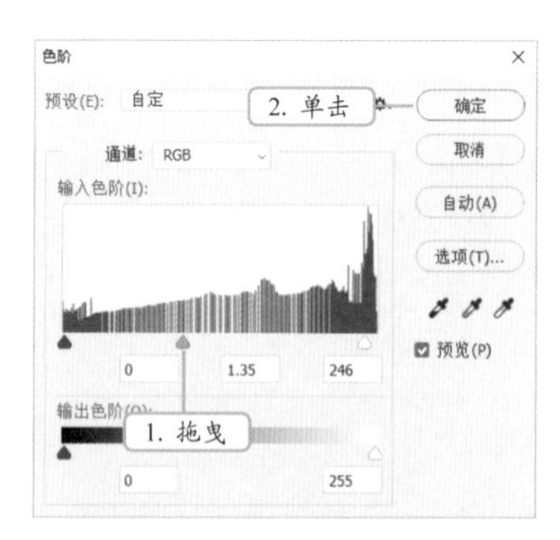

图10-34　再次调整输入色阶

（2）调整色阶后的图像效果如图 10-35 所示。

（3）打开“文字.psd”图像文件，选择“移动工具”，将其移动到所有图层的最上方，效果如图 10-36 所示。

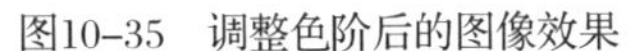

图10-35　调整色阶后的图像效果

图10-36　最终效果

实训一　调出照片温暖色调

【实训要求】

本实训要求对一张风景照片进行调色，并在其中添加人物图像和文字。通过对本实训的学习，用户可以熟练掌握调整图像色调的方法。

【操作思路】

根据实训要求，可先对图像进行增加黄色调的操作，然后调整图像明暗关系，最后添加人物图像和文字，素材与调整后的对比效果如图 10-37 所示。

图10-37　素材与调整后的对比效果

素材所在位置　素材文件 \ 项目十 \ 实训一 \ 风景 .jpg、吉他 .jpg

效果所在位置　效果文件 \ 项目十 \ 实训一 \ 温暖色调 .psd

【步骤提示】

微课视频

调出照片温暖色调

（1）打开“风景 .jpg”图像文件，新建一个图层，使用“画笔工具”添加部分白色柔光图像。

（2）选择【图像】/【新建调整图层】/【照片滤镜】菜单命令，为图像添加黄色调。

（3）单击“创建新的填充或调整图层”按钮，选择【渐变】菜单命令，为图像添加黄色调。

（4）选择【图层】/【新建调整图层】/【曲线】菜单命令，调整图像明暗效果。

（5）打开“吉他.jpg”图像文件，将其拖曳至当前编辑的图像文件中，擦除人物周围的图像，调整人物的颜色。

（6）选择“横排文字工具” T，在画面上方输入文字，制作完成后保存图像文件。

实训二　校正偏色图像

【实训要求】

本实训要求对一张偏色的图像进行校正。在校正过程中，首先要解决曝光不足的问题，再解决图像的偏色问题。校正偏色图像前后的对比效果如图 10-38 所示。

图10-38　校正偏色图像前后的对比效果

【操作思路】

根据实训要求，首先观察偏色图像，可以发现图像偏紫色，对比也较强。因此，首先通过“色阶”命令调整图像整体亮度，然后使用“曲线”命令对图像的对比度进行调整，最后调整图像的色相和饱和度。在校正过程中，可以结合使用多个颜色调整命令，制作出更好的图像效果。

素材所在位置　素材文件\项目十\实训二\偏色的图像.jpg
效果所在位置　效果文件\项目十\实训二\调整偏色的图像.psd

【步骤提示】

（1）打开“偏色的图像.jpg”图像文件，选择【图像】/【调整】/【色阶】菜单命令，打开“色阶”对话框，拖曳“输入色阶”下方的三角形滑块。

（2）选择【图像】/【调整】/【曲线】菜单命令，在打开的“曲线”对话框中调整曲线，纠正图像曝光不足的问题。

（3）选择【图像】/【调整】/【色相/饱和度】菜单命令，打开“色相/饱和度”对话框，在其中调整色相。

（4）调整完成后保存图像文件。

常见疑难解析

问：为什么使用“色阶”命令调整偏色时，单击图像中的黑色和白色部分就可以清除偏色？

答：理论上来讲，只需要将取样点颜色的 RGB 值调整为 R=G=B，整个图像的偏色问题就可以得到校正。使用黑色吸管单击原本是黑色的图像，可将该点的颜色设置为黑色，即 R=G=B。但应注意，并不是所有的点都可作为取样点，因为彩色图像中需要有各种颜色，而这些颜色的 RGB 值并不相等。因此，应尽量将无彩色的黑色、白色、灰色作为取样点。在图像中，通常黑色（如头发、瞳孔）、灰色（如水泥柱）、白色（如白云）都可以作为取样点。

问：在处理曝光过度的图像时，有没有快速使图像恢复正常的方法？

答：无论图像是曝光过度还是曝光不足，选择【图像】/【调整】/【阴影 / 高光】菜单命令都可以使图像恢复到正常的曝光状态。因为“阴影 / 高光”命令不是单纯地使图像变亮或变暗，而是通过计算，对图像局部进行明暗处理。

问：“反相”命令调整图像的哪方面？

答：使用“反相”命令可以将图像的颜色反转，而且不会丢失图像的颜色信息。当再次使用该命令时，图像即可还原，该命令常用于制作底片效果。

问：为什么有时想用“变化”命令对图像调色时“变化”命令不可用，要怎么解决呢？

答：出现这种情况时，可以在图像窗口的标题栏中查看图像模式是否为索引颜色模式或者位图模式，“变化”命令不能用在这两种颜色模式的图像上。选择【图像】/【模式】/【RGB 颜色】菜单命令，将图像模式转换成 RGB 颜色模式，就可以使用“变化”命令调整颜色。

问：使用“自动颜色”命令能达到什么效果？

答：该命令可以通过搜索图像中的明暗程度来表现图像的暗调、中间调和高光，以自动调整图像的对比度和颜色。执行该命令后无需进行参数调整。

拓展知识

显示器、扫描仪、打印机等设备都有其特定的颜色空间，了解这些颜色空间将有助于用户更好地使用这些设备，下面就从色域和溢色两个方面进行介绍。

1. 色域

色域是指一种设备能够产生的颜色范围，自然界中的光谱颜色组成了最大的色域空间，包括人眼能见的所有颜色。国际照明协会根据人眼的视觉特性，将光波的长转换为亮度和色相，创建了一套描述色域的色彩数据。其中，Lab颜色模式的色域最广，其次是RGB颜色模式，色域最小的是CMYK颜色模式。

2. 溢色

显示器的颜色模式为RGB颜色模式，打印机的颜色模式为CMYK颜色模式。根据上述知识可知，显示器包含的颜色范围要比打印机广，由此我们发现，在显示器上能显示出来的一些颜色，通过打印机打印出来之后会有偏差，不能被准确地输出。这些不能被准确输出的颜色被称为溢色。

在Photoshop CC 2018中，使用“拾色器”或“颜色”面板设置颜色时，若出现溢色，Photoshop CC 2018会给出警告信息。例如，在“拾色器”对话框中，选择的颜色色块右侧会出现感叹号和一个与该颜色相近的小色块，单击该色块即可用它来替换该颜色。

课后练习

（1）本练习要求对图 10-39 所示的园林图像进行调色，校正其偏红的色彩，效果如图 10-40 所示。

图10-39　园林图像

图10-40　校正后的效果

素材所在位置　素材文件 \ 项目十 \ 课后练习 \ 园林 .psd
效果所在位置　效果文件 \ 项目十 \ 课后练习 \ 园林后期 .psd

（2）本练习要求对自行车图像进行编辑，制作怀旧效果，如图 10-41 所示。要制作该效果，首先要调整得到偏红的黄色调，再通过“色相 / 饱和度”命令进行微调，调整后的效果如图 10-42 所示。

图10-41　自行车图像

图10-42　调整后的效果

素材所在位置　素材文件 \ 项目十 \ 课后练习 \ 自行车 .jpg
效果所在位置　效果文件 \ 项目十 \ 课后练习 \ 怀旧色调 .psd

11 项目十一

使用 3D 工具

情景导入

米拉在制作海报时，想为一些对象制作 3D 效果，这样能增强海报的视觉冲击力，但是专门制作这类 3D 效果的软件的操作太复杂了，米拉不会使用。老洪了解情况后告诉米拉，Photoshop CC 2018 提供了 3D 工具，可以用来制作一些简单的 3D 效果，米拉赶紧向老洪请教使用方法。

课堂学习目标

- 掌握制作炫酷 3D 文字的方法。

如创建 3D 文字、调整 3D 文字形状和位置、添加 3D 材质等。

- 掌握制作 3D 酒瓶的方法。

如创建 3D 酒瓶、设置酒瓶材质、渲染文件等。

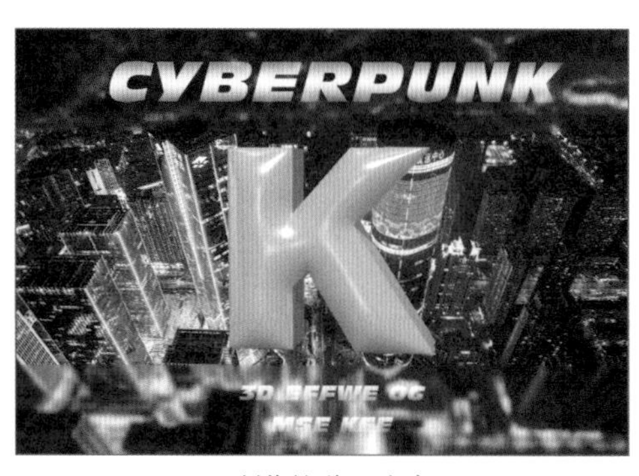

▲制作炫酷3D文字

▲制作3D酒瓶

任务一　制作炫酷 3D 文字

对于海报中的一些 3D 立体字效果，以往需要通过各种复杂的绘制才能得到，或先在 3D 软件中制作，再导入 Photoshop CC 2018 中进行处理。Photoshop CC 2018 新增了 3D 功能，可以轻松帮助用户解决 3D 字体或图形的制作问题。

一、任务目标

本任务将使用 3D 功能制作炫酷 3D 文字，先打开素材文件，然后创建 3D 文字，调整 3D 文字形状和位置，并添加 3D 材质，最后保存图像。通过本任务的学习，用户可掌握在 Photoshop CC 2018 中创健 3D 对象的方法。本任务制作完成后的效果如图 11-1 所示。

图11-1　炫酷3D文字效果

素材所在位置　素材文件 \ 项目十一 \ 任务一 \ 夜景 .psd
效果所在位置　效果文件 \ 项目十一 \ 任务一 \ 炫酷 3D 文字 .psd

二、相关知识

本任务涉及3D功能，下面简单介绍3D操作界面、3D文件的组件，以及3D工具等。

（一）3D 功能概述

Photoshop CC 2018可打开并处理由3ds Max、Maya、Alias、GoogleEarth等程序创建的3D文件。

1. 3D 操作界面

使用Photoshop CC 2018打开3D文件时，会自动切换到3D操作界面，如图11-2所示。Photoshop CC 2018能保留3D对象的纹理、渲染和光照信息，并将3D模型放在3D图层上，在其下面的条目中显示对象的纹理、材质等。

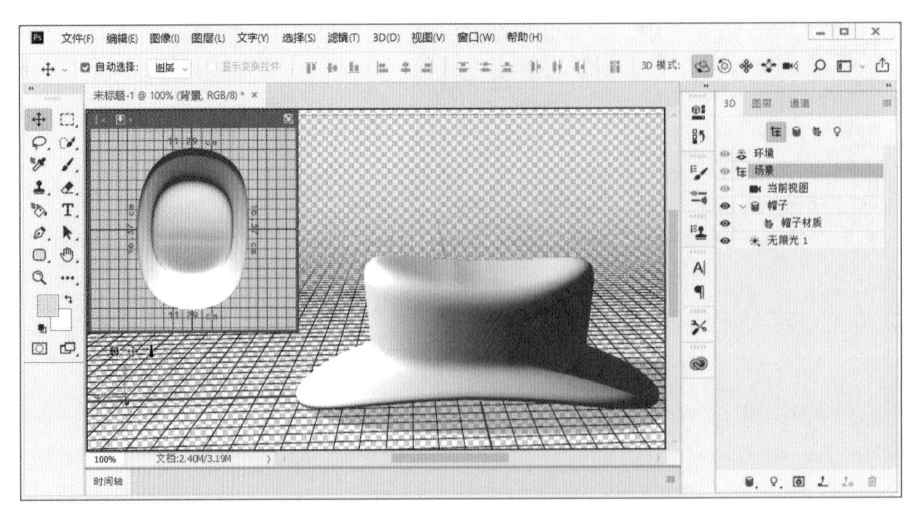

图11-2　3D操作界面

2. 3D 文件的组件

3D 文件包含网格、材质和光源等组件。其中，网格相当于 3D 模型的骨骼；材质相当于 3D 模型的皮肤；光源相当于日光和白炽灯，用于照亮 3D 场景，下面分别进行介绍。

- 网格：提供了 3D 模型的底层结构，由许多多边形框架组成线框，图 11-3 所示为在不同视角下的网格。

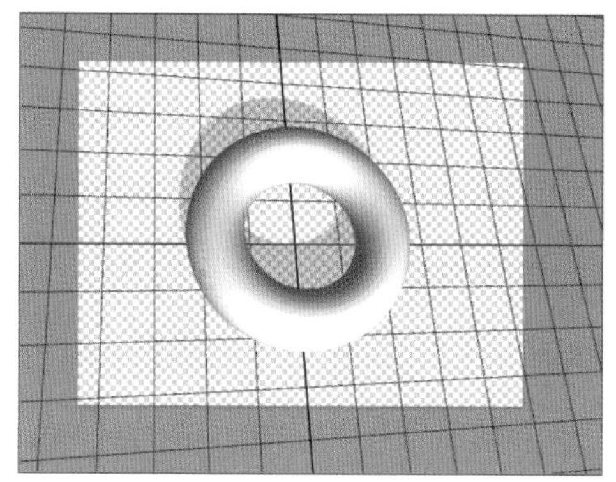
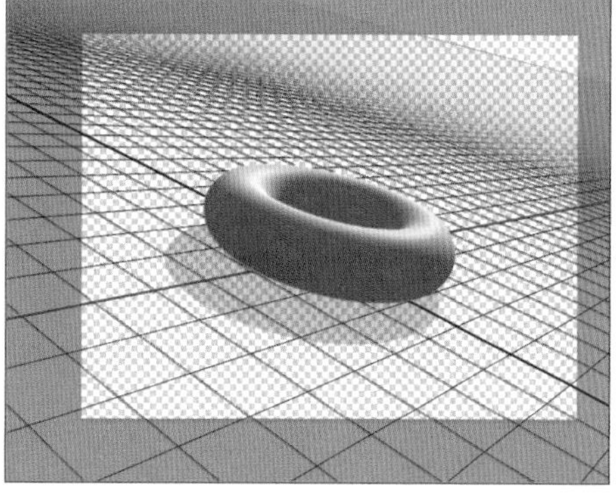

图11-3 不同视角下的网格

- 材质：一个 3D 对象可被赋予多种材质，以控制 3D 对象的外观；材质用于模拟各种纹理和质感，如颜色、图案、反光等。
- 光源：光源包括点光、聚光灯和无限光，在 Photoshop CC 2018 中可移动和调整现有光源的颜色和强度，也可添加新的光源。

（二）3D 工具

打开 3D 文件后，选择“移动工具”，其工具属性栏中的 3D 工具将被激活，如图 11-4 所示，使用这些工具可对 3D 模型的大小、位置、视图和光源等进行调整。

图11-4 3D工具

1. 调整 3D 对象

调整 3D 对象的工具主要包括 5 种，下面进行详细介绍。

- 旋转 3D 对象工具：在 3D 模型上单击，选择模型，按住鼠标左键上下拖曳可使模型围绕 x 轴旋转，按住鼠标左键左右拖曳可使其绕 y 轴旋转，按住【Alt】键和鼠标左键拖曳可以滚动模型。
- 滚动 3D 对象工具：使用该工具在 3D 对象两侧拖曳可以使模型围绕 z 轴旋转。
- 拖动 3D 对象工具：使用该工具在 3D 对象两侧拖曳可沿水平方向移动模型，上下拖曳可沿垂直方向移动模型，按住【Alt】键拖曳可沿 xz 平面方向移动。
- 滑动 3D 对象工具：使用该工具在 3D 对象两侧拖曳可沿水平方向移动模型，上下拖动可将模型移近或移远，按住【Alt】键拖曳可沿 xy 平面方向移动。
- 缩放 3D 对象工具：使用该工具单击 3D 对象并上下拖曳可放大或缩小模型；按住【Alt】键拖曳可沿 z 轴缩放；按住【Shift】键并拖曳可将旋转、平移、滑动或缩放操作限制为单一方向。

2. 调整 3D 相机

进入3D操作界面后，在模型以外的空间单击，可调整相机视图，同时保持3D对象的位置不变。

3. 通过 3D 轴调整 3D 项目

选择 3D 对象后，画面中会出现 3D 轴，如图 11-5 所示，显示模型在当前 x、y 和 z 轴的方向。将鼠标指针移至 3D 轴上，使其呈高亮显示，然后单击并拖曳即可移动、旋转和缩放 3D 项目。

4. 使用预设的视图观察 3D 模型

调整 3D 相机时，选择【窗口】/【属性】菜单命令可打开“属性”面板，在该面板中可以用多种相机视图查看 3D 模型，包括“左视图”“右视图”“俯视图”等，如图 11-6 所示。另外，在“属性”面板中调整“视角”值，可让模型产生靠近或远离效果；调整“景深”的“距离”和“深度”值，可让一部分对象处于焦点范围内，在焦点范围外产生模糊效果，使画面产生景深效果，如图 11-7 所示。

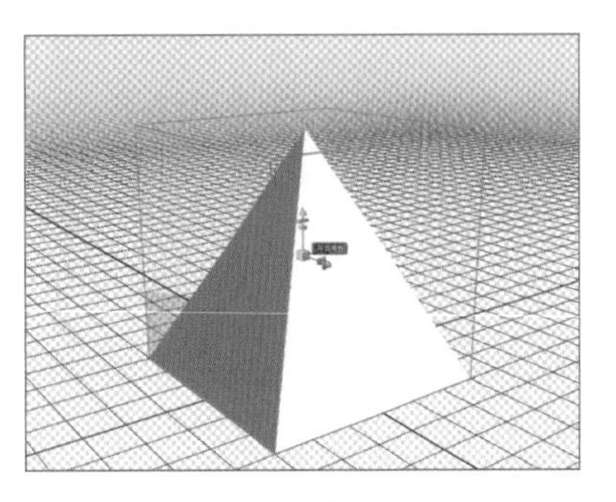

图11-5 3D轴

图11-6 调整视图

图11-7 调整视角

三、任务实施

（一）创建 3D 文字

打开提供的“夜景.jpg”图像文件，在其中添加文字，并将文字改为 3D 文字，具体操作如下。

（1）打开“夜景.jpg”图像文件，选择“矩形选框工具”，在工具属性栏中设置羽化为“40”。按住【Shift】键在图像上下两端绘制矩形选区，如图 11-8 所示。

（2）选择【滤镜】/【模糊】/【高斯模糊】菜单命令，打开“高斯模糊”对话框，设置半径为“4”，单击 确定 按钮，如图 11-9 所示。

图11-8 绘制选区

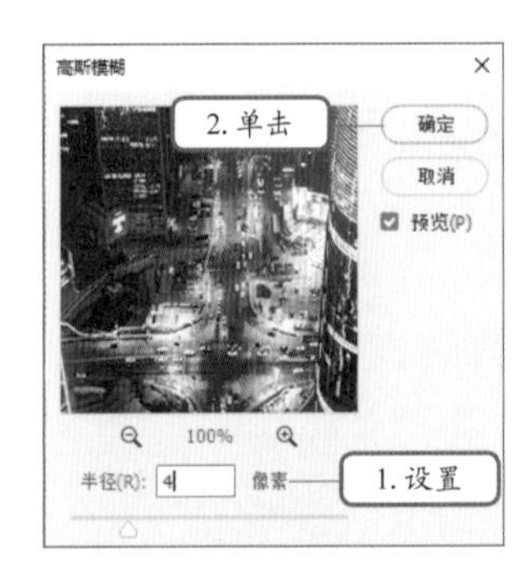

图11-9 “高斯模糊”对话框

（3）得到高斯模糊的图像后，按【Ctrl+D】组合键，取消选择选区。选择“横排文字工具”T，单击定位插入点，输入“K”，设置文本颜色为黑色，如图 11-10 所示。

（4）在“图层”面板中选择新建的文字图层，选择【文字】/【创建 3D 文字】菜单命令，为文字设置 3D 效果，如图 11-11 所示。

图11-10　输入文字

图11-11　为文字设置3D效果

多学一招

将文字更改为 3D 效果

选择【3D】/【从所选图层新建 3D 模型】菜单命令，也可将选择的文字图层中的文字设置为 3D 效果。

（二）调整 3D 文字的形状和位置

微课视频

调整3D文字的形状和位置

新建3D文字后，即可对文字的形状和位置进行调整，具体操作如下。

（1）选择“移动工具” ，在“3D”面板中选择“K”选项，如图 11-12 所示。切换到“属性”面板，设置形状预设为“枕状膨胀”，如图 11-13 所示，得到的图像效果如图 11-14 所示。

图11-12　选择“K”

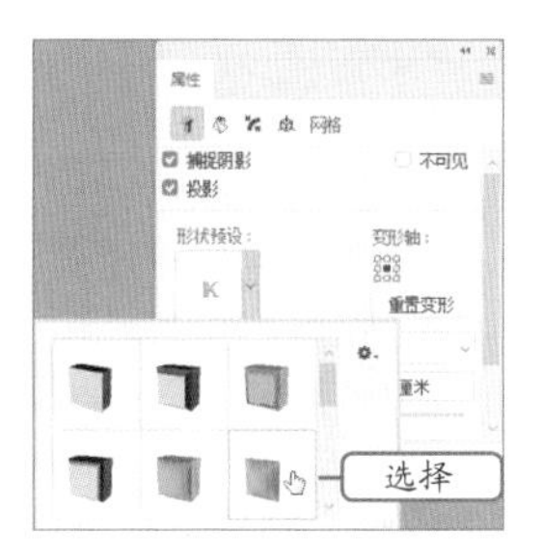

图11-13　选择形状预设

图11-14　文字效果

（2）在“属性”面板中设置凸出深度为“4 厘米”，如图 11-15 所示。在工具属性栏中选择“旋转 3D 对象工具” ，将鼠标指针移至图像窗口中，按住鼠标左键并拖曳至合适位置后释放鼠标左键，如图 11-16 所示。

图11-15　设置凸出深度

图11-16　调整3D文字

（三）添加 3D 材质

默认的黑色文字并不能产生强烈的视觉效果，因此还需要为 3D 文字添加材质，使其看起来更加炫酷，具体操作如下。

（1）在“3D”面板中选择所有图层，单击“滤镜：材质”按钮，如图 11-17 所示。

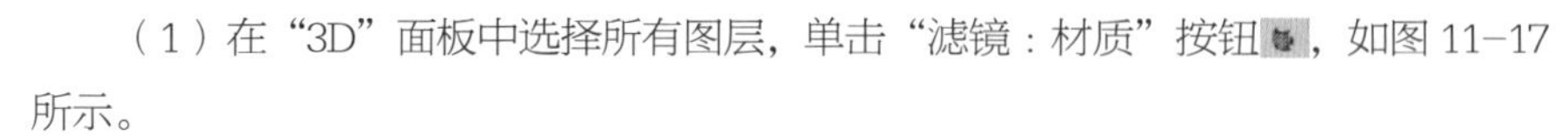

（2）在“属性”面板中单击材质球右侧的下拉按钮，在打开的下拉列表中选择“光面塑料（蓝色）”选项，如图 11-18 所示。

（3）单击“漫射”右侧的色块，打开“拾色器（漫射颜色）”对话框，在其中将漫射颜色设置为紫色（R166,G117,B227），设置“镜像”为灰色、“发光”和“环境”都为黑色，得到的文字效果如图 11-19 所示。

图11-17　“3D”面板

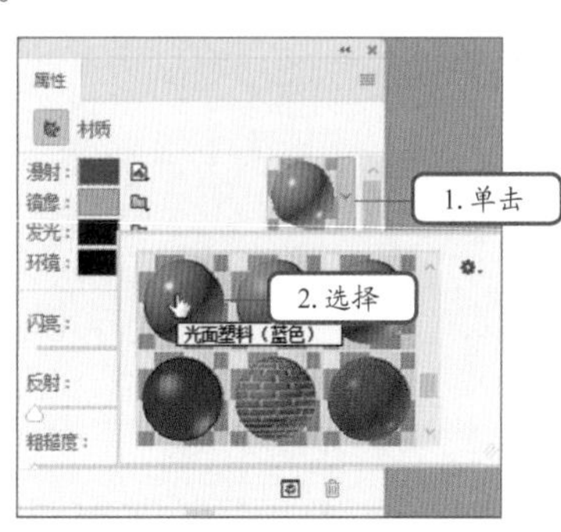

图11-18　选择材质选项

图11-19　文字效果

（4）选择“横排文字工具”，在文字上下两侧输入英文，填充英文为白色，如图 11-20 所示。

（5）将文字图层栅格化，使用“橡皮擦工具”擦除部分文字，得到图 11-21 所示的图像效果，完成本任务的制作。

图11-20　输入英文

图11-21　擦除文字

任务二　制作 3D 酒瓶

在没有合适素材的情况下，经常需要在3D软件中制作好相应的3D对象，然后将其渲染成图片，导入Photoshop CC 2018中进行处理。Photoshop CC 2018加入3D工具后，可以制作一些简单的3D对象。本任务对3D材质和渲染设置进行详细介绍。

一、任务目标

图11-22　3D酒瓶效果

本任务将新建一个图像文件，通过 Photoshop CC 2018 的 3D 功能，制作一个 3D 酒瓶。先创建酒瓶，然后为酒瓶设置材质，并贴上标签，最后进行渲染。通过本任务的学习，用户可以掌握 Photoshop CC 2018 中 3D 功能的详细使用方法。本任务制作完成后的效果如图 11-22 所示。

素材所在位置　素材文件 \ 项目十一 \ 任务二 \ 标签 .jpg
效果所在位置　效果文件 \ 项目十一 \ 任务二 \3D 酒瓶 .psd

二、相关知识

本任务制作 3D 酒瓶，涉及“3D”面板的使用，需要对对象设置不同的材质，下面进行讲解。

（一）“3D”面板

选择 3D 图层后，“3D”面板中会显示与之关联的 3D 文件组件。面板顶部包含“整个场景”按钮、“网格”按钮、“材质”按钮和“光源”按钮，单击这些按钮可在该面板中显示相关的组件和内容。

1. 3D 场景设置

通过3D场景设置可更改渲染模式、选择要绘制的纹理或创建横截面。单击“3D”面板中的“整个场景”按钮，面板中会列出场景中的所有选项，如图11-23所示。

2. 3D 网格设置

单击“3D”面板顶部的“网格”按钮，让面板中只显示网格组件，此时可在“属性”面板中设置网格属性，如图11-24所示。

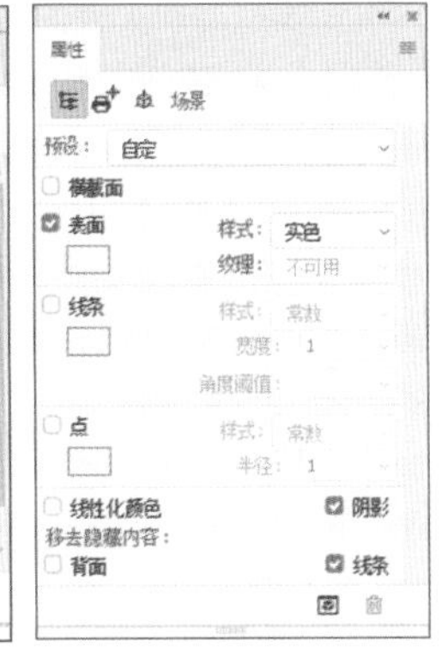

图11-23　3D场景中的所有选项

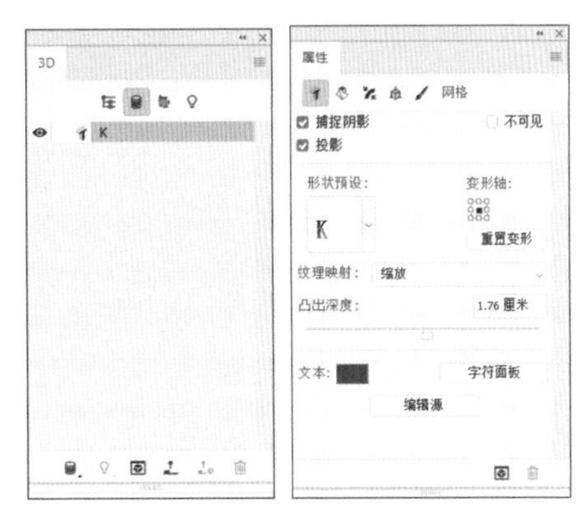

图11-24　3D网格属性设置

3. 3D 材质设置

单击“3D”面板顶部的“材质”按钮，面板中会列出在3D文件中使用的材质，此时可在“属性”面板中设置材质属性，如图11-25所示。若模型中包含多个网格，则每个网格可能会有与之关联的特定材质。

4. 3D 光源设置

3D 光源可以从不同角度照亮模型，从而添加逼真的深度和阴影效果。单击“3D”面板顶部的“光源”按钮，面板中会列出场景中包含的全部光源。Photoshop CC 2018 提供了点光、聚光灯和无限光，每种光都有其不同的选项和设置方法，在“属性”面版中可设置光源的属性，如图 11-26 所示。

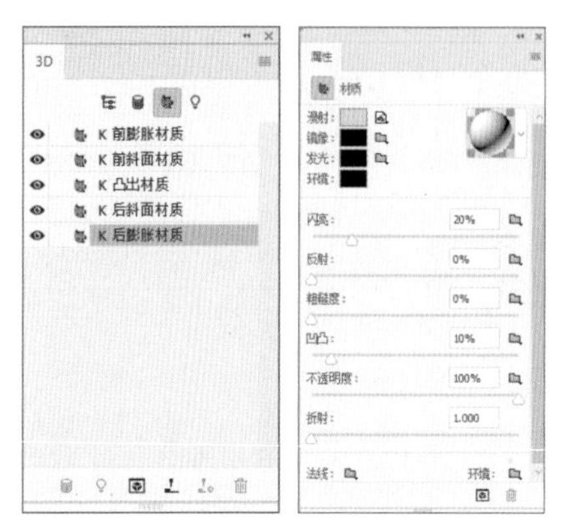

图11-25 3D材质属性设置

图11-26 3D光源属性设置

（二）渲染 3D 模型

完成文件编辑之后，即可执行渲染操作，一般使用预设模式进行渲染即可。在“3D”面板的场景模式下选择整个场景，然后在“属性”面板的“预设”下拉列表中选择一个渲染选项，最后单击“属性”面板下方的“渲染”按钮进行渲染，如图 11-27 所示。

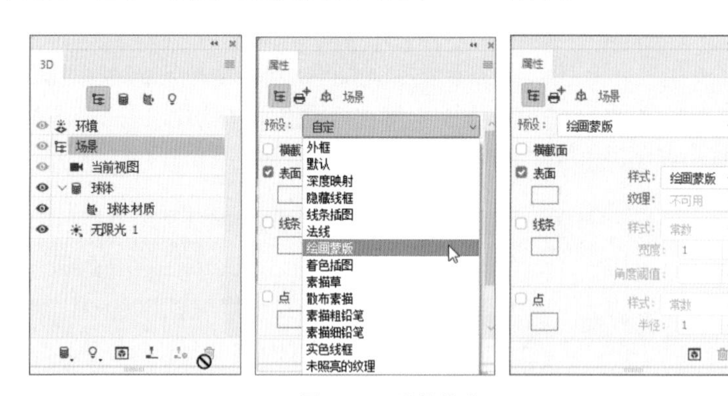

图11-27 渲染模式

三、任务实施

（一）创建 3D 酒瓶

下面新建图像文件，并利用 Photoshop CC 2018 自带的 3D 工具创建 3D 酒瓶，具体操作如下。

（1）选择【文件】/【新建】菜单命令，在打开的“新建文档”对话框中，新建宽为“30 厘米”、高为“20 厘米”、分辨率为“300 像素 / 英寸”的空白文件。

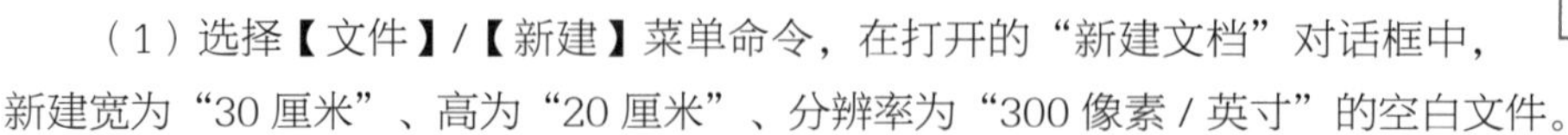

（2）单击“图层”面板下方的“创建新图层”按钮，新建“图层 1”图层，选择【3D】/【从图层新建网格】/【网格预设】/【酒瓶】菜单命令，如图 11-28 所示。

（3）系统自动打开“3D”面板，并新建一个未添加材质的 3D 酒瓶，如图 11-29 所示。

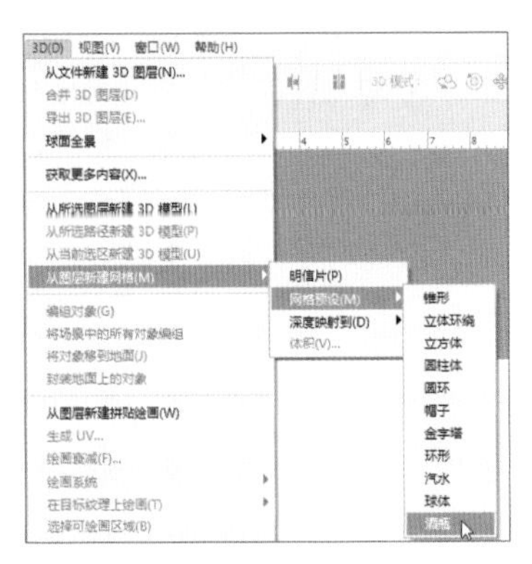

图11-28　选择新建酒瓶的菜单命令

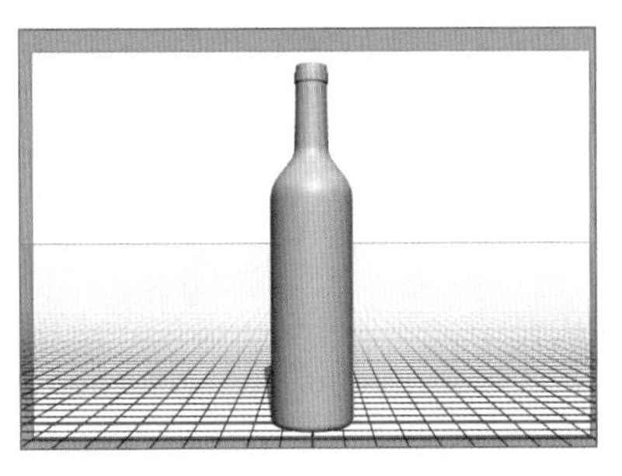
图11-29　新建3D酒瓶

（二）设置酒瓶材质

Photoshop CC 2018 中创建的 3D 酒瓶有 3 种对象，分别为标签、瓶子和盖子，下面为这些对象添加不同的材质，具体操作如下。

（1）在“3D”面板中选择“盖子材质”图层，在“属性”面板中单击材质球右侧的下拉按钮，在打开的下拉列表中选择“巴沙木”选项，如图 11-30 所示。添加了“巴沙木”材质的盖子效果如图 11-31 所示。

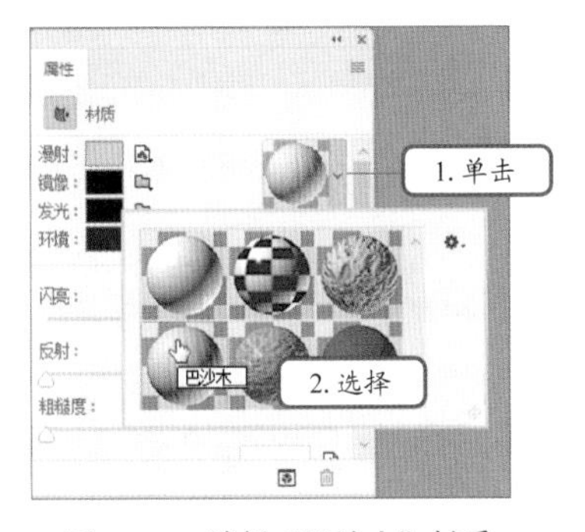

图11-30　选择“巴沙木”材质

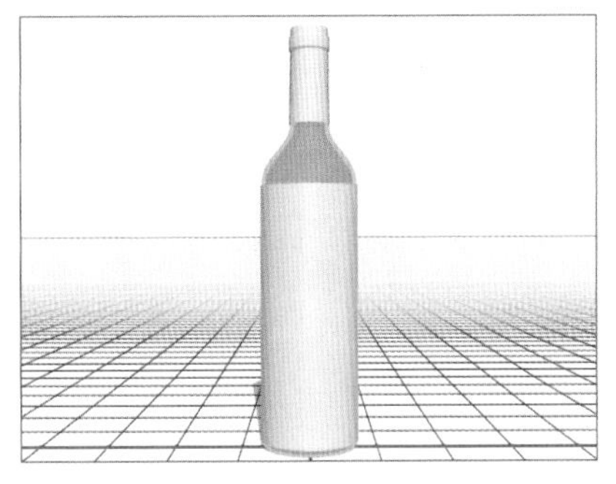
图11-31　盖子效果

（2）在“3D”面板中选择“瓶子材质”图层，在“属性”面板中单击材质球右侧的下拉按钮，在打开的下拉列表中选择“黑缎”选项，如图 11-32 所示。添加了“黑缎”材质的酒瓶效果如图 11-33 所示。

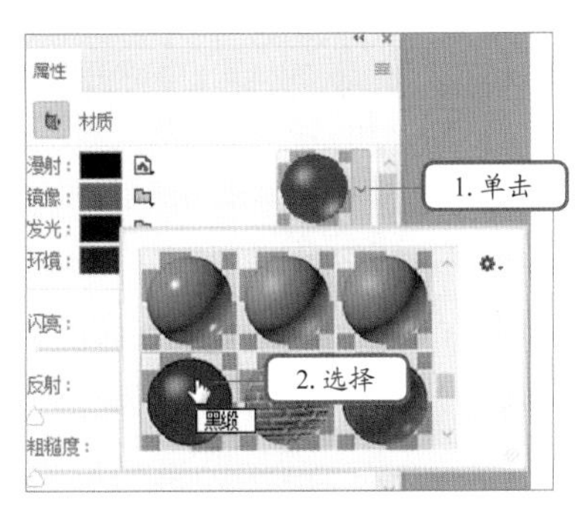

图11-32　选择“黑缎”材质

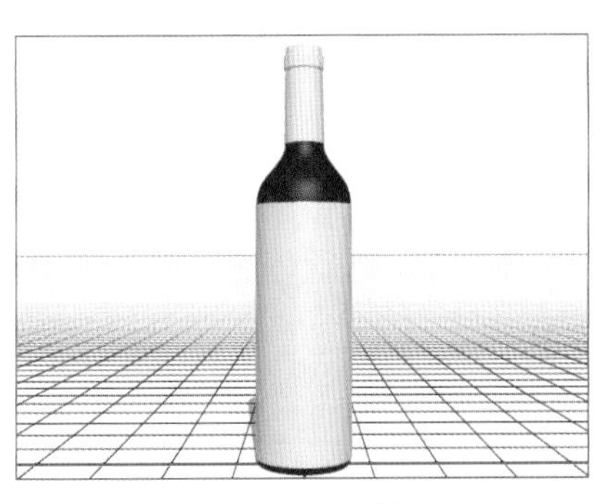
图11-33　酒瓶效果

（3）在“3D”面板中选择“标签材质”图层，在“属性”面板中单击材质球右侧的下拉按钮，在打开的下拉列表中单击“工具”按钮，在打开的下拉列表中选择“新建材质”选项，如图 11-34 所示。

（4）打开“新建材质预设”对话框，单击 确定 按钮，在材质球列表的末尾新建一个空白的材质球。选择该材质球，在“属性”面板下方单击“法线”右侧的按钮，在打开的下拉列表中选择“载入纹理”选项，如图 11-35 所示。

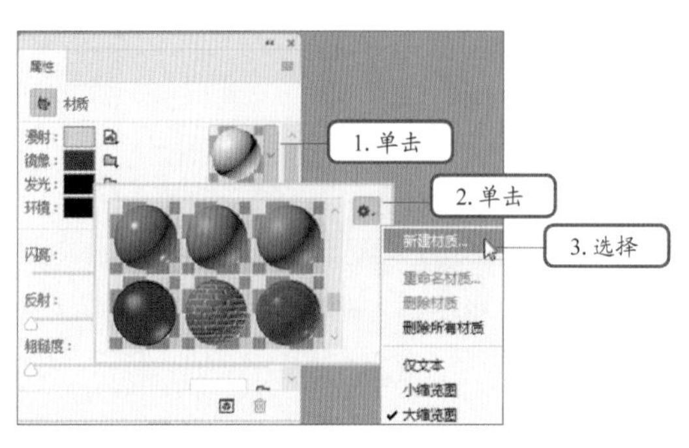

图11-34　新建材质

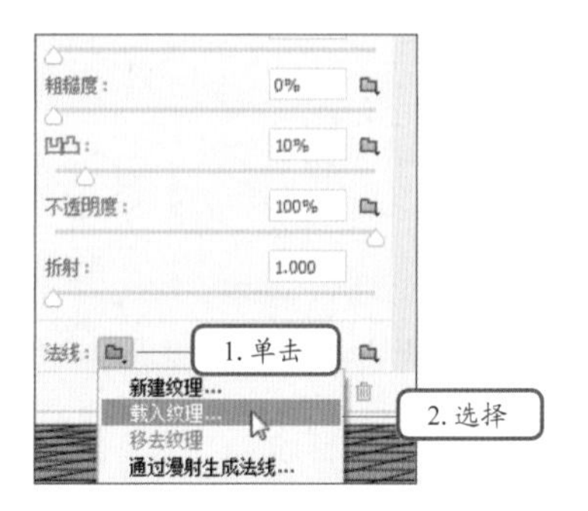

图11-35　载入纹理

（5）在打开的“打开”对话框中双击“标签.jpg”图像文件，此时“标签.jpg”图像文件被添加在“标签材质”图层上，如图 11-36 所示。

（6）单击“属性”面板下方“法线”右侧的按钮，在打开的下拉列表中选择“编辑 UV 属性”选项，如图 11-37 所示。

图11-36　添加标签材质

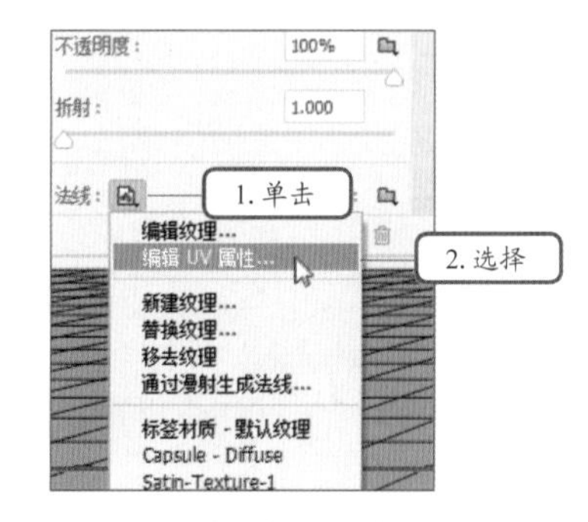

图11-37　编辑标签材质属性

（7）打开“纹理属性”对话框，设置如图 11-38 所示，单击 确定 按钮。

（8）添加不同材质后的酒瓶效果如图 11-39 所示。

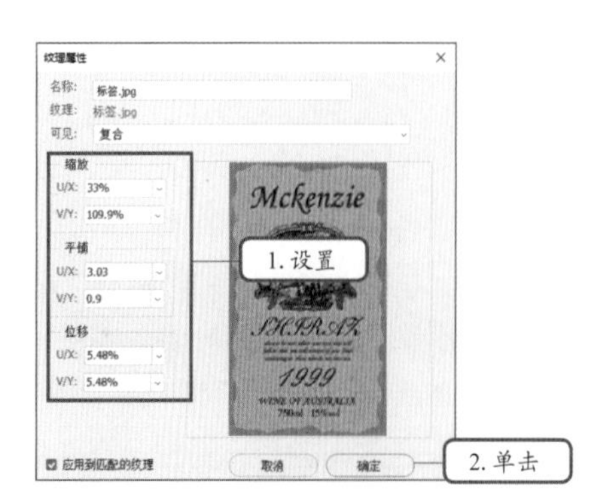

图11-38　编辑纹理属性

图11-39　酒瓶效果

UV 纹理

UV 纹理是一个新的概念，对于熟悉 3D 制作的用户来说，UV 纹理的制作方法比较简单，主要是根据 UV 坐标来绘制 3D 对象的纹理贴图，以便更好地与 3D 对象衔接。

（三）渲染文件

3D 酒瓶制作完成后，即可对其进行渲染，具体操作如下。

（1）在“3D”面板中选择“场景”图层，在“属性”面板的“预设”下拉列表中选择“默认”选项，单击面板下方的“渲染”按钮，如图 11-40 所示。

（2）系统开始渲染，渲染时会出现一个移动的矩形，如图 11-41 所示。

图11-40　选择渲染选项

图11-41　开始渲染

（3）渲染完成后保存文件。

实训一　制作金属 3D 文字

【实训要求】

本实训要求制作金属 3D 文字，并将其运用在“双十二”的海报中，使海报效果更加突出，吸引消费者的注意力。通过本实训，用户可以掌握金属 3D 文字的制作方法。

【操作思路】

要完成本实训，首先需要在背景图像中输入文字，然后通过“创建 3D 文字”菜单命令为文字设置 3D 效果并为文字赋予特殊材质，最后添加素材图像，金属 3D 文字效果如图 11-42 所示。

图11-42　金属3D文字效果

素材所在位置　素材文件 \ 项目十一 \ 实训一 \ 背景 .jpg、素材 .psd

效果所在位置　效果文件 \ 项目十一 \ 实训二 \3D 金属文字 .psd

【步骤提示】

微课视频

制作金属3D文字

（1）启动 Photoshop CC 2018，打开“背景 .jpg”图像文件。选择“横排文字工具”，在背景图层上方输入“12.12”“震撼来袭”“SHOCK COMING”。

（2）选择“震撼来袭”文字图层，选择【文字】/【创建 3D 文字】菜单命令，基于文字生成 3D 模型。

（3）使用“旋转 3D 对象工具”，在图像窗口中按住鼠标左键并拖曳，调整 3D 模型的角度。

（4）选择“3D 材质吸管工具”，在 3D 模型正面单击，在“属性”面板中为正面添加“金属—黄金”材质，并调整漫射颜色。使用相同的方法为 3D 模型的其他面添加“金属—黄金”材质。

（5）选择“12.12”文字图层，基于其中的文字生成 3D 模型，为其添加“趣味纹理”材质；选择“SHOCK COMING”文字图层，基于其中的文字生成 3D 模型，为其添加“金属—黄金”材质。

（6）打开“素材 .psd”图像文件，将其中的素材依次拖曳到“背景 .jpg”图像文件中，调整其大小与位置，最后保存文件。

实训二　制作心墙 3D 图像

【实训要求】

本实训通过绘制路径，制作一个心墙 3D 图像，并为其赋予材质，完成后的效果如图 11-43 所示。通过本实训，用户可以掌握从路径创建 3D 对象的方法，并巩固为 3D 对象赋予材质的操作。

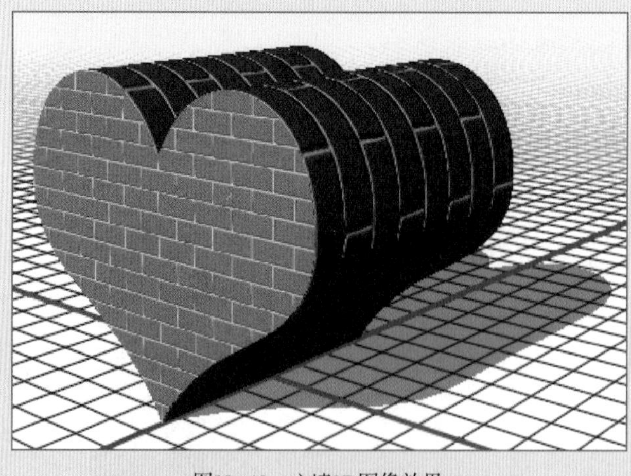

图11-43　心墙3D图像效果

【操作思路】

根据实训要求，需要先绘制图像的路径，然后基于路径生成 3D 对象，再为其赋予材质。

效果所在位置　效果文件\项目十一\实训二\心墙 .psd

【步骤提示】

（1）启动 Photoshop CC 2018，选择【文件】/【新建】菜单命令，新建一个尺寸为 600 像素 ×400 像素、分辨率为“72 像素 / 英寸”的文件。

（2）新建“图层 1”图层，选择“自定形状工具”，在工具属性栏中设置工具模式为“路径”，并将形状设置为心形，然后在图像窗口中绘制心形路径。

（3）选择【3D】/【从所选路径新建 3D 模型】菜单命令，基于路径生成 3D 对象。

（4）选择“旋转 3D 对象工具”，在画面中按住鼠标左键并拖曳，调整 3D 对象的角度。

（5）选择“3D 材质吸管工具”，在 3D 对象正面单击。在“属性”面板中单击材质球右侧的下拉按钮，在打开的下拉列表中选择“石砖”选项。

（6）选择“3D 材质吸管工具”，在 3D 对象侧面单击，在“属性”面板中为侧面添加“石砖”材质，保存文件。

常见疑难解析

问：在 Photoshop CC 2018 中可以打开和编辑哪些格式的 3D 文件？

答：在Photoshop CC 2018中可以打开和编辑U3D、3DS、OBJ、KMZ、DAE等格式的3D文件。

问：在 Photoshop CC 2018 中可以为 3D 对象添加图片纹理吗？

答：可以。在“3D”面板中选择3D对象的材质图层，在“属性”面板中设置“漫射”中的图像，为3D对象添加图片纹理。

拓展知识

1. 存储 3D 文件

3D文件制作完成后，若要保留文件中的3D内容（如位置、光源、渲染模式等信息），需要将文件保存为PSD、PDF或TIFF格式。

2. 合并 3D 图层

在Photoshop CC 2018中，可将多个3D图层合并到一个图层中。在“图层”面板中选择需要合并的3D图层，然后选择【3D】/【合并3D图层】菜单命令，即可将多个3D图层合并到一个图层中。合并后既可单独处理每一个对象，也可同时调整所有对象的位置。

3. 合并 3D 文件和 2D 文件

打开一个2D文件，选择【3D】/【从文件新建图层】菜单命令，在打开的对话框中选择一个3D文件并将其打开，即可将该3D文件与2D文件合并。

4. 将 3D 图层转换为智能对象

在“图层”面板中选择3D图层，单击其右上角的按钮，然后在弹出的下拉列表中选择“转换为智能对象”选项，即可将3D图层转换为智能对象。转换后的智能对象中还保存着3D图层的3D信息，若要重新编辑3D对象，可直接双击智能对象图层，进入3D编辑模式。对智能对象图层同样可应用智能滤镜。

课后练习

（1）本练习要求基于文字创建 3D 对象，需要使用【3D】/【从所选图层新建 3D 模型】菜单命令或【文字】/【创建 3D 文字】菜单命令，完成后的效果如图 11-44 所示。

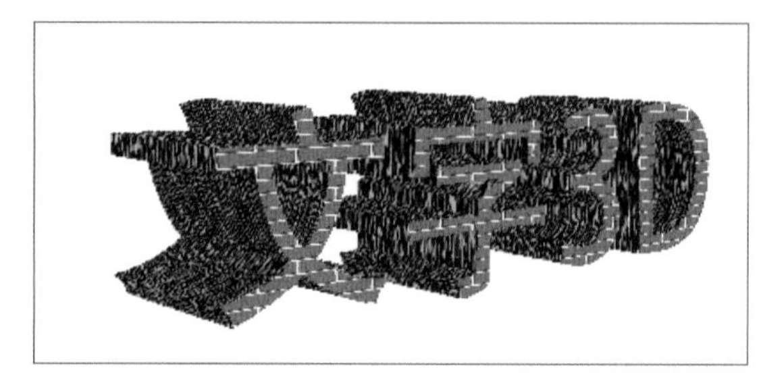

图11-44　基于文字创建3D对象效果

效果所在位置　效果文件\项目十一\课后练习\文字 3D.psd

（2）本练习主要通过【3D】/【从图层新建网格】/【网格预设】/【汽水】菜单命令创建 3D 汽水模型，并为汽水模型添加纹理，效果如图 11-45 所示。

图11-45　创建3D汽水模型效果

素材所在位置　素材文件\项目十一\课后练习\汽水纹理 .jpg
效果所在位置　效果文件\项目十一\课后练习\创建 3D 汽水模型 .psd

12 项目十二

批处理与打印图像

情景导入

米拉想把设计的作品打印出来，但发现打印出来的效果不对，老洪查看后发现是因为纸张大小选择不正确。通过老洪的介绍，米拉才明白打印作品前还需要进行相应的设置，如果打印的是用于印刷的图像作品，还需要注意颜色模式等的设置。

课堂学习目标

- 掌握批处理图像的方法。

如创建动作、应用动作、设置批处理文件等。

- 掌握打印婚礼签到墙广告的方法。

如转换为 CMYK 颜色模式、打印页面设置、打印选区等。

▲批处理图像

▲打印婚礼签到墙广告

任务一 批处理图像

动作就是对单个文件或一批文件回放的命令，大多数命令和工具操作都可以记录在动作中。本任务主要介绍动作的使用和批处理图像的方法。

一、任务目标

本任务使用动作和批处理命令来处理“植物”文件夹中的图像。先通过一张图像的操作，将相关动作录制下来，然后再根据需要对图像进行批处理，从而快速处理大量图像。通过对本任务的学习，用户可掌握在 Photoshop CC 2018 中创建动作、应用动作和使用批处理的相关操作。本任务制作完成后的效果如图 12-1 所示。

图12-1 批量处理图像

素材所在位置 素材文件 \ 项目十二 \ 任务一 \ 植物 \1.jpg、2.jpg、3.jpg、4.jpg、5.jpg、6.jpg、7.jpg、8.jpg、9.jpg、10.jpg

效果所在位置 效果文件 \ 项目十二 \ 任务一 \ 植物 \1.png、2.png、3.png……10.png

二、相关知识

在 Photoshop CC 2018 中，可以将对图像进行的一系列操作有顺序地录制到“动作”面板中，然后就可以在后面的操作中通过播放存储的动作来对不同的图像重复执行这一系列的操作。通过“动作”功能的应用，可以对图像进行自动化操作，从而大大提高工作效率。下面将进行具体讲解。

（一）“动作”面板

在 Photoshop CC 2018 中将自动应用的一系列命令称为“动作”。“动作”面板中提供了很多自带的动作，如图像效果、处理、文字效果、画框和文字处理等。选择【窗口】/【动作】菜单命令，打开图 12-2 所示的“动作”面板。“动作”面板中各组成部分的名称和作用如下。

图12-2 “动作”面板

- 动作序列：也称动作集，Photoshop CC 2018 提供了“淡出效果（选区）”“画框通道（-50 像素）”“木质画框（-50 像素）”等多个动作序列，每一个动作序列中又包含多个动作。
- 动作名称：每一个运作序列或动作都有一个名称，以便用户识别。
- “停止播放 / 记录”按钮 ■：单击该按钮，可以停止正在播放的动作，在录制新动作时单击该按钮可以暂停动作的录制。
- “开始记录”按钮 ●：单击该按钮，可以开始录制一个新的动作，在录制的过程中该按钮显示为红色。
- “播放选定的动作”按钮 ▶：单击该按钮，可以播放当前选定的动作。
- “创建新组”按钮 🗀：单击该按钮，可以新建一个动作序列。
- “创建新动作”按钮 ⧉：单击该按钮，可以新建一个动作。

- “删除”按钮 ：单击该按钮，可以删除当前选定的动作或动作序列。
- ✔按钮：若动作组、动作和命令前显示该图标，表示这个动作组、动作和命令可以执行；若动作组或动作前没有该图标，表示该动作组或动作不能被执行；若某一命令前没有该图标，则表示该命令不能被执行。
- 按钮：用于控制当前所执行的命令是否需要打开对话框；当按钮显示为灰色时，表示暂停要播放的动作，并打开一个对话框，用户可从中进行参数的设置；当按钮显示为红色时，表示该动作的部分命令中包含了暂停操作。
- 展开与折叠动作：在动作组和动作名称前都有一个三角按钮，当三角按钮呈 › 状态时，单击该按钮可展开组中的所有动作或动作所执行的命令，此时该按钮变为 ⌄ 状态；再次单击该按钮，可隐藏组中的所有动作和动作所执行的命令。

（二）动作的创建与保存

通过动作的创建与保存，用户可以将自己制作的图像效果（如画框效果、文字效果等）制作成动作进行保存，以避免后续重复处理。

1. 创建动作

打开要制作动作范例的图像文件，切换到“动作”面板，单击面板底部的“创建新组”按钮 ，打开图 12–3 所示的“新建组”对话框。单击面板底部的“创建新动作”按钮 ，打开“新建动作”对话框进行设置，如图 12–4 所示。

图12–3　“新建组”对话框

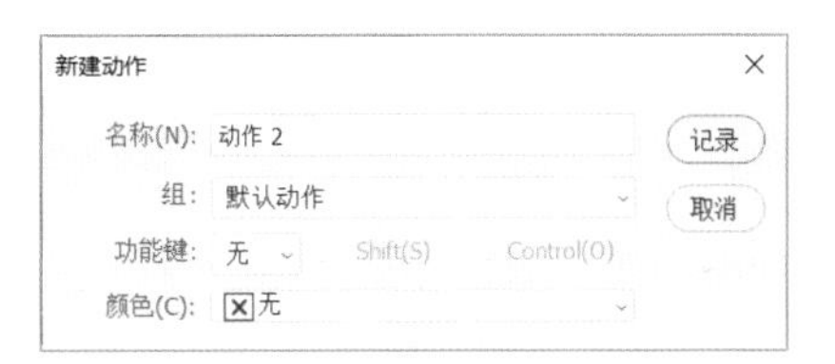

图12–4　“新建动作”对话框

对话框中各选项的作用介绍如下。

- 名称：在文本框中输入新动作的名称。
- 组：单击右侧的下拉按钮⌄，在下拉列表中选择放置动作的动作序列。
- 功能键：单击右侧的下拉按钮⌄，在打开的下拉列表中为记录的动作设置一个功能键，按下功能键即可运行对应的动作。
- 颜色：单击右侧的下拉按钮⌄，在下拉列表中选择录制动作颜色。

图12–5　记录动作

用户可根据需要对当前图像进行操作，每进行一步操作都将在“动作”面板中记录相关的操作及参数设置，如图 12–5 所示。记录完成后，单击“停止播放 / 记录”按钮 ■ 完成操作。创建的动作将自动保存在“动作”面板中。

2. 保存动作

用户创建的动作将暂时保存在Photoshop CC 2018的“动作”面板中，每次启动Photoshop CC 2018后即可使用。若不小心删除了动作，或重新安装了Photoshop CC 2018后，用户手动制作的动作将消失。因此，应将这些已创建好的动作以文件的形式进行保存，需使用时再通过加载文件的形式，将其载入到“动作”面板中。

选择要保存的动作序列，单击“动作”面板右上角的 按钮，在打开的下拉列表中选择“存储动作”选项，在打开的“另存为”对话框中可指定保存的位置和文件名，如图 12-6 所示，完成后单击 保存(S) 按钮，即可将动作以 ATN 文件格式进行保存。

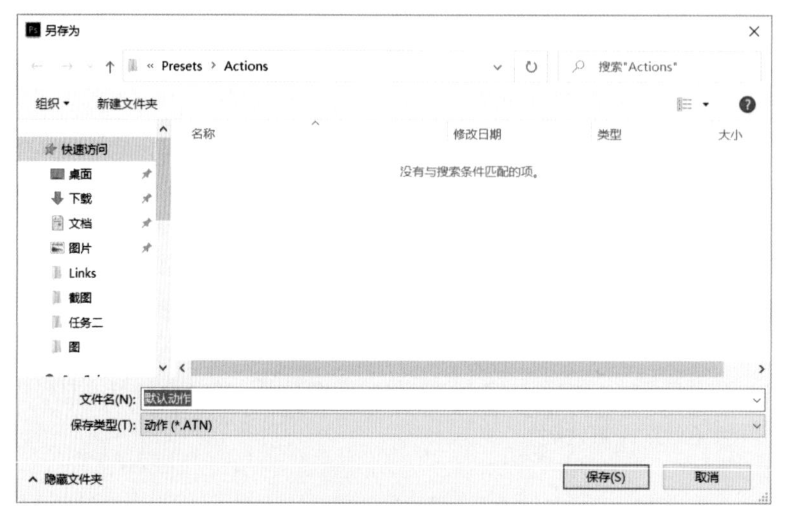

图12-6　存储动作

（三）使用“批处理”命令

对图像应用“批处理”菜单命令前，首先要通过“动作”面板将对图像执行的各种操作录制下来并保存为动作，从而进行批处理操作。打开需要批处理的所有图像文件，或将所有文件移动到相同的文件夹中，选择【文件】/【自动】/【批处理】菜单命令，打开“批处理”对话框，如图 12-7 所示。

图12-7　“批处理”对话框

对话框中部分选项的含义如下。

- 组：用于选择要执行的动作所在的组。
- 动作：用于选择要应用的动作。
- 源：用于选择需要进行批处理的图像文件来源；选择“文件夹”选项，单击下拉按钮⌄可查找并选择需要进行批处理的文件夹；选择“导入”选项，则可导入其他途径获取的图像，从而进行批处理操作；选择“打开的文件”选项，可对所有已经打开的图像文件应用动作；选择“Bridge”选项，可对文件浏览器中选择的文件应用动作。

- 目标：用于选择处理文件的目标；选择“无”选项，表示不对处理后的文件做任何操作；选择“存储并关闭”选项，可将进行批处理的文件存储并关闭以覆盖原来的文件；选择“文件夹”选项，并单击下面的 选择(C)... 按钮，可选择目标文件要保存的位置。
- 文件命名：在“文件命名”栏中的 6 个下拉列表框中可指定目标文件生成的命名形式，在该选项区域中还可指定文件名的兼容性，包括 Windows、Mac OS 及 Unix 操作系统。
- 错误：在该下拉列表框中可指定出现操作错误时软件的处理方式。

三、任务实施

（一）创建动作

本任务需要对文件夹中的图像进行批处理，图像数量比较多，因此需要创建动作，以节省处理时间，具体操作如下。

（1）打开“1.jpg”图像文件，如图 12-8 所示。

（2）选择【窗口】/【动作】菜单命令，打开“动作”面板，单击面板下方的“创建新动作”按钮，打开“新建动作”对话框。

（3）在“名称”文本框中输入“更改大小”，在“颜色”下拉列表中选择“紫色”选项，单击 记录 按钮，如图 12-9 所示。

图12-8 打开图像

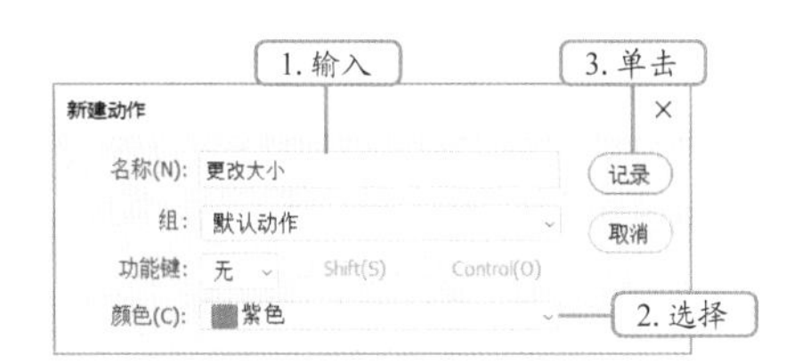

图12-9 新建动作

为动作定义快捷键

在“新建动作”面板的“功能键”下拉列表中可选择一个按键，并激活后方的“Shift”和“Ctrl”复选框，结合这两个复选框可设置动作的快捷键。下次要使用该动作时，直接按该快捷键即可。

（4）开始录制动作。选择【图像】/【图像大小】菜单命令，打开“图像大小”对话框。在“宽度”文本框中输入“510”，在其后的下拉列表中选择“像素”选项，“高度”文本框中的值将随之改变，单击 确定 按钮，如图 12-10 所示。

（5）选择【文件】/【存储为】菜单命令，打开“另存为”对话框。在其中选择文件的保存位置，文件名为默认的名称，在“保存类型”下拉列表中选择“PNG（*PNG；*PNG）”选项，单击保存(S)按钮，如图 12–11 所示。

图12–10　更改图像大小

图12–11　设置保存参数

（6）打开“PNG 格式选项”对话框，其中设置保持默认，单击 确定 按钮，如图 12–12 所示。

（7）需要的操作已录制完毕，此时“动作”面板中已列出了执行的相关操作，如图 12–13 所示，单击“停止播放 / 记录”按钮■，结束录制。

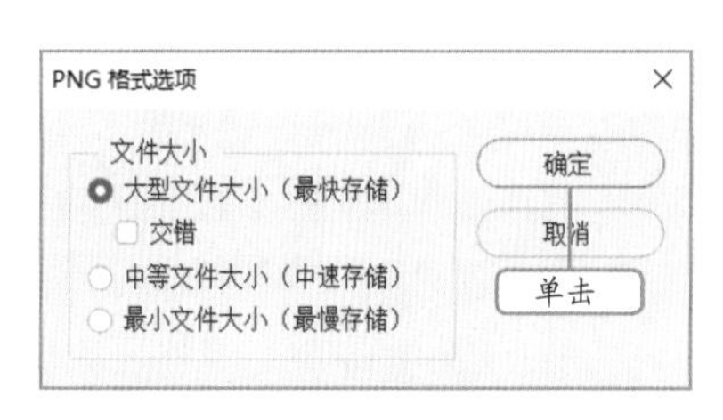

图12–12　“PNG格式选项”对话框

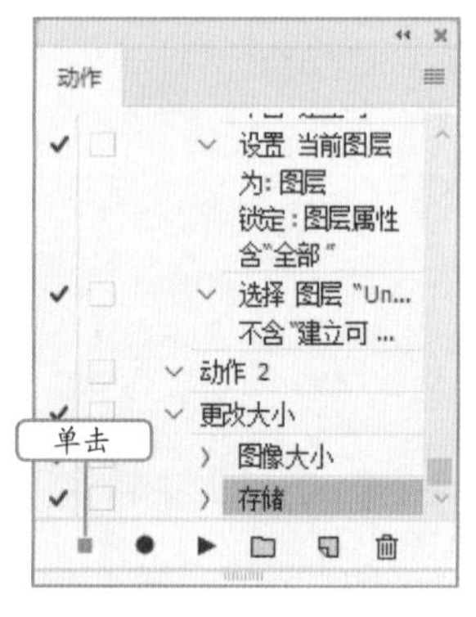

图12–13　结束录制

（8）单击图像窗口的“关闭”按钮×，关闭图像文件。

（二）应用动作

动作录制完成后，即可应用动作，具体操作如下。

（1）打开“2.jpg”图像文件，如图 12–14 所示。

（2）在图像窗口右侧的面板组中单击“动作”按钮 ▶，打开“动作”面板。在其中选择“更改大小”动作，然后单击面板底部的“播放选定的动作”按钮 ▶。

（3）此时自动对“2.jpg”图像文件应用“更改大小”动作，更改图像尺寸，并将图像文件以 PNG 格式保存到“1.png”所在的位置，如图 12–15 所示。

（4）单击图像窗口的“关闭”按钮×，关闭图像文件。

图12-14　打开“2.jpg”图像文件

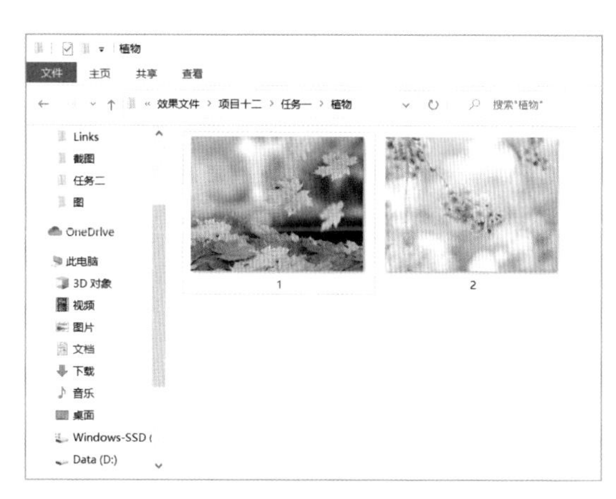

图12-15　保存图像文件

（三）设置批处理文件

因为图像太多，一张张地打开并使用动作进行处理需要花费较多时间，所以可以通过批处理来快速处理这些文件，具体操作如下。

（1）选择【文件】/【自动】/【批处理】菜单命令，如图 12-16 所示，打开“批处理”对话框。

（2）在对话框中的“源”栏中选择“文件夹”选项，并单击该栏中的 选择(C)... 按钮，打开“选取批处理文件夹”对话框，在其中选择图像文件所在的位置，如图 12-17 所示，然后单击 选择文件夹 按钮。

图12-16　选择菜单命令

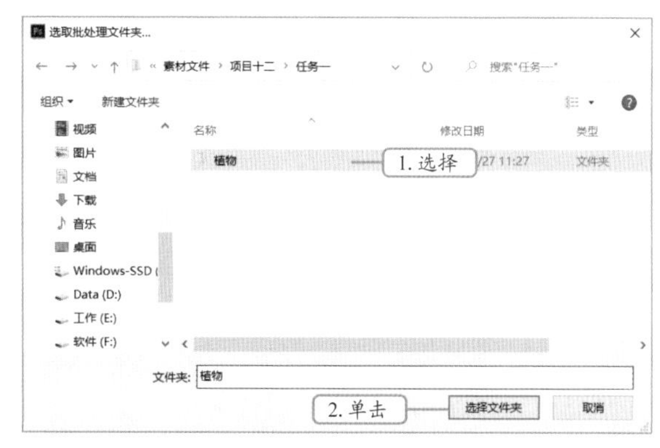

图12-17　选择源文件夹

（3）返回“批处理”对话框，在“目标”栏中选择“文件夹”选项，并单击该栏中的 选择(C)... 按钮，打开“选取目标文件夹”对话框，在其中选择处理后的文件要保存的位置，如图 12-18 所示，然后单击 选择文件夹 按钮。

（4）返回“批处理”对话框，如图 12-19 所示，其余选项不做更改，单击 确定 按钮。

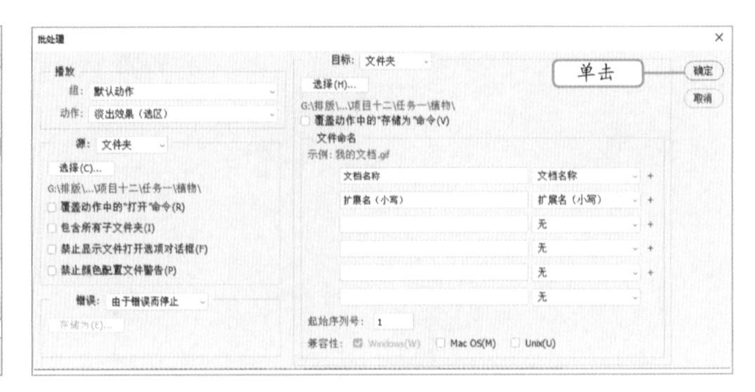

图12-18　设置文件保存位置

图12-19　确认设置

知识提示

默认使用新建的组和动作进行批处理

若在创建动作时创建了新的组，则在“批处理”对话框中可以选择新的组，否则将自动选择默认的动作组。在“播放”栏的“动作”下拉列表中，默认情况下将选择最新创建的动作。

（5）Photoshop CC 2018 开始自动处理素材文件夹中的图像文件，并将处理后的图像存储到指定的文件夹中，如图 12-20 所示。

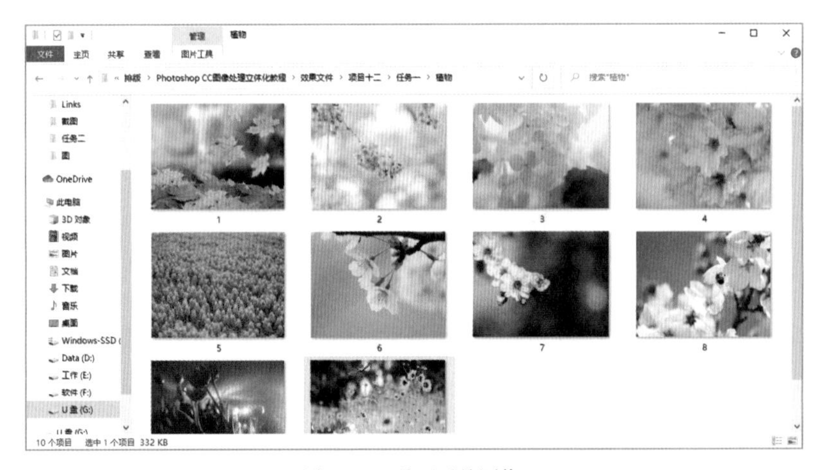

图12-20　处理后的图像

职业素养

批处理图像可以提高图像处理效率

若有大量图像需要进行同样的处理，则可以使用动作与批处理，这两个操作结合使用可节省用户大量的时间。在处理第一张图像时要录制操作，然后将同样的处理方法应用在其他图像上。这种方法省时省力，对于不需要精修的图像非常适用。

任务二　打印婚礼签到墙广告

图像处理校准完成后，接下来的工作就是其制作输出，一般较大的图像可以先通过打印得到小样，所以掌握正确的打印方法是很重要的。只有掌握打印输出的正确方法，才能将设计好的图像作品作为室内装饰品、商业广告等进行输出。下面将具体介绍图像的打印输出操作。

图12-21 婚礼签到墙效果

一、任务目标

本任务将学习使用 Photoshop CC 2018 的图像印刷和打印输出功能，主要讲解印刷输出和打印输出图像的相关操作。通过对本任务的学习，用户可以掌握印刷输出图像和打印输出图像的基本操作。本任务的图像效果如图 12-21 所示。

素材所在位置 素材文件 \ 项目十二 \ 任务二 \ 婚礼签到墙 .psd

二、相关知识

在学习输出图像前，还需要先了解一些相关知识，如打印图像和打印页面的设置等，下面分别讲解。

（一）打印图像

在打印图像之前，需要对图像进行一些常规设置，包括设置打印图纸的大小、图纸放置方向、打印机的名称、打印范围和打印份数等。

选择【文件】/【打印】菜单命令，打开“Photoshop 打印设置”对话框，可以看到准备打印的图像在页面中所处的位置及图像尺寸等数据，如图 12-22 所示，主要选项含义如下。

图12-22 “打印”对话框

- 位置：用来设置打印图像在图纸中的位置，系统默认图纸居中放置，撤销选中“居中”复选框，可以在激活的选项中手动设置其放置位置。
- 缩放后的打印尺寸：用来设置打印图像在图纸中的缩放尺寸，选中“缩放以适合介质”复选框后，系统会自动优化缩放。

（二）设置打印页面

在打印输出图像前，用户还应根据打印输出的要求对纸张的布局和质量等进行设置。在Photoshop CC 2018 中打开需要打印的图像文件，选择【文件】/【打印】菜单命令，在打开的对话框中单击 打印设置... 按钮，即可打开相应的“文档属性”对话框，如图 12-23 所示。在“纸张 / 质量”选项卡下的“纸张来源”下拉列表框中可以选择打印纸张的进纸方式、颜色等。

图12-23　相应的“文档 属性”对话框

三、任务实施

（一）将图像转换为 CMYK 颜色模式

在印刷之前，必须先将图像转换为CMYK颜色模式，否则印刷出的颜色有很大色差。下面将需要打印的图像转换为CMYK颜色模式，具体操作如下。

（1）打开“婚礼签到墙 .psd”图像文件。

（2）选择【图像】/【模式】/【CMYK 颜色】菜单命令，如图 12-24 所示，即可将图像转换为 CMYK 颜色模式。

转换图像颜色模式的注意事项

若图像中存在多个图层，在将其转换为 CMYK 颜色模式时，系统会弹出提示对话框，提醒用户合并对象，以最大限度地还原图像。

（3）在弹出的提示对话框中单击 合并(M) 按钮，如图 12-25 所示。系统弹出另一个提示对话框，单击 确定 按钮。

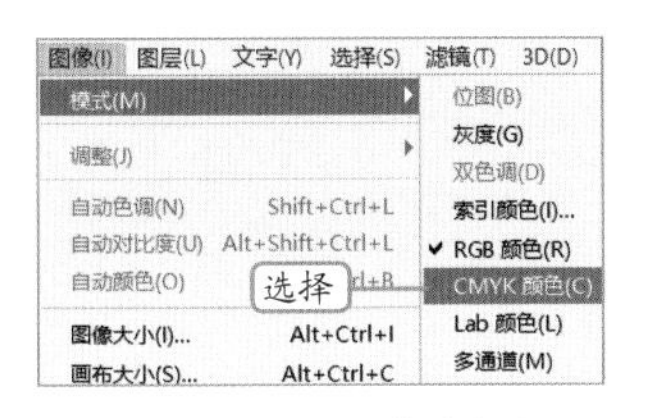

图12-24　选择菜单命令

图12-25　确认合并图像

（二）打印设置

打印的常规设置包括选择打印机，设置打印范围、份数、纸张尺寸大小、送纸方向等，设置完成后即可进行打印，具体操作如下。

微课视频　打印设置

（1）选择【文件】/【打印】菜单命令，打开“Photoshop 打印设置”对话框。

（2）在“打印设置”栏中选择打印机，在“份数”文本框中输入“5”，然后单击“版面”右侧的“横向打印纸张”按钮，如图 12-26 所示。

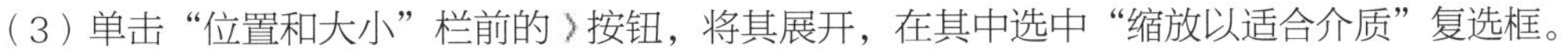

（3）单击“位置和大小”栏前的 › 按钮，将其展开，在其中选中“缩放以适合介质”复选框。

（4）单击“打印标记”栏前的 › 按钮，将其展开，在其中选中“角裁剪标志”复选框。

（5）单击“函数”栏前的 › 按钮，将其展开，在其中单击 出血... 按钮，如图 12-27 所示。

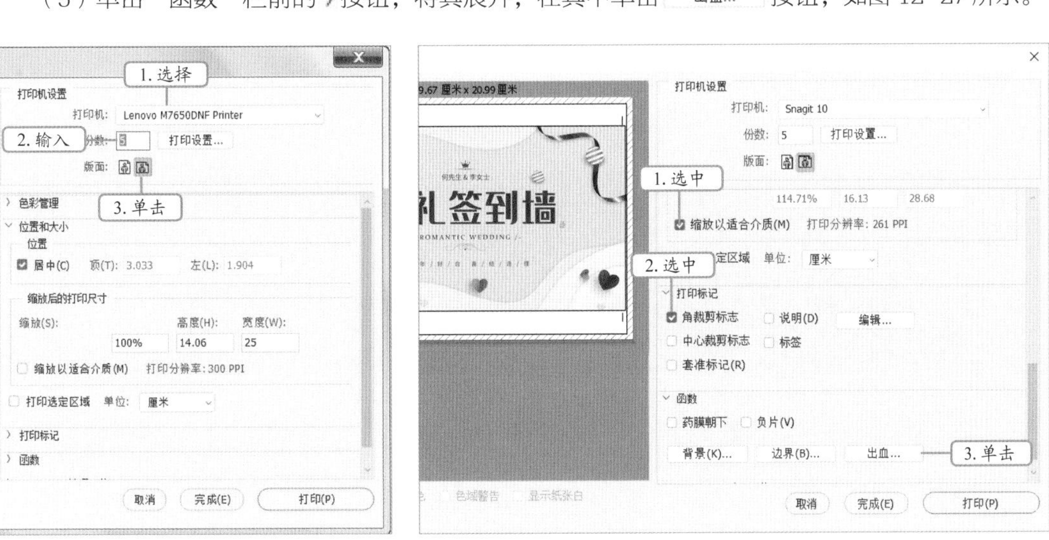

图12-26　设置打印机（1）　　图12-27　设置打印机（2）

（6）打开“出血”对话框，在“宽度”文本框中输入“3”，设置单位为“毫米”，单击 确定 按钮，如图 12-28 所示。

（7）在“Photoshop 打印设置”对话框左侧的预览框内可以预览打印效果，如图 12-29 所示，单击 打印(P) 按钮即可打印图像。

知识提示

打印图像的补充事项

当打印的图像区域超出了页边距时，执行打印操作后，将弹出一个提示对话框，提示用户图像超出边界，如果要继续打印，则需要进行裁切操作，此时可以单击 取消 按钮取消打印，并重新设置打印图像区域的大小和位置。另外，对于不能打印在同一纸张上的较大图像，可使用打印拼接功能，将图像平铺打印到几张纸上，再将其拼贴起来，形成完整的图像。

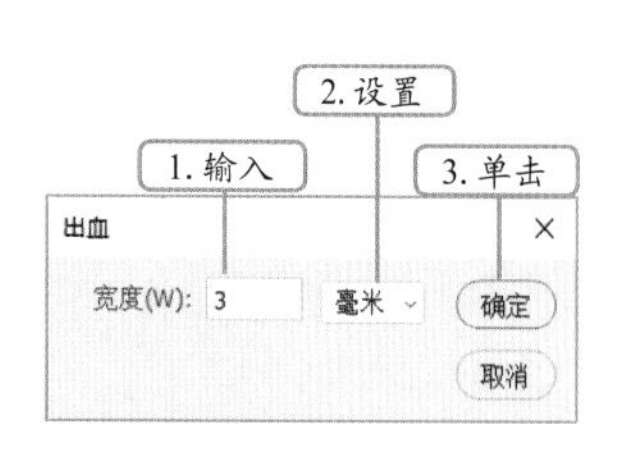

图12-28　设置出血参数

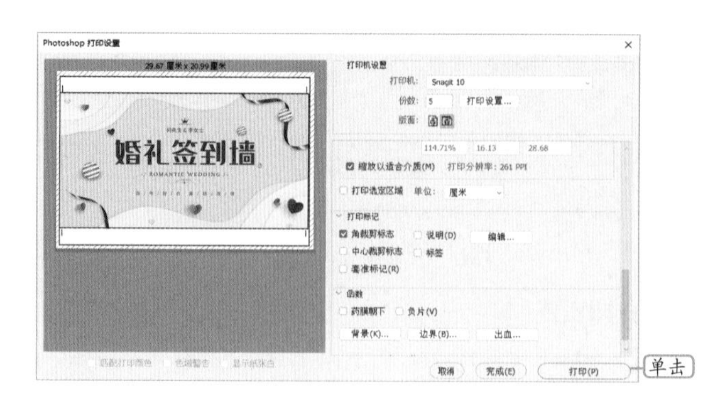

图12-29　预览打印效果

（三）打印选区

在Photoshop CC 2018中，除了可打印整幅图像外，还可单独打印某些图层，或者打印选区内的对象，具体操作如下。

（1）使用工具箱中的“矩形选框工具”，在图像中需要打印的部分创建选区，如图 12-30 所示。

（2）选择【文件】/【打印】菜单命令，打开“Photoshop 打印设置”对话框，在“位置和大小”栏中选中“打印选定区域”复选框，如图 12-31 所示。

（3）设置其他打印选项后，单击 打印(P) 按钮即可打印图像。

图12-30　创建选区

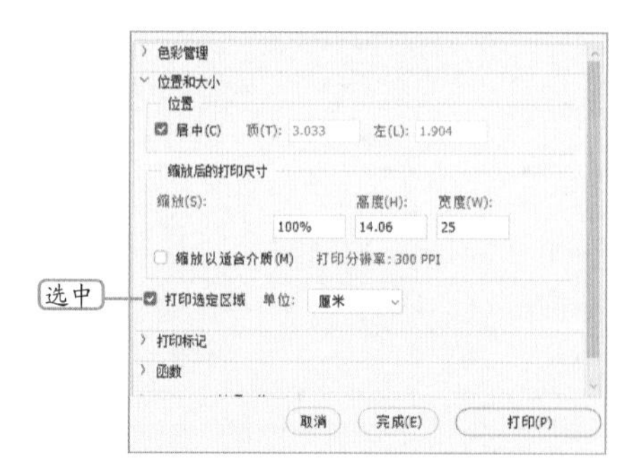

图12-31　打印选定区域

隐藏的图层内容不能被打印输出

系统默认下，当前文件中所有可见图层上的图像都属于打印范围，因此图像处理完成后不必做任何改动。若“图层”面板中有隐藏的图层，则该图层中的图像不能被打印输出。如要将其打印输出，只需将“图层”面板中的所有图层全部显示，然后对要打印的图像进行页面设置和打印预览，就可以将其打印输出了。

实训一　批处理婚纱图像

【实训要求】

本实训为文件夹中的所有图像转换图像模式，为了做到一次处理多个图像，需要运用

Photoshop CC 2018 中的批处理功能。

【操作思路】

根据实训要求，需先创建转换图像模式的相关动作，然后保存动作，最后使用批处理功能进行处理。完成后的部分效果如图 12-32 所示。

素材所在位置　素材文件 \ 项目十二 \ 实训一 \ 照片 \

效果所在位置　效果文件 \ 项目十二 \ 实训一 \ 照片 \

图12-32　婚纱图像效果

【步骤提示】

微课视频

批处理婚纱图像

（1）将所有需要处理的图像移动到同一个文件夹中，打开其中一张图像，在“动作”面板中新建一个名称为“批处理”的动作组，并在该组中新建一个动作，进入记录动作状态。

（2）选择【图像】/【模式】/【CMYK 颜色】菜单命令，将当前图像转换为 CMYK 颜色模式。

（3）选择【文件】/【存储为】命令，将图像存储为 TIFF 格式。单击“动作”面板中的“停止播放 / 记录”按钮■，“动作”面板中显示相关动作的记录。

（4）选择【文件】/【自动】/【批处理】命令，在打开的对话框中将组设置为“批处理”、动作设置为“动作 1”。

（5）单击“源”下拉列表下的 选择(C)... 按钮，在打开的对话框中选择需要处理的文件夹。

（6）将目标设置为“文件夹”，单击其下的 选择(C)... 按钮，在打开的对话框中选择目标文件的存放位置，单击 确定 按钮，完成批处理操作。

实训二　打印入场券图像

【实训要求】

本实训要求将提供的图像文件通过设置打印输出，预览效果如图 12-33 所示。

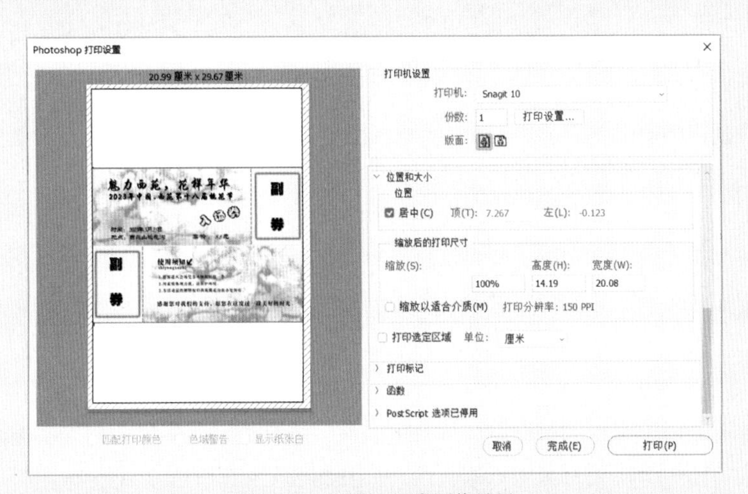

图12-33　预览入场券图像效果

【操作思路】

根据实训要求，需要先对图像进行相关印前准备工作，如转换图像颜色模式，查看图像分辨率、存储格式、色彩校对等。

素材所在位置 素材文件 \ 项目十二 \ 实训二 \ 入场券 .psd

【步骤提示】

（1）打开“入场券 .psd”图像文件，选择【图像】/【模式】/【CMYK 模式】菜单命令，将图像转换为 CMYK 颜色模式。

（2）选择【文件】/【打印】菜单命令，打开“Photoshop 打印设置”对话框，设置页面大小，在对话框的左侧预览打印效果，在对话框的右侧进行打印设置。

（3）设置完成后单击 打印(P) 按钮，打印图像。

常见疑难解析

问：在 Photoshop CC 2018 中输入文字后再执行其他命令，当记录下这些操作后，播放该动作时，为什么只能播放其他命令，而不能播放输入的文字？

答：在Photoshop CC 2018中用“动作”面板录制的文字，是不能对其进行播放的。

问：什么是偏色规律？如果打印机出现偏色，该怎么解决呢？

答：所谓偏色规律，是指由于彩色打印机中的墨盒使用时间较长或其他原因，造成某种颜色偏深或偏浅，调整的方法为：更换墨盒或根据偏色规律调整墨盒中的墨粉，如针对偏浅的颜色添加墨粉。为保证颜色正确，也可以请专业人员进行校准。

拓展知识

1. 动作的载入与播放

无论是用户创建的动作，还是Photoshop CC 2018提供的动作序列，都可通过播放的形式自动地对其他图像实现相应的图像效果。

如果需要载入动作序列，可以单击“动作”面板右上角的 ≡ 按钮，在打开的下拉列表中选择“载入动作”选项。在打开的“载入”对话框中查找需要载入的动作序列的名称和路径，即可将所要载入的动作序列载入到“动作”面板中。单击 ≡ 按钮后，也可直接选择其列表底部相应的动作序列选项来载入，若选择“复位动作”选项，可以将“动作”面板恢复到默认状态。

2. 创建快捷批处理方式

“创建快捷批处理”命令的操作方法与“批处理”命令相似，只是在创建快捷批处理方式后，在相应的位置会创建一个快捷方式图标，用户只需将需要处理的文件拖至该图标上即可自动对图像进行处理。

选择【文件】/【自动】/【创建快捷批处理】菜单命令，打开“创建快捷批处理”对话框，如图12-34所示，在该对话框中设置好快捷批处理和目标文件的存储位置及需要应用的动作，单击确定按钮。

打开存储快捷批处理的文件夹，可在其中看到一个快捷图标，将需要应用该动作的文件拖到该图标上即可自动完成图像处理。

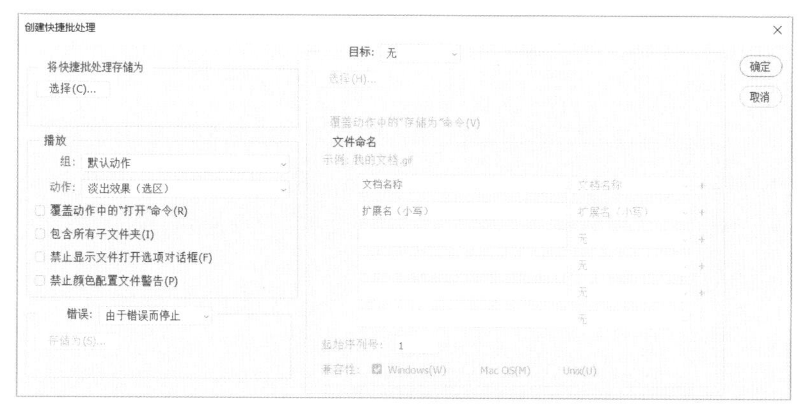

图12-34 “创建快捷批处理”对话框

课后练习

（1）本练习要求为提供的图像文件添加“木质画框”动作，处理前后的图像效果对比如图12-35所示。

图12-35 处理前后的图像效果对比

素材所在位置 素材文件\项目十二\课后练习\猫咪.jpg
效果所在位置 效果文件\项目十二\课后练习\猫咪.psd

（2）本练习要求对寸照进行打印操作，需要打印的寸照如图12-36所示。本练习主要通过“Photoshop打印设置”对话框对图像进行高度、宽度等设置，并且还需要设置图像在页面中的位置及方向。

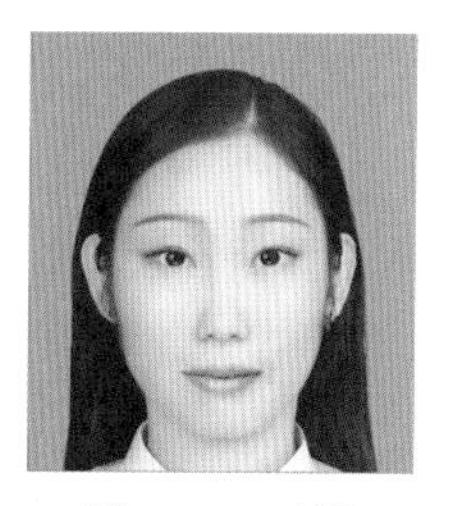

图12-36 寸照

素材所在位置 素材文件\项目十二\课后练习\寸照.jpg

13 项目十三

综合案例

情景导入

米拉已经基本学完了 Photoshop CC 2018 的功能，老洪告诉米拉，做设计除了需要灵感和天赋之外，还需要持之以恒的练习，他让米拉做一个综合案例进行练习。米拉把这个综合案例当成考核，很认真地完成了综合案例的制作。

课堂学习目标

- 掌握鲜橙包装平面设计图和立体效果图的制作方法。

如创建背景图像、制作产品主图、添加包装文字信息、制作包装立体效果图等。

- 掌握利用 Photoshop CC 2018 制作各类图像效果的方法。

如制作汽车广告、房地产广告等。

▲鲜橙包装平面设计图

▲鲜橙包装立体效果图

一、任务目标

包装设计的最终目的是促进销售。销售不仅针对生产者，同时也针对消费者，这是一个问题的两个方面，对待这两个方面的态度、理解和认识，决定着包装设计的成败。所以，当我们在进行包装设计的时候，要兼顾这两方面的因素，既要考虑生产者的利益，也要考虑消费者的利益。销售是为了获取利益，消费是为了满足需求，设计师的目的是使它们合二为一，使包装设计既有利于促销，又有利于消费。

本任务需要制作一个鲜甜果汁包装平面设计图和立体效果图，首先制作出平面设计图，然后将其贴到立体易拉罐中，得到立体效果图。包装设计是平面设计的一种，因此在设计前先介绍关于平面设计的基础知识。

二、专业背景

使用Photoshop CC 2018能够制作许多类型的平面广告，如DM（Direct Mail，直邮）单广告、产品包装、书籍装帧等，下面分别进行介绍。

（一）平面设计的概念

设计是有目的的策划，对于平面设计来说，需要用视觉元素来传播思想和理念，用文字和图形把信息传达给大众，让人们通过这些视觉元素了解广告画面中所要表达的主题和中心思想，达到设计的目的。

（二）平面设计的种类

平面设计包含的种类较多，主要包含以下8种类型。

1. DM 单广告设计

DM单广告是指以邮件方式，针对特定消费者寄送的广告，是仅次于电视、报纸的第三大平面媒体。DM单广告是目前非常普遍的广告形式，常见的DM单广告如图13-1所示。

图13-1　DM单广告

2. 包装设计

包装设计指从保护产品、促进销售、方便使用的角度，进行容器、材料和辅助物的造型、装饰设计，从而达到美化生活和创造价值的目的，常见的包装设计如图13-2所示。

图13-2　包装设计

3. 海报设计

海报又称为招贴，是展示在公共场所的告示。海报特有的艺术效果及美感是其他任何媒介无法比拟的。

4. 平面媒体广告设计

主流媒体包括广播、电视、报纸、杂志、互联网等。与平面设计有直接关系的主要是报纸、杂志、互联网，又称为平面媒体。

5. POP 广告设计

POP广告是指购物点广告或售卖点广告。凡应用于商业场合，提供有关产品讯息，促进产品销售的所有广告、宣传品，都可以被称为POP广告。

6. 书籍设计

书籍设计又称为书籍装帧设计，用于塑造书籍的“体”和“貌”。“体”是为书籍制作盛装内容的容器，“貌”则是将内容传达给读者的“外衣”，书籍的内容就是通过装饰将“体”和“貌”构成完美的统一体。

7. VI 设计

VI设计全称为VIS（Visual Identity System，视觉识别系统）设计，是CIS（Corporate Identity System，企业形象识别系统）系统中较具传播力和感染力的部分。

8. 网页设计

网页设计包含静态页面设计与后台技术衔接两大部分。与传统平面设计不同，网页设计最终展示给大众的形式不是依靠印刷技术来实现的，而是通过计算机屏幕与多媒体的形式展示出来的。

三、制作思路分析

在制作包装平面设计图前，首先需要了解包装的内容，根据产品选择一种颜色为主色调，然后将产品放到包装正面图中作为主要设计元素，最后添加文字效果，图文结合，得到平面设计图。

设计好包装平面设计图后，还需要将其进行立体化应用，才能让产品展示更加直观。本任务制作的是鲜橙包装平面设计图和鲜橙包装立体效果图，制作完成后的效果如图13-3所示。

图13-3　鲜橙包装平面设计图和立体效果图

素材所在位置　素材文件\项目十三\综合案例\橙子.psd、橙子汁.psd、图标.psd、易拉罐.jpg
效果所在位置　效果文件\项目十三\综合案例\鲜橙包装平面设计图.psd、鲜橙包装立体效果图.psd

四、任务实施

微课视频
创建背景图像

在了解了包装设计的相关知识，并定位好包装的样式和风格后，即可开始制作包装设计图。

（一）创建背景图像

本任务首先需要创建背景图像并添加参考线，具体操作如下。

（1）启动Photoshop CC 2018，选择【文件】/【新建】菜单命令，打开“新建文档”对话框。

（2）在“预设详细信息”文本框中输入“鲜橙包装平面设计图”，并在其下方进行设置，如图13-4所示，完成后单击创建按钮。

（3）设置前景色为“#f7e581”，按【Alt+Delete】组合键填充背景。

图13-4　新建文件

（4）选择【视图】/【新建参考线】菜单命令，打开“新建参考线”对话框，选中“垂直”单选项，在“位置”文本框中输入“6厘米”，单击确定按钮，如图13-5所示。

（5）使用同样的方法，在图像的14厘米处新建一条参考线，相关设置如图13-6所示。添加参考线后的效果如图13-7所示。

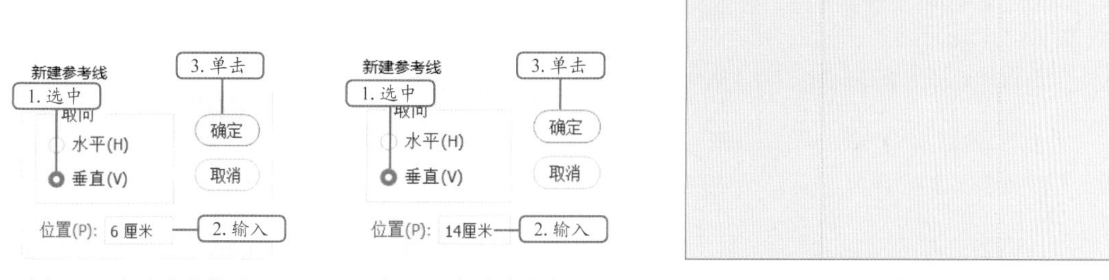

图13-5　新建参考线（1）　　图13-6　新建参考线（2）　　图13-7　添加参考线效果

知识提示

参考线的作用

参考线是“浮”在整个图像窗口中，不会打印出来的直线。添加参考线有助于用户在绘图时，进行图像的对齐、移动或锁定等辅助操作。

（二）制作产品主图

背景图像创建好之后，即可开始制作产品主图，具体操作如下。

（1）选择【文件】/【打开】菜单命令，在“打开”对话框中选择“橙子.psd”图像文件，使用“移动工具” 将橙子图像拖曳到新建图像文件中，如图 13-8 所示。

（2）打开“橙子汁.psd”图像文件，使用“移动工具” 将橙子汁图像拖曳至新建图像文件中，放到画面下方，如图 13-9 所示。

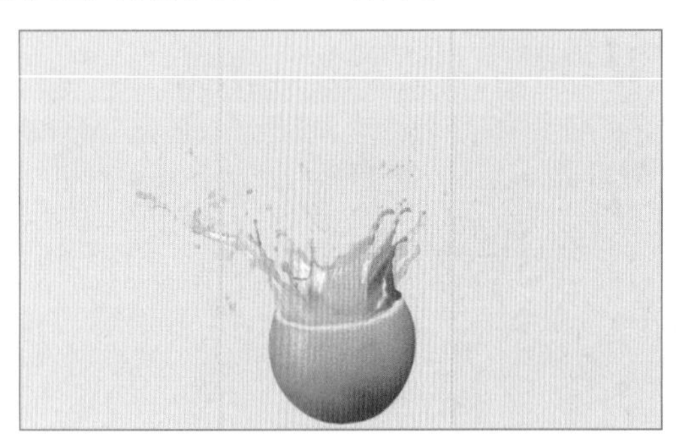

图13-8　将橙子图像拖曳至新建图像文件中

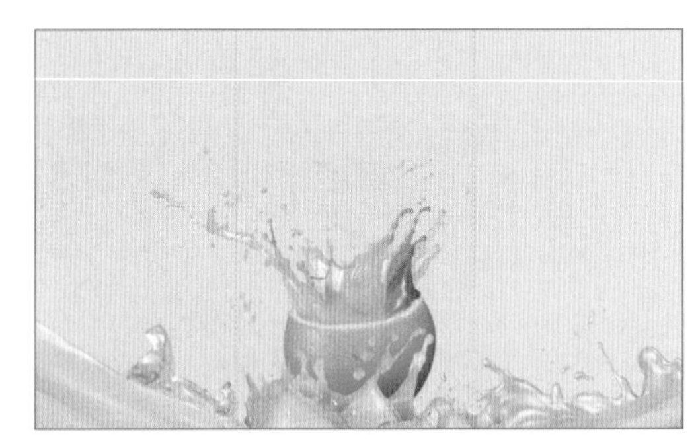

图13-9　将橙子汁图像拖曳至新建图像文件中

（3）单击“图层”面板底部的“创建新图层”按钮 ，新建“图层 1”图层，选择“椭圆选框工具” ，在图像中绘制椭圆形选区，设置其填充颜色为“#ef8019”，如图 13-10 所示。

（4）按【Ctrl+T】组合键，图像周围出现定界框，旋转图像，确定后按【Enter】键，如图 13-11 所示。

图13-10　绘制椭圆形选区并填充颜色

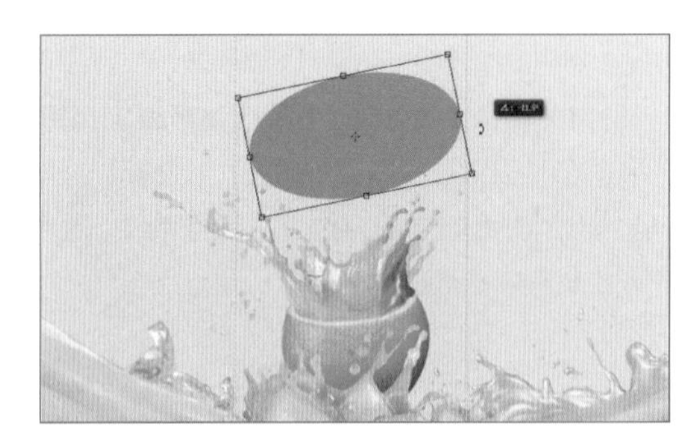

图13-11　旋转图像

（5）按住【Ctrl】键，在“图层”面板中单击“图层 1”图层，载入椭圆形选区，选择【选择】/【变换选区】菜单命令，适当缩小选区，并将其填充为白色，如图 13-12 所示。

（6）适当移动选区，按【Delete】键删除选区内的图像，得到白色月牙图像效果，如图 13-13 所示。

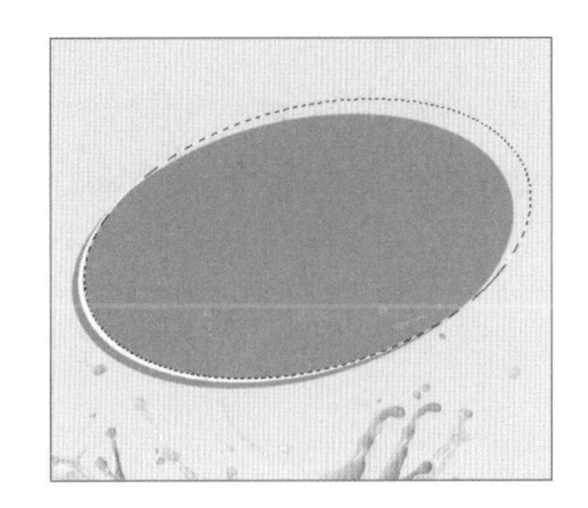

图13-12　变换选区　　图13-13　删除图像

（7）使用相同的方法载入椭圆形选区，将其填充颜色设置为“#f49e15”，移动选区并删除选区中的图像，得到另一个月牙图像，如图 13-14 所示。

（8）选择“横排文字工具” T，在椭圆形图像中输入文字，在工具属性栏中设置字体为“方正卡通简体”、填充颜色为白色，如图 13-15 所示。

图13-14　绘制另一个月牙图像

图13-15　输入文字

（9）新建一个图层，选择“钢笔工具”，在文字上方绘制扇形路径，按【Ctrl+Enter】组合键将路径转换为选区，填充选区为白色，如图 13-16 所示。

（10）按【Ctrl+T】组合键，图像周围出现定界框，略微缩小图像，选择【图层】/【图层样式】/【描边】菜单命令，打开“图层样式”对话框，设置描边颜色为“#ef8019”，完成后单击 确定 按钮，如图 13-17 所示。

图13-16　绘制扇形

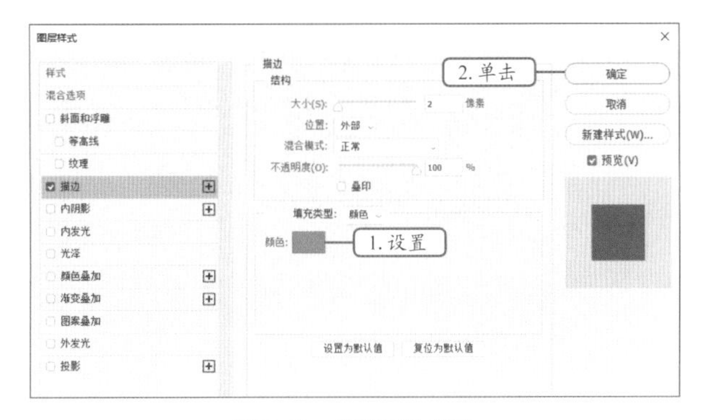

图13-17　设置描边颜色

（11）得到的描边效果如图 13-18 所示。

（12）选择“横排文字工具” T，在扇形中输入文字，在工具属性栏中设置字体为“方正卡通简体”、填充颜色为橙色，如图 13-19 所示。

（13）新建一个图层，选择“矩形选框工具”，在椭圆形图像下方绘制一个矩形选区，设置填充颜色为“#ef8019”，如图 13-20 所示。

图13-18　描边效果

图13-19　输入文字

图13-20　绘制矩形选区

（14）选择任意一个选框工具，将选区向右移动，如图 13-21 所示。

（15）选择【编辑】/【描边】菜单命令，打开“描边”对话框，设置描边宽度为“2 像素”、颜色为“#ef8019”、位置为“内部”，如图 13-22 所示，单击确定按钮，得到描边效果。

图13-21　移动选区

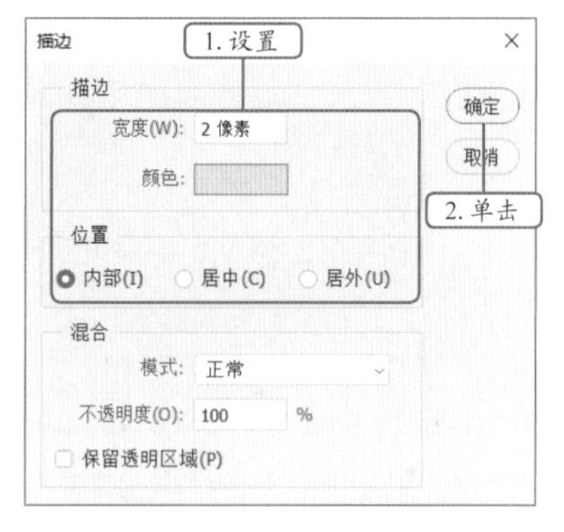

图13-22　“描边”对话框

（16）在矩形中输入文字，在工具属性栏中设置字体为“黑体”，并填充合适的颜色，图像效果如图 13-23 所示。

（17）双击“缩放工具”，显示全部画面，得到产品主图效果，如图 13-24 所示。

图13-23　图像效果

图13-24　产品主图效果

（三）添加包装文字信息

产品主图制作完成之后，即可添加包装中的文字信息，具体操作如下。

（1）选择“横排文字工具”，在图像右上方按住鼠标左键并拖曳，绘制出文本框，输入产品文字信息，如图 13-25 所示。

甜蜜家
鲜甜果汁
SWEET JUICE
净含量 500ml
贮藏条件：放置阴凉干燥处，开封后需冷藏，允许
有少量果肉沉淀，不影响食用。
饮用方法：直接饮用，冷藏或加冰味道更佳。
产品标准号：654879646XXXX
食品生产许可证编号：225869894XXX
制 造 商：xx省xx市xx街道
地址：xx省xx市xx街道
电话：0532-8888XXXX

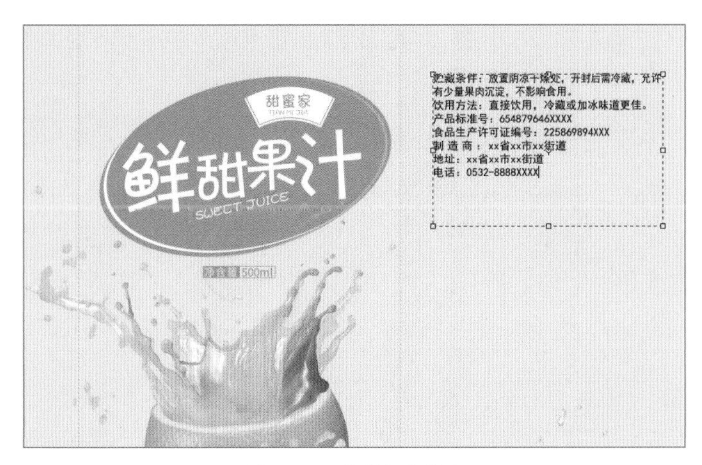

图13-25　产品文字信息

（2）选择【窗口】/【字符】菜单命令，打开“字符”面板，选择文字，设置字体为“方正兰亭准黑简体”、大小为“7 点”、行距为“11 点”、字距为“10”、颜色为深灰色，如图 13-26 所示，得到的文字排列效果如图 13-27 所示。

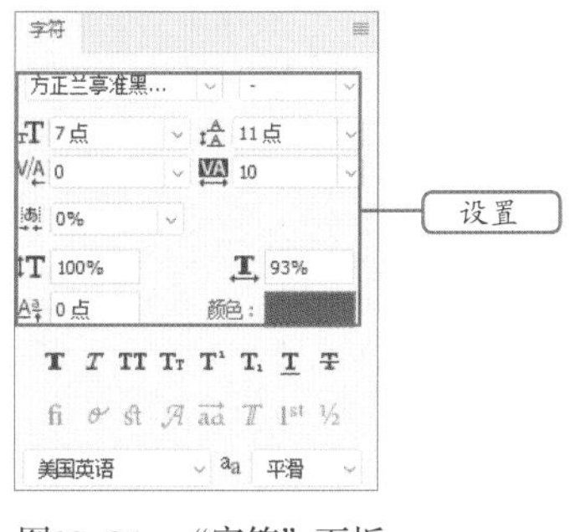

字符
方正兰亭准黑...
7点
11点
0
10
0%
100%
93%
0点
颜色：
设置
美国英语
平滑

图13-26　“字符”面板

贮藏条件：放置阴凉干燥处，开封后需冷藏，允许
有少量果肉沉淀，不影响食用。
饮用方法：直接饮用，冷藏或加冰味道更佳。
产品标准号：654879646XXXX
食品生产许可证编号：225869894XXX
制 造 商：xx省xx市xx街道
地　址：xx省xx市xx街道
电　话：0532-8888XXXX

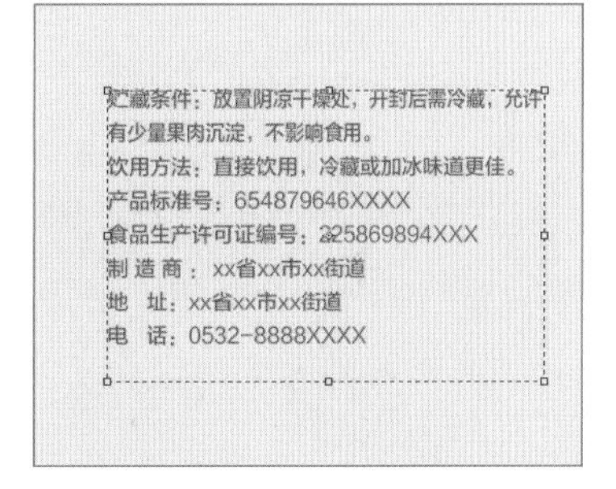

图13-27　文字排列效果

（3）将插入点定位到第一行第四个字后方，按住鼠标左键向左拖曳选择文字，在“字符”面板中设置字体为“方正兰亭粗黑简体”，文字效果如图 13-28 所示。

（4）使用同样的方法，分别选择其他几行（除第二行）的前面几个文字，设置字体为“方正兰亭粗黑简体”，文字效果如图 13-29 所示。

贮藏条件：放置阴凉干燥处，开封后需冷藏，允许
有少量果肉沉淀，不影响食用。
饮用方法：直接饮用，冷藏或加冰味道更佳。
产品标准号：654879646XXXX
食品生产许可证编号：225869894XXX
制 造 商：xx省xx市xx街道
地　址：xx省xx市xx街道
电　话：0532-8888XXXX

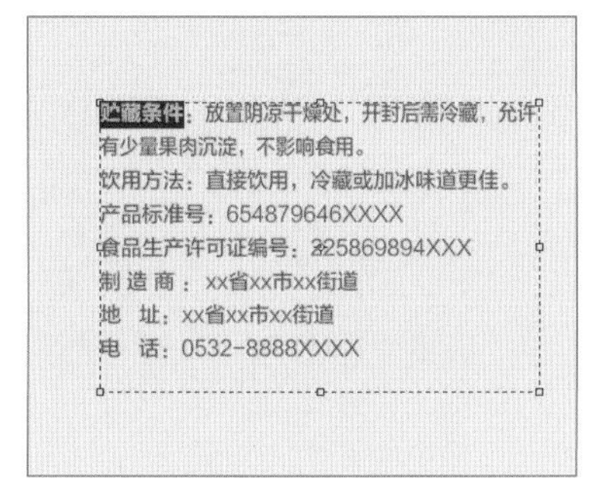

图13-28　选择文字

贮藏条件：放置阴凉干燥处，开封后需冷藏，允许
有少量果肉沉淀，不影响食用。
饮用方法：直接饮用，冷藏或加冰味道更佳。
产品标准号：654879646XXXX
食品生产许可证编号：225869894XXX
制 造 商：xx省xx市xx街道
地　址：xx省xx市xx街道
电　话：0532-8888XXXX

图13-29　文字效果

（5）在画面右侧输入文字，并在“字符”面板中设置字体为“方正兰亭准黑简体”，参照图 13-30 所示的方式排列。

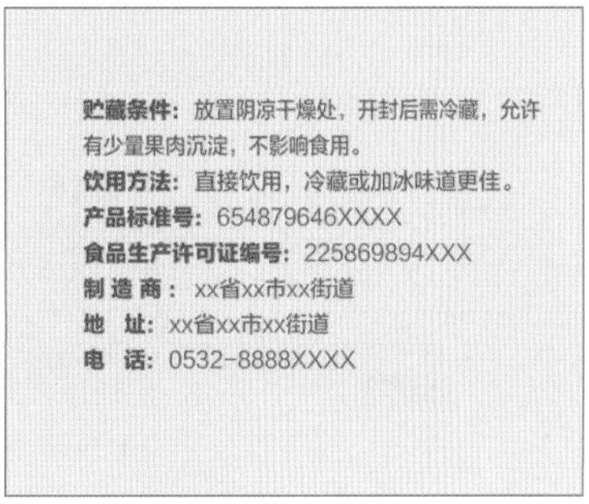

（6）选择“矩形选框工具”，在文字部分绘制两个细长的矩形选区，将其填充为深灰色，如图 13-31 所示。

图13-30　输入文字

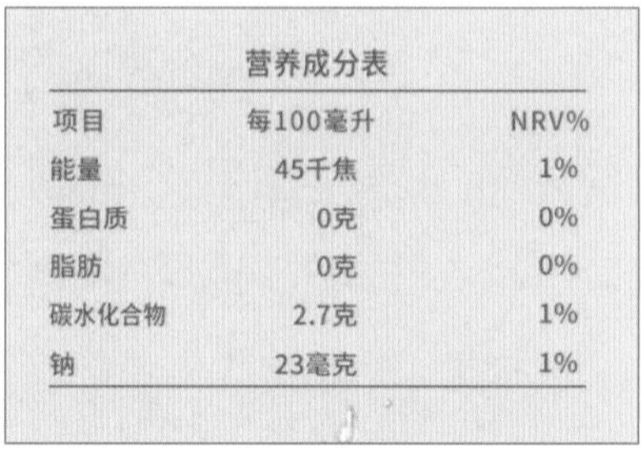

图13-31　绘制矩形选区并填充

（7）打开“图标 .psd”图像文件，使用“移动工具”将图标图像拖曳至当前编辑的图像文件中，适当调整图像大小，将其放到文字下方，如图 13-32 所示。

（8）使用“横排文字工具”在画面左侧绘制文本框，并在其中输入文字，如图 13-33 所示。

图13-32　添加图标图像

图13-33　输入文字

（9）选择文字，在“字符”面板中设置字体为“黑体”、大小为“6 点”、行距为“12 点”、字距为“-35”、颜色为深灰色，如图 13-34 所示，排列后的文字效果如图 13-35 所示。

（10）选择“矩形选框工具”，在文字左右两侧分别绘制细长的矩形选区，将其填充为深灰色，如图 13-36 所示。

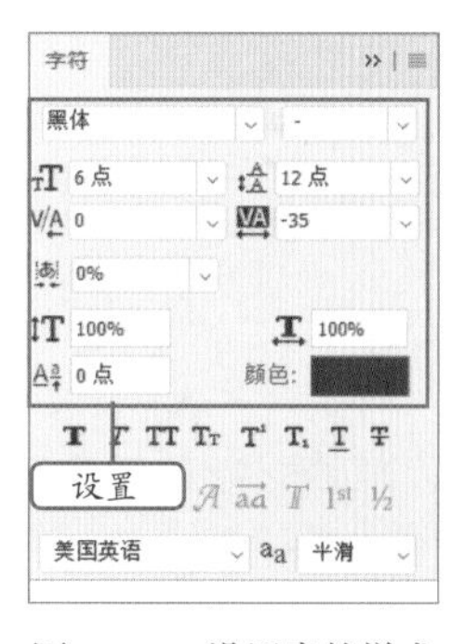

图13-34　设置字符样式

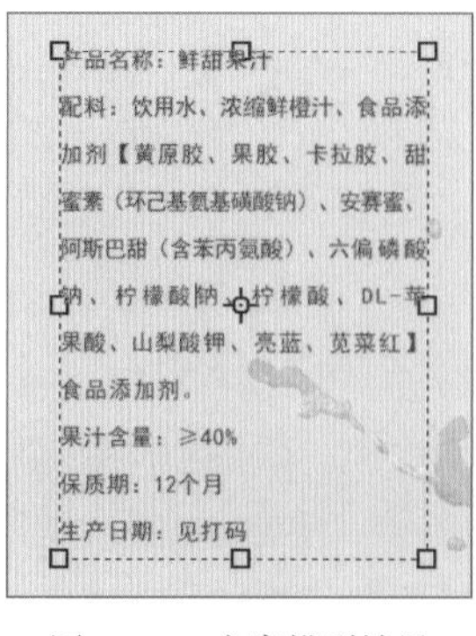

图13-35　文字排列效果

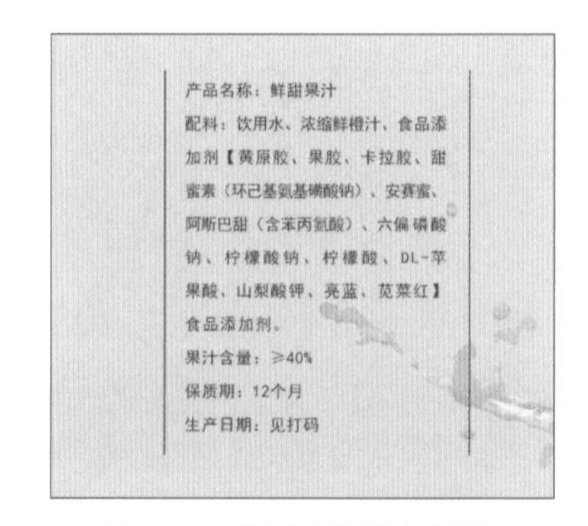

图13-36　绘制矩形选区并填充

（11）在画面左侧输入其他文字，并参照图 13-37 所示的样式排列。

（12）选择“钢笔工具”，在工具属性栏中选择工具模式为“形状”，然后设置填充为无、描边为深灰色、宽度为“2”，在文字区域绘制两条折线，如图 13-38 所示。

图13-37 输入文字

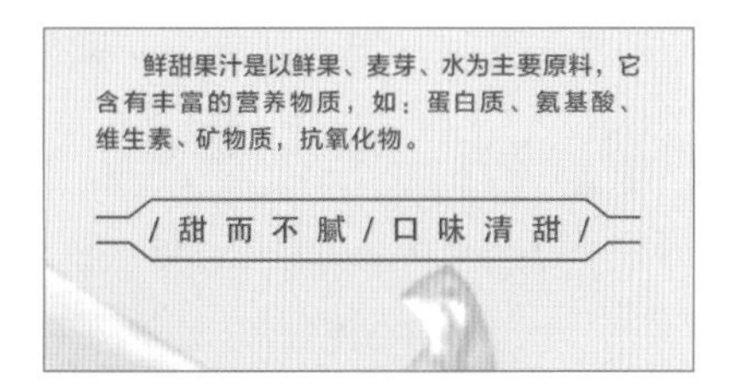

图13-38 绘制折线

（13）双击“缩放工具”，显示整个画面，完成包装平面设计图的制作，效果如图 13-39 所示。

图13-39 包装平面设计图效果

（四）制作包装立体效果图

微课视频
制作包装立体效果图

包装平面设计图已制作完成，下面制作包装立体效果图，具体操作如下。

（1）打开“易拉罐.jpg”图像文件，如图 13-40 所示。

（2）选择鲜橙包装平面设计图图层，按【Shift+Ctrl+Alt+E】组合键盖印图层，然后选择“矩形选框工具”，在图像中间绘制一个矩形选区，按【Ctrl+C】组合键复制图像，如图 13-41 所示。

图13-40 打开“易拉罐.jpg”图像文件

图13-41 绘制选区并复制图像

（3）切换到“易拉罐.jpg”图像文件中，按【Ctrl+V】组合键粘贴图像，按【Ctrl+T】组合键适当调整图像大小，使其与易拉罐大小一致，如图 13-42 所示。

（4）在“图层”面板中设置该图层的混合模式为“正片叠底”，得到的图像效果如图 13-43 所示。

图13-42　调整图像大小

图13-43　图像效果

（5）选择“钢笔工具”，绘制出中间易拉罐的外形路径，按【Ctrl+Enter】组合键将路径转换为选区，为其添加图层蒙版，隐藏选区以外的图像，如图 13-44 所示。

（6）使用同样的方法复制包装平面图像，并将其粘贴到易拉罐图像中，调整图层混合模式，添加图层蒙版，隐藏超出易拉罐的图像，效果如图 13-45 所示。

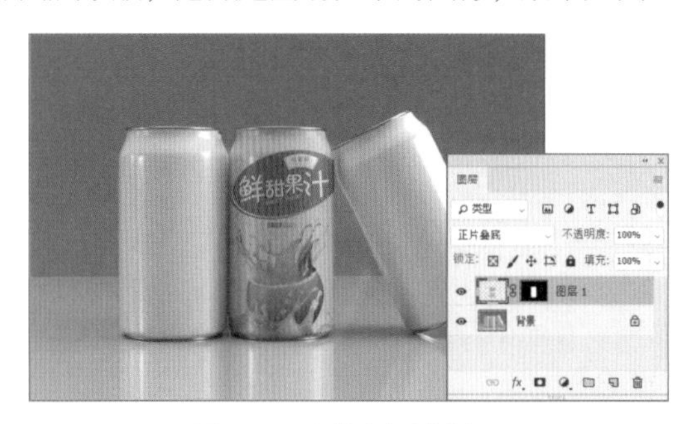

图13-44　添加图层蒙版

图13-45　图像效果

（7）按住【Ctrl】键选择除背景图层以外的所有图层，按【Ctrl+J】组合键复制图层，按【Ctrl+G】组合键得到图层组，如图 13-46 所示。

（8）选择【编辑】/【变换】/【垂直翻转】菜单命令，翻转图像，将翻转后的图像向下移动，降低图层组的不透明度为“30%”，然后添加图层蒙版，使用“画笔工具”擦除超出投影区域的图像，得到投影的效果，如图 13-47 所示。

图13-46　图层组

图13-47　制作投影

（9）选择【图层】/【新建调整图层】/【曲线】菜单命令，在打开的对话框中保持默认设置，单击“确定”按钮，打开“属性”面板，调整曲线，如图 13-48 所示。增强图像的亮度和对比度，效果如图 13-49 所示。

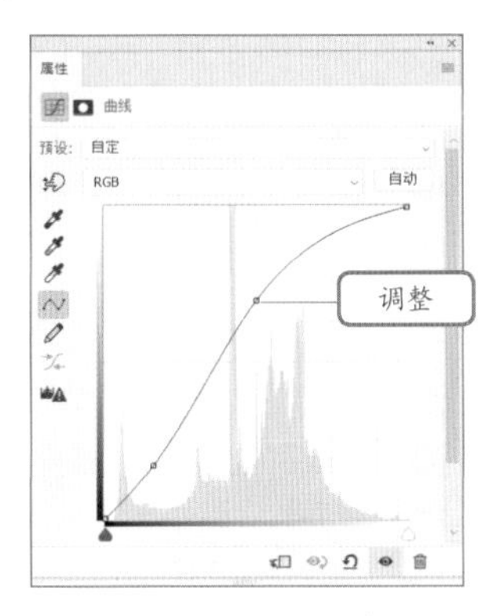

图13-48　调整曲线

图13-49　增强亮度和对比度的效果

实训一　制作汽车广告

【实训要求】

本实训要求利用提供的“天空 .jpg”和“汽车 .jpg”图像文件，制作图 13-50 所示的汽车广告。通过本实训，用户可掌握新建与保存文件，以及图像的编辑、文本的设置、蒙版的使用方法等。

图13-50　汽车广告效果

【操作思路】

根据实训要求，制作时可先对“天空 .jpg”图像文件进行处理，调整色阶并应用滤镜，然后再对“汽车 .jpg”图像文件应用蒙版，最后输入文字。

素材所在位置　素材文件 \ 项目十三 \ 实训一 \ 天空 .jpg、汽车 .jpg

效果所在位置　效果文件 \ 项目十三 \ 实训一 \ 汽车广告 .psd

【步骤提示】

（1）新建文件并打开“天空.jpg”图像文件，调整图像的大小、色阶、色相和饱和度。

（2）新建图层，选择“画笔工具”，使用紫色在图像上半部分涂抹，然后径向模糊“图层1”和“图层2”图层。

（3）复制“图层1”图层，垂直翻转复制的图层，并将其移至图像窗口下方。

（4） 新建“图层3”图层，用深蓝色涂抹该图层的下半部分。创建“色阶”调整图层，调整色阶。

（5）打开“汽车.jpg”图像文件，抠出汽车图像，将其放置到新建文件中并调整大小。复制汽车图层，为其添加图层蒙版，制作倒影。

（6）使用“横排文字工具”T输入并设置文字。新建“图层5”图层，全选该图层并设置该图层的描边效果，完成汽车广告的制作。

实训二　制作房地产广告

【实训要求】

本实训将设计制作一个房地产广告，图像效果如图13-51所示。通过本实训，用户可掌握创建剪贴蒙版、图像绘制、图像编辑、文字设置等基本操作。

图13-51　房地产广告效果

【操作思路】

根据实训要求，需先安排素材图像的位置，然后制作底纹，接着添加装饰和文字，点出主题。

素材所在位置　素材文件\项目十三\实训二\房地产广告素材\
效果所在位置　效果文件\项目十三\实训二\房地产广告.psd

【步骤提示】

（1）新建一个图像文件，打开“蓝色背景 .jpg”“山 .psd”“大门 .psd”素材文件，将素材拖曳到图像文件中，调整素材的大小和位置。

（2）新建一个图层，在下方绘制一个淡蓝色的矩形。复制两次“山”图像，将其中一个图像放到画面深蓝色区域左下角，然后将另一个图像垂直翻转，调整不透明度为“50%”，制作成倒影。

（3）打开“文字 .psd”“金沙 .jpg”素材文件，将素材拖曳到图像文件中的左上方，调整素材大小，注意要使“金沙 .jpg”素材覆盖“文字 .psd”素材，然后选择【图层】/【创建剪贴蒙版】命令，得到剪贴蒙版效果。

（4）打开“祥云 .psd”“印章 .psd”素材文件，将素材分别拖曳到文字两侧，调整素材大小。使用“矩形工具” 在祥云图像下方绘制多个细长矩形，并将其填充为白色。

（5）新建一个图层，设置前景色为黄色，使用“画笔工具” 绘制两个黄色图像，然后在“图层”面板中双击该图层，打开“图层样式”对话框，设置该图层的混合模式为“线性减淡（添加）”。

（6）打开“剪影 .psd”素材文件，将飞鸟和骑马图像分别拖曳到画面右侧和中间，调整素材大小。

（7）选择“横排文字工具” T.，在图像下方输入地址和电话等信息，设置字体为不同粗细的黑体，再使用“矩形选框工具” 绘制两条细长的矩形，填充为黑色，完成制作。

常见疑难解析

问：在设计一个广告画面时，颜色怎样搭配才能更加美观？

答：颜色搭配的一个基本原则是根据广告主题确定主色调，然后选择2~3个辅助色进行搭配。切勿选择过多的颜色进行搭配，这样会使广告过于花哨，没有主次。注意保持主色调的主导地位，切勿过多使用辅助色，以免喧宾夺主。

问：制作一个广告一般需要多久时间？

答：一个成功的广告，往往在制作之前需要确定广告的目标客户，也就是受众，以及广告的形式等诸多方面，然后进行策划，规划好广告的制作及推广等，最后才开始搜集素材，着手制作。广告的类型、形式等不同，其投入的时间也不同，小型广告可在两三个月内完成，创意型广告或者系列广告有时需要半年或更长的时间。制作广告看似轻松，实则需要投入许多人力、物力和时间去完成，要做成一个好的广告绝非易事。

问：在平面设计中还需要注意哪些问题？

答：一幅设计作品的成功之处，并不在于要展示多少元素，而是如何将各种元素有机结合，给受众带来视觉上的享受。另外，在设计广告时，要养成多建立图层，并及时给图层命名的习惯，以便后期修改。设计时还需要注意颜色的使用，对于印刷出版的作品，在设计前还需要考虑图像大小、颜色模式、出血等多方面因素。

拓展知识

在平面构图过程中，为了让作品得到认可，在设计时应使构图符合以下特点。

- 和谐。单独一种颜色、一根线条不能称为和谐，多种要素有机融合才能称为和谐。和谐的组合也应保持部分的差异性，但当差异性表现得过于强烈和显著时，和谐的格局就向对比的格局转化。
- 对比。对比又称对照。把质或量反差甚大的两个要素成功地组合在一起，使人感受到鲜明又强烈差异感的现象称为对比。它能使主题更加鲜明，作品更加活跃。
- 对称。假定在某一图形的中央画一条垂直线，将图形划分为相等的左右两部分，这个图形就是左右对称的图形，这条垂直线被称为对称轴。对称轴的方向如由垂直转换成水平方向，就构成上下对称。
- 平衡。在生活中，平衡是动态的特征，人体运动、鸟的飞翔、兽的奔驰、风吹草动、流水激浪等都是平衡的表现形式。
- 比例。比例是部分与部分或部分与整体之间的数量关系，是构成设计中的重要因素。

课后练习

（1）利用提供的素材图像制作一本白酒的宣传画册，完成后的效果如图 13-52 所示。

图13-52　白酒画册效果

素材所在位置　素材文件 \ 项目十三 \ 课后练习 \1\
效果所在位置　效果文件 \ 项目十三 \ 课后练习 \ 白酒画册 1.psd、白酒画册 2.psd、白酒画册 3.psd、白酒画册 4.psd

（2）利用所学知识制作一个手提袋，完成后的效果如图 13-53 所示。

效果所在位置　效果文件 \ 项目十三 \ 课后练习 \ 手提袋立体 .psd

图13-53　手提袋效果